普通高等教育机械类系列教材

现代工程制图（VR版）
——基于二维表达与三维构型

主　编　张宗波　王　珉
副主编　曹清园　陈福忠　牛文杰　丛兆伟

电子工业出版社

Publishing House of Electronics Industry

北京·BEIJING

内 容 简 介

本教材依据最新版图学课程教学基本要求和相关制图标准编写，呼应目前制造业快速转型对图样表达的新需求，对工程制图课程的知识体系进行了重塑，将传统以二维表达为主线的单线内容体系，转变为二维表达与三维构型互为支撑的双线内容体系，为实现与行业接轨的现代设计与表达能力培养奠定基础。书中配套大量虚拟现实（VR）模型、知识点视频、知识图谱、思政模块等课程资源，并配套完备的线上平台资源，可供教师组织翻转课堂及学生自主学习使用。书中三维构型内容以构型方法和构型逻辑为主，充分考虑构型软件的普适性，所涉及的软件操作以辅助教学资料的形式呈现，读者可扫描书中二维码自主学习。

本教材可作为高等学校 32～96 学时工科类制图课程的教材，亦可作为继续教育学院、职工业余大学等的制图课程教材和从事相关工作人员的自学教材。

未经许可，不得以任何方式复制或抄袭本书之部分或全部内容。
版权所有，侵权必究。

图书在版编目（CIP）数据

现代工程制图 ：VR 版 ：基于二维表达与三维构型 / 张宗波，王珉主编. -- 北京 ：电子工业出版社，2025.3. -- ISBN 978-7-121-50372-6

Ⅰ．TB23

中国国家版本馆 CIP 数据核字第 20256WQ887 号

责任编辑：杜　军
印　　刷：北京天宇星印刷厂
装　　订：北京天宇星印刷厂
出版发行：电子工业出版社
　　　　　北京市海淀区万寿路 173 信箱　　邮编：100036
开　　本：787×1092　　1/16　　印张：14　　字数：368 千字
版　　次：2025 年 3 月第 1 版
印　　次：2025 年 3 月第 1 次印刷
定　　价：49.00 元

凡所购买电子工业出版社图书有缺损问题，请向购买书店调换。若书店售缺，请与本社发行部联系，联系及邮购电话：(010) 88254888，88258888。

质量投诉请发邮件至 zlts@phei.com.cn，盗版侵权举报请发邮件至 dbqq@phei.com.cn。
本书咨询联系方式：dujun@phei.com.cn。

前 言

终于，这本教材的编写于 2024 年的 11 月底落下帷幕，回想从此事的起念至今已有整整七载。记得七年前在一次全国教学会议上我跟几个旧友聊到在各学校的培养方案调整中制图课程都面临着不同程度缩减学时的情况，一开始大家都在抱怨这么短的学时教学内容肯定讲不完，突然我说了一句："有没有可能是对于咱们讲的内容，学生、专业甚至行业都已经觉得没有必要了？"大家先是一愣，然后就像点燃了焰火一样，几乎每个参与讨论的同行都根据个人的经历谈了自己的观点，经过讨论，一个大致的结论基本成形——目前以投影为基础的二维图样表达与现代制造业升级和智能制造有些不太匹配了。自此，构架一套新的课程内容体系去适应现在甚至将来制造业对图形表达的需求成为我脑海中挥之不去的一个念头。

我深知，这一工作的开展和落地绝非一夕之功，亦非一人之力可为。在接下来的很长一段时间里，我想通过建立一个跨校甚至跨地区的团队去完成这样一项繁重的工作。我对这项工作进行了初步的规划，然后基于自己的教学团队，成立了一个针对这本教材的工作小组，包括五名核心成员，并着手开始与全国图学领域的很多教师和专家沟通此事。然而，在一次与西北工业大学的交流中，王淑侠教授给了我当头一棒，她说："我们前几年也想做这件事情，而且作者团队都已组建，但是这本教材的编写与以往非常不同，需要增加大量的新内容，甚至很多章节的逻辑体系要重新架构，这就需要大家频繁交流，沟通成本实在太高，根本无法完成。"听完王教授的话，我想或许我低估了这项工作的难度，之后经过了数月的思考和对课程内容的梳理，我发现如果跨团队编写，上述困难确实很难克服。因此，2021 年年底，我决定主要依靠我们教学团队自己的力量编写第一版的新教材，考虑本教材最大的特色可能是二维与三维逻辑线的互相支撑，我们进一步吸收了 Solidworks 软件公司的中国经销企业团队作为我们的软件支撑保障。为了尽量减少沟通成本和保障编写质量，我们制定了团队的运行规则：一是，不赶进度，抛去一切"评奖""评职称"等功利性因素；二是，每个知识点都要经过集体讨论再确定是否纳入教材，内容可以参考其他教材但是不能"照抄"；三是，每周要开一上午的讨论会；四是，每个寒暑假至少花一周时间集体封闭编写教材。经过讨论和协调，我们的编写团队在开始工作之前做到了思想的高度统一与热情的空前高涨，这也成为在后来编写过程中我们跨越一个个障碍的重要基础。

经与学校教务部门协商，在接下来的几年时间里，编写团队的核心成员每周二上午都不排课，整个上午的时间我们都用来讨论，从每章主要内容是什么、知识点是什么、怎么呈现，再到具体哪个人负责哪些工作，进度要求是什么，针对每一个知识点去研讨、撰写、画图、修改、再研讨……我清楚地记得，大家为了一个知识点各抒己见，甚至争到面红耳赤的场景。寒来暑往，我们度过了一周又一周，寒暑假在会议室里一起讨论、分工合作，这些点滴随着本教材编写工作的结束都成为了我们美好而宝贵的回忆。

本教材在编写过程中一直在现代行业需求与目前大部分图学教师对新内容的接受度之间寻找平衡点，经过无数次推倒与重构，最终确定了课程新的内容体系，并贯穿以下几个特色。

（1）教学内容由传统二维表达（投影图表达）为主的单线模式，转变为兼顾二维表达与三维构型方法的双线模式。考虑目前大多数高校课时紧张的现状，通过"加-减-移-换"重构教学内容体系：首先是"加"，增加大量三维构型的原理、方法和案例，以形成三维构型的课程主线之一；其次是"减"，除了删去传统教材中关于"图解"等与图样表达弱相关的内容，还大量简化了投影的推理过程等内容；再次是"移"，根据新的内容架构对知识点进行重新排序，形成二维表达与三维构型相互支撑、相互助力的格局，实现两条主线的互相贯通；最后是"换"，将教材传统内容的案例进行替换和更新，增加大量带有实际工程背景和应用场景的内容与贯穿式案例。

（2）三维构型内容以构型方法和构型逻辑为主，充分考虑内容对软件的普适性，引导学生以构型软件作为空间思维能力培养的辅助工具，但构型内容本身高于软件操作。此外，在教材中用构型逻辑的视角重新解构二维表达，实现二维表达与三维构型能力的相互支撑。

（3）内容与案例以原创为主。由于整个教材的内容体系进行了大范围的更新与重构，所以目前已有教材中相关案例较少，本教材中大部分的内容和案例为原创。

（4）多样化的富媒体资源。本教材中富媒体资源分为立体构型学习引导视频、知识点讲解视频、VR 互动模型及思政贴士等类，用于拓展教材的内容广度，提升教材使用的参与感和体验感。

（5）贯穿式案例设计。与传统教材中每个知识点都是相互孤立的案例不同，本教材采用了前后贯通的案例设计方式，比如第三章的组合体构型案例来源于最后一章的装配体中的重要零件，这个零件在第三章中主要完成几何构型的设计与表达，而在第四章中需要完成对具有设计功能的结构细节的表达，以及综合表达，在第五章中需要加入螺纹等结构，在第六章中需要考虑零件的加工和测量过程中的技术要求等细节，在最后一章中需要完成它与其他零件的配合和功能实现。这种贯穿式的渐进案例设计，能够让学生在学习过程中更深刻地理解教材各章节内容的相互关系与各自的作用。

（6）渗透创新设计与思维训练。在教材中设置多处创新设计章节，以及"一题多解"和"多题一解"的内容，在培养学生空间思维能力的同时渗透创新意识的塑造。此外，每章还设置多处与本章内容相关联的传统文化、科技前沿、发展历程等内容，助力学生价值观的塑造。

本教材由张宗波、王珉整理定稿并担任主编，曹清园、陈福忠、牛文杰作为核心成员参加了本教材不同章节的编写、讨论、修改、绘图、审核及数字资源建设等工作，丛兆伟及其团队为本教材中的图片绘制工作提供了大力支持。除核心成员外，教学团队的刘衍聪、伊鹏、王伟、李静等成员也为本教材的编写做了大量贡献，在此表示感谢。

此外，大连理工大学王丹虹教授、天津大学姜杉教授、山东科技大学戚美教授等专家在本教材内容核定、审阅和编写过程中给予了大力支持，在此深表谢意。

由于团队水平所限，针对这样一本全新内容构架的工程制图教材，难免会在很多方面出现不当，敬请各位读者不吝指正！

编 者

2024 年 11 月 27 日夜

于青岛

目 录

绪论 ·· 1
 一、本课程的性质 ·· 1
 二、本课程的任务 ·· 1
 三、本课程的内容 ·· 1
 四、本课程的学习方法 ·· 2

第一章 构型与表达基础 ·· 3
 第一节 基于运动的升维构型原理 ··· 3
  一、点动成线 ·· 3
  二、线动成面 ·· 3
  三、面动成体 ·· 4
 第二节 基于投影的降维表达原理 ··· 5
  一、投影法 ·· 5
  二、多面投影 ·· 7
  三、点的投影 ·· 8
 第三节 直线与平面的投影 ·· 9
  一、直线的投影 ··· 9
  二、平面的投影 ··· 12
 第四节 平面图形的约束 ·· 15
  一、尺寸约束 ·· 15
  二、几何约束 ·· 19
  三、平面图形的约束分析举例 ·· 20

第二章 基本体的构型与投影 ·· 22
 第一节 立体构型的基本要素 ·· 22
 第二节 平面立体的构型及投影 ··· 23
  一、五棱柱的构型及投影 ·· 24
  二、三棱锥的构型及投影 ·· 26
 第三节 平面立体的截切 ·· 30
  一、棱柱的截切 ··· 30
  二、棱锥的截切 ··· 32

第四节 曲面立体的构型及投影 …………………………………………………… 34
   一、圆柱的构型及投影 ……………………………………………………………… 34
   二、圆锥的构型及投影 ……………………………………………………………… 36
   三、球体的构型及投影 ……………………………………………………………… 38
  第五节 曲面立体的截切 …………………………………………………………… 39
   一、圆柱的截切 ……………………………………………………………………… 40
   二、圆锥的截切 ……………………………………………………………………… 41
   三、球体的截切 ……………………………………………………………………… 43
  第六节 两个回转体表面相交 ……………………………………………………… 45
   一、两个圆柱相贯 …………………………………………………………………… 45
   二、同轴线回转面相交 ……………………………………………………………… 46

第三章 组合体的构型与视图 ……………………………………………………………… 48
  第一节 组合体的构型 ………………………………………………………………… 48
   一、构型原理 ………………………………………………………………………… 48
   二、基本型体的构型 ………………………………………………………………… 49
   三、组合体的构型分析 ……………………………………………………………… 50
  第二节 组合体的三视图 ……………………………………………………………… 56
   一、三视图的基本知识 ……………………………………………………………… 56
   二、画组合体的三视图 ……………………………………………………………… 57
   三、读组合体的三视图 ……………………………………………………………… 65
  第三节 组合体的尺寸标注 …………………………………………………………… 68
   一、尺寸标注的要求（GB/T 4458.4—2003） …………………………………… 68
   二、定形尺寸的标注 ………………………………………………………………… 69
   三、定位尺寸的标注 ………………………………………………………………… 70
   四、总体尺寸的标注 ………………………………………………………………… 74
   五、基本型体的尺寸标注 …………………………………………………………… 74
   六、组合体的尺寸标注 ……………………………………………………………… 75
  第四节 组合体的构型设计 …………………………………………………………… 79
   一、基于基本型体的组合体构型设计 ……………………………………………… 79
   二、组合体构型设计的基本类型 …………………………………………………… 80

第四章 机件的表达方法 …………………………………………………………………… 83
  第一节 视图（GB/T 17451—1998） ………………………………………………… 83
   一、基本视图（GB/T 14692—2008） …………………………………………… 83
   二、向视图（GB/T 14692—2008） ……………………………………………… 84
   三、局部视图（GB/T 17451—1998） …………………………………………… 85
   四、斜视图（GB/T 17451—1998） ……………………………………………… 85

第二节　剖视图（GB/T 17452—1998、GB/T 4458.6—2002） 86
　　一、剖视图的概念与画法 86
　　二、剖视图的分类（GB/T 17452—1998） 89
　　三、剖切平面的种类（GB/T 17452—1998） 91

第三节　断面图（GB/T 17452—1998、GB/T 4458.6—2002） 94
　　一、移出断面图 95
　　二、重合断面图 96

第四节　简化画法及其他规定画法（GB/T 4458.1—2002、GB/T 16675.1—2012） 97
　　一、肋板的规定画法 97
　　二、均布结构的规定画法 97
　　三、局部放大图（GB/T 4458.1—2002） 98
　　四、简化画法（GB/T 16675.1—2012） 98

第五节　综合表达举例 101
　　一、斜支架的表达 101
　　二、箱体表达方案比较 102
　　三、座体表达方案比较 103

第六节　MBD 中的图样表达与尺寸标注 105
　　一、MBD 概述 105
　　二、MBD 的图样表达 105
　　三、MBD 的尺寸标注 107

第五章　标准件与常用件 110

第一节　螺纹及其规定画法和标注 110
　　一、螺纹的形成及要素 110
　　二、螺纹的规定画法（GB/T 4459.1—1995） 112
　　三、螺纹的标注 114

第二节　螺纹紧固件及其画法 116
　　一、螺纹紧固件的标记与画法（GB/T 5782—2016、GB/T 6170—2015、GB/T 97.1—2002、GB/T 97.2—2002） 116
　　二、螺纹紧固件的连接画法 118

第三节　键、销及其连接画法 121
　　一、键连接及其画法（GB/T 1095—2003、GB/T 1096—2003） 121
　　二、销连接及其画法（GB/T 117—2000、GB/T 119.1—2000、GB/T 119.2—2000、GB/T 91—2000） 123

第四节　齿轮及其画法 124
　　一、齿轮的基本参数和基本尺寸间的关系 125
　　二、齿轮的规定画法（GB/T 4459.2—2003） 126

第五节　滚动轴承与弹簧 ·· 128
　　　一、滚动轴承的结构、画法及代号（GB/T 4459.7—2017、GB/T 276—2013、
　　　　GB/T 297—2015、GB/T 301—2015）·· 128
　　　二、圆柱螺旋压缩弹簧的规定画法（GB/T 4459.4—2003）····················· 129

第六章　零件图 ·· 132

　第一节　零件图的内容 ·· 132
　　一、视图表达 ·· 133
　　二、尺寸标注 ·· 133
　　三、技术要求 ·· 133
　　四、标题栏 ··· 133
　第二节　技术要求 ··· 133
　　一、表面结构及其标注（GB/T 131—2006、GB/T 1031—2009、
　　　GB/T 3505—2009）··· 134
　　二、公差与配合（极限与配合）（GB/T 1800.1—2020、GB/T 1800.2—2020）····· 139
　　三、几何公差——形状和位置公差（GB/T 1182—2018）···························· 144
　第三节　零件的构型分析与表达 ··· 146
　　一、零件的设计结构 ·· 146
　　二、零件的工艺结构及表达 ·· 147
　第四节　零件图的绘制 ··· 149
　　一、零件图的视图选择 ··· 149
　　二、零件图的尺寸标注 ··· 150
　　三、画零件图 ·· 152
　第五节　读零件图 ··· 158
　　一、读零件图的基本方法和步骤 ·· 159
　　二、读图举例 ·· 159

第七章　装配图 ·· 162

　第一节　装配图的内容 ··· 162
　　一、一组视图 ·· 162
　　二、必要尺寸 ·· 162
　　三、技术要求 ·· 163
　　四、零部件序号、明细栏与标题栏 ··· 163
　第二节　装配图的表达方法 ··· 163
　　一、规定画法 ·· 163
　　二、特殊表达方法 ··· 164
　第三节　装配图的尺寸标注 ··· 165
　　一、性能尺寸 ·· 165

二、装配尺寸 165
　　三、安装尺寸 166
　　四、总体尺寸 166
　　五、其他重要尺寸 166
第四节　零部件序号与明细栏 166
　　一、零部件序号 166
　　二、明细栏 167
第五节　装配工艺结构 168
　　一、两零件接触面 168
　　二、孔轴配合结构 168
　　三、便于拆装结构 168
　　四、密封装置 169
第六节　绘制装配图 169
　　一、确定表达方案 172
　　二、画图步骤 172
第七节　读装配图 176
　　一、读装配图的方法与步骤 176
　　二、由装配图拆画零件图 178

附录 181

附录 A　制图基本规定 181

附录 B　螺纹 187

附录 C　螺纹紧固件 190

附录 D　键和销 197

附录 E　滚动轴承 200

附录 F　极限与配合 204

参考文献 211

绪 论

一、本课程的性质

工程图学是研究用图样来表达与传递工程信息的学科，由于工程图样可以打破语种和文化的阻隔，所以用于传递设计与制造的构想，是设计的成果、制造的依据、交流的语言，因此工程图样也被誉为工程界的语言。

传统工程图样通过二维图形、文字、数字和规定符号在图纸上形成可视化的文件，用于指导生产和交流。然而，随着计算机与信息技术的飞速发展，计算机辅助设计（CAD）方法及计算机绘图工具，正在深刻地改变着人们的图学思维和工作程序。以基于模型定义（Model Based Definition, MBD）的工程数字化图样为主线，用三维模型将产品制造信息（Product Manufacturing Information, PMI）贯穿设计、仿真、工艺、制造、检验、维护等产品的全生命周期，这对于现代制造业数字化和智能化转型而言，是势在必行的。

虽然传统基于尺规绘图的二维图样表达和现代基于计算机三维模型的产品信息表达对应着不同的物质基础与技术手段，但型体的构型逻辑、投影理论、制图准则和空间思维能力是不同类型工程图样的共同基础，也是工程技术人员必须具备的基础能力。因此，本课程是高校工科类专业学生必须学习的一门具有较强实践性的技术基础课。

二、本课程的任务

本课程主要研究二维图形的投影特性、三维型体的构型原理及它们之间的映射规律，培养学生的绘图、读图和构型的能力，训练学生空间思维与逻辑思维相结合的工程图学思维方式，提升学生的型体表达能力并使学生具有创新设计意识。

三、本课程的内容

本教材在充分考虑现代行业需求和目前大部分高校师生对新内容的接受度这两个问题的基础上，对课程内容进行了重构。

教学内容由传统的以二维表达（投影图表达）为主的单线模式，转变为兼顾二维表达与三维构型方法的双线模式，考虑到目前大多数高校课时紧张的现状，通过"加-减-移-换"重构整体的教学内容：首先是"加"，增加大量三维构型的基本理论、方法和案例，以形成三维构型方法的课程主线之一；其次是"减"，除了删除传统教材中关于"图解"等与图样表达弱相关的内容外，还大量简化了投影的推理过程等内容；再次是"移"，根据新的内容架构对知识点进行重新排序，形成二维表达与三维构型相互支撑、相互助力的格局，实现两条主线的互相贯通；最后是"换"，将教材传统内容的案例进行替换和更新，增加大量带有实际工程背景和应用场景的内容与贯穿式案例。

四、本课程的学习方法

1. 掌握基础的投影理论

本教材虽然增加了三维构型这一主线，但在目前传统图样与新形态图样需求并存的阶段，熟练掌握三维型体与二维图形的映射规律，不仅是图样表达的理论根基，也是深入理解三维构型过程的重要基础。

2. 熟练使用构型树搭建二维表达与三维构型的桥梁

本教材在传统型体分析法与线面分析法的基础上，从构型逻辑这一全新的视角出发，提出了基于构型树的画图、读图和构型方法，该方法融合了二维表达与三维构型两大主线，也是本门课程中学生需要深刻掌握与熟练应用的关键方法。

3. 注重练习与实操

这是一门具有语言特征的课，具有明显的建构性，大部分内容需要大量练习和应用才能内化，不管是二维表达还是三维构型，都需要在理论的指导下进行大量的画图、读图、建模实践才能将本门课程所学知识转化为工程表达的能力。

4. 树立认真严谨的学习（工作）态度

图样在生产中起着指导性的关键作用，绘图、读图和构型时稍有差池都可能对后续生产带来严重的，甚至是无可挽回的损失，因此在平常学习和练习过程中，一定要养成认真负责、严谨细致的工作态度。

第一章　构型与表达基础

本章主要研究三维型体从简单到复杂的构型过程，以及工程中的各种三维型体如何用二维图样进行准确表达。通过基于运动的升维构型及基于投影的降维表达，来概括了解构型与表达的基本原理。

第一节　基于运动的升维构型原理

在三维空间中，常见的几何元素为点（零维）、线（一维）、面（二维）和体（三维）。为了解决由简到繁的构型需求，基于运动的升维构型原理认为，高维要素可以通过低维要素的运动形成，即点动成线、线动成面和面动成体。

一、点动成线

一个点在空间中连续运动时，其轨迹就形成了线。点做直线运动时形成直线，在平面内做曲线运动时形成平面曲线，在三维空间中做曲线运动时形成空间曲线。例如，做自由落体运动的物体的运动轨迹是一条直线。钟摆上一点的运动轨迹是一条平面曲线——圆弧。用扳手拧螺母时，螺母上的任意一点在空间的运动轨迹是一条空间曲线——螺旋线。

点做规则运动时生成规则曲线，即可用数学公式表示的曲线，否则为不规则曲线。在实际工程应用中，规则曲线注重数学精确性和功能性，而不规则曲线则更多关注设计美感和实际需求。例如，规则曲线在机械中常用于旋转运动和齿轮传动等运动中零件的设计。在汽车设计中，车身轮廓和车灯形状通常都是不规则曲线，以满足造型美观和空气动力学需求。

二、线动成面

一条线（可称为母线）在空间中连续运动时，其轨迹就形成了面。面包含平面和曲面。曲面的形状取决于母线的形状和运动特性。母线为直线时，形成的曲面为直纹曲面，母线为曲线时形成的曲面为曲纹曲面。如图 1-1（a）所示，直线 N 绕轴线 O_1O_2 旋转一周生成的圆柱面为直纹曲面。图 1-1（b）所示的曲线 L 沿曲线 M 进行平移运动生成曲纹曲面 P。常见的圆锥面属于直纹曲面，球面属于曲纹曲面。

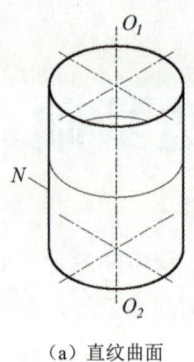 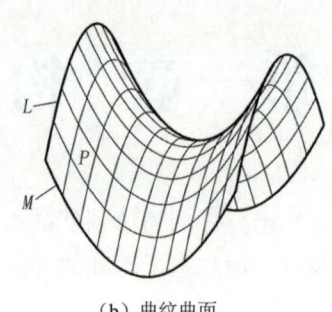

(a) 直纹曲面　　　　　　　　　　(b) 曲纹曲面

图 1-1　线动成面

由于直纹曲面形状简单，易于加工制造，在机械零件中被广泛应用，其中十分常见的是圆柱面。曲纹曲面通常用于创建复杂形状的零件，如汽车车身、船舶外壳和飞机机翼等，既造型美观又能降低机械运动时的流体阻力。

三、面动成体

一个平面（本教材称之为"特征图形"）在空间中连续运动时，其轨迹就形成了三维型体。三维型体的结构取决于特征图形的形状及其运动特性（本教材用"路径"和"构型变量"来描述）。特征图形绕轴线进行旋转运动形成的型体称为回转体。图 1-2（a）所示的圆锥体就是由平面 ABC 绕轴线 O_1O_2 旋转一周形成的回转体。特征图形在其法线方向上沿直线进行平移运动形成的型体称为拉伸体。图 1-2（b）所示的圆柱体就是由圆 O 沿轴线 O_1O_2 进行平移运动形成的拉伸体。特征图形沿非直线路径和（或）引导线运动形成的型体称为扫描体。图 1-2（c）所示的弯管就是由圆环面 D 沿着中心线 O_1O_2 进行曲线运动形成的扫描体。多个不同特征图形（可以是点）之间（也可沿路径或引导线）过渡形成的型体称为放样体。图 1-2（d）所示的五棱锥就是在五边形 ABCDE 和顶点 F 之间直接过渡形成的放样体。同一个三维型体可以采用不同特征图形和运动特性生成，比如圆柱体还可以按回转体的方法生成，圆锥体也可以采用放样体的方法生成。

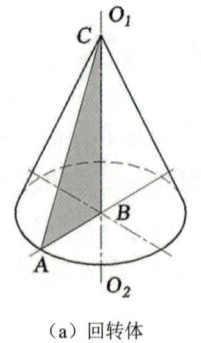 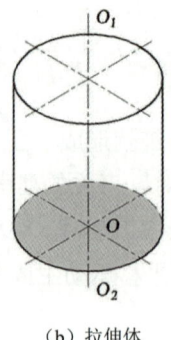 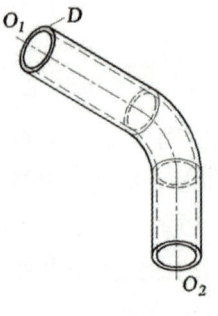 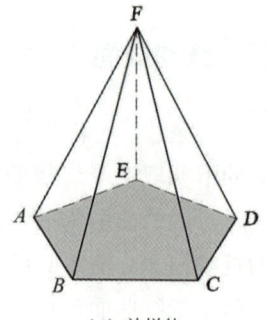

(a) 回转体　　　　(b) 拉伸体　　　　(c) 扫描体　　　　(d) 放样体

图 1-2　线动成面

以上由低维几何元素形成高维几何元素的方法就是构型的基础,也是大多数几何建模软件的基本原理。

第二节 基于投影的降维表达原理

工程中通常用二维图样来表达三维物体,这些图样都是采用基于投影的降维表达原理绘制的。常见的投影方法有多种,不同的投影方法具有各自的特性,从而满足不同的表达需求。

一、投影法

人在路灯(点光源)或太阳(平行光源)的照射下会在地面上产生投影,这就是一种投影的自然现象。投影法就是一种将三维型体转换为二维图形的方法:投影线(源自投影中心)通过物体,向选定的面(投影面)投影,从而在该面上形成图形(投影)。如图 1-3 和图 1-4 所示,图形 abc 就是空间物体薄板 ABC (厚度忽略)在投影面 P 上产生的投影。

根据投影线是否平行,投影法分为中心投影法和平行投影法两大类。中心投影法的投影中心 S 位于有限远处,投影线交于一点,投影方向各不相同,如图 1-3 所示。平行投影法的投影中心位于无限远处,投影线互相平行,投影方向相同,如图 1-4 所示。

在平行投影法中,当投影线与投影面垂直时为正投影法,由此得到的投影称为正投影,如图 1-4(a)所示;当投影线与投影面倾斜时为斜投影法,由此得到的投影称为斜投影,如图 1-4(b)所示。

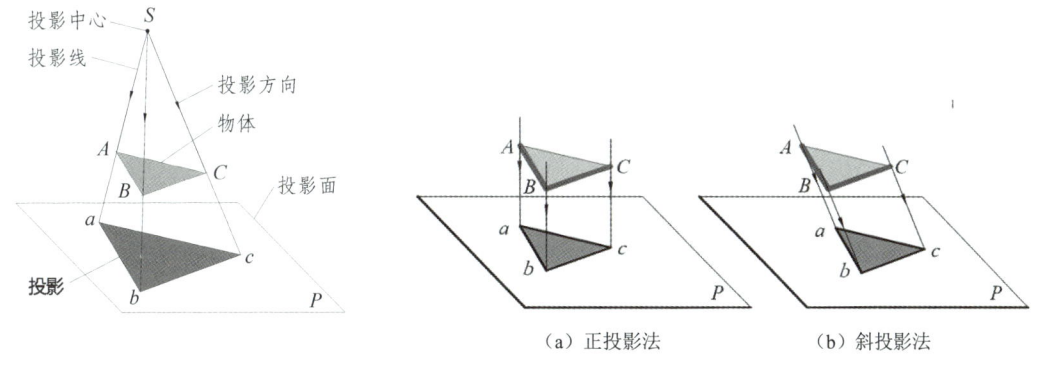

图 1-3 中心投影法　　　　　图 1-4 平行投影法

当投影中心和投影面确定后,如果在空间中任意平移物体 ABC,则图 1-3 中 abc 的大小会随其与投影面 P 的距离变化而变化,而图 1-4 中 abc 的大小将保持不变。由此可见,中心投影法不能反映物体的实际大小,度量性差,通常用于表达产品或建筑外观设计效果的透视图;而平行投影法投影与空间物体之间的度量关系是确定不变的,具有很好的度量性,适合绘制需要精确表达的工程图样。

常见的工程图样都是采用正投影法绘制的。本教材后续内容所提到的投影若无特别说明均指正投影。

中国敦煌星图

下图为敦煌星图甲本(局部),约绘制于唐中宗时期(公元 684—710 年),是敦煌经卷的一部分。星图为绢本彩色手绘,高 24.4 厘米,长达 3.3 米,绘出了当时所观测到的 1339 颗星的准确位置。它被公认为世界上现存星图中非常古老、星数较多的一种。英国学者李约瑟在他所著的《中国古代科技成就》一书中指出:"可以肯定,这是一切文明古国中流传下来的星图中最古老的一种。欧洲在文艺复兴以前根本就没有可以和中国星图相提并论的东西。"可惜这份珍贵的星图于 1907 年被英籍犹太人斯坦因盗走,现保存于英国伦敦博物馆。该星图采用投影法把从天球内表面上所观察到的星辰准确地画在平面上,整幅星象图从 12 月开始,按照每月太阳所在的位置,将赤道带附近的天区分成 12 份,每一份投影到一张长方形的平面图上。八个多世纪后由荷兰地图学家麦卡托创立的麦卡托投影法与这种绘图方法十分相似。

麦卡托投影法是一种等角正切圆柱投影,把地球上的曲面在一个平面上表示出来。假设一个与地轴方向一致的圆柱切于或割于地球,先按照等角条件将经纬网投影到圆柱面上,然后将圆柱面展开成平面,得到的就是麦卡托投影的地图。它没有角度变形,这种投影特性使得它能够清晰地表示航线和方向,非常适合应用于导航和航空领域,故被广泛用于绘制航海图、航空图及世界地图等。

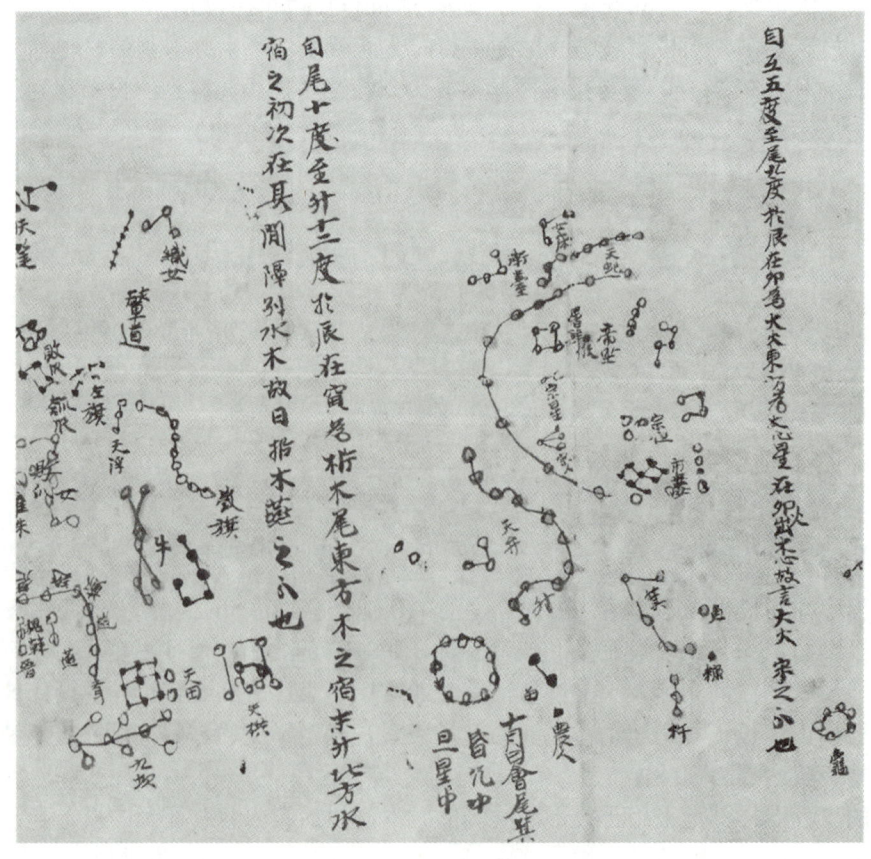

二、多面投影

要准确地表达一个三维型体,通常仅用一个投影面上的投影无法实现,需要两个以上多面投影共同完成。

如图 1-5(a)所示,按照国家标准规定,在多面投影中,将相互垂直的三个平面作为多面投影的投影面,分别用 V、H、W 表示;三个投影面的交线作为投影轴,分别用 OX、OY、OZ 表示。将三维型体置于投影面和投射中心之间得到三面投影,V、H、W 面上的投影分别称为正面投影、水平投影和侧面投影。为了能同时直观表达三面投影,如图 1-5(b)所示,将 H 面和 W 面投影按如下方法展开:V 面保持不动,H 面绕 OX 轴向下展开与 V 面重合,W 面绕 OZ 轴向右展开与 V 面重合。

扫码看知识点视频:
多面投影

在投影展开图中,H、W 面上的 Y 轴也可分别表示为 Y_H 和 Y_W,本教材中均用 Y 表示。

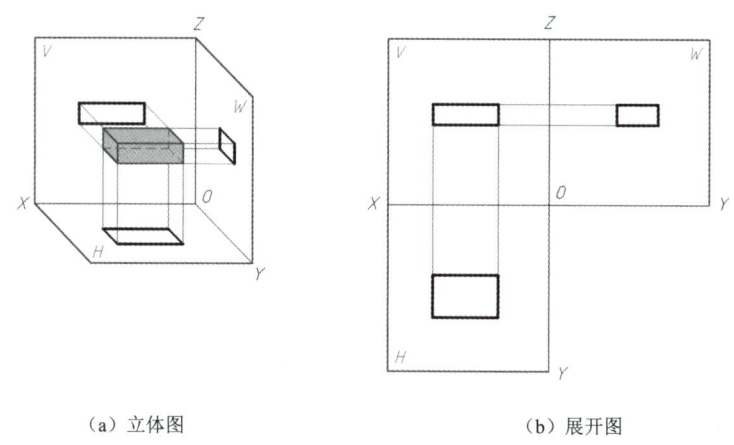

(a)立体图   (b)展开图

图 1-5 多面投影的形成

省去投影面的标注,长方体的三面投影如图 1-6(a)所示。根据表达需要,也可以仅绘制两面投影,如图 1-6(b)所示。

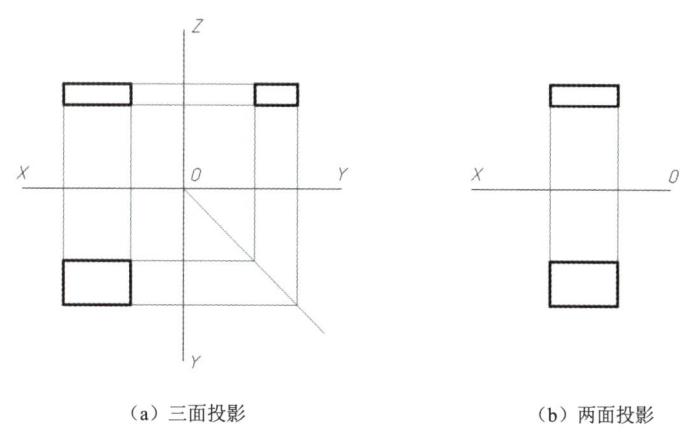

(a)三面投影   (b)两面投影

图 1-6 多面投影的绘制

三、点的投影

由投影的概念可知,空间一点在某一投影面上的投影仍为一个点。

1. 点的多面投影

如图 1-7 所示,已知空间点 A,其坐标为 (X_a, Y_a, Z_a),将 A 点分别向 V、H、W 投射得到三面投影。V 面上的投影称为正面投影,用 a' 表示;H 面上的投影称为水平投影,用 a 表示;W 面上的投影称为侧面投影,用 a'' 表示。显然,在投影展开图中,a、a' 对应的 X 坐标均为 X_a,故 $aa' \perp OX$;a'、a'' 对应的 Z 坐标均为 Z_a,故 $a'a'' \perp OZ$;a、a'' 对应的 Y 坐标均为 Y_a,即 a 到 X 轴的距离与 a'' 到 Z 轴的距离相等。

扫码看知识点视频:
点的投影

根据上述分析,点的多面投影规律总结如下。

(1) 正面投影和水平投影的连线垂直于 X 轴,正面投影和侧面投影的连线垂直于 Z 轴。

(2) 水平投影到 X 轴的距离与侧面投影到 Z 轴的距离相等。

空间点 A 的两面投影如图 1-8 所示。

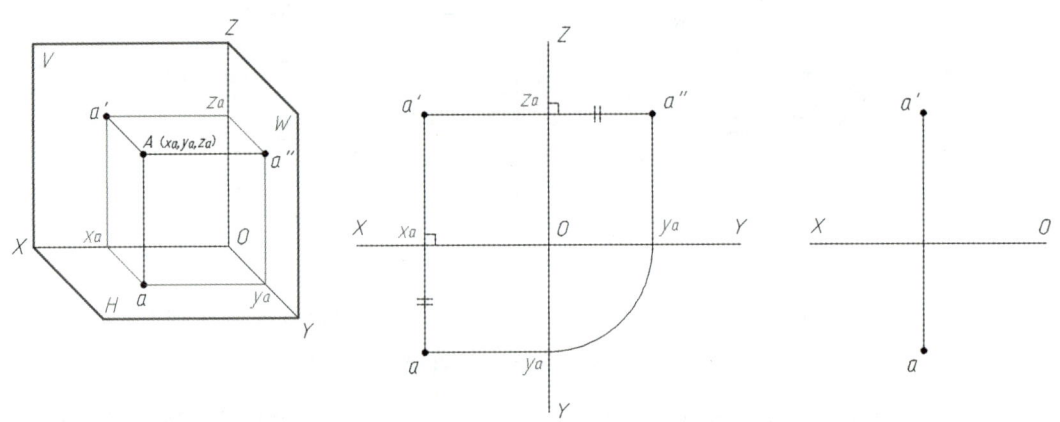

图 1-7　空间点 A 的三面投影　　　　　图 1-8　空间点 A 的两面投影

2. 点的相对位置

空间两点之间的相对位置通常用左右、前后和上下来描述,分别由 X、Y、Z 坐标值的大小决定,即 X 坐标大的为左,小的为右;Y 坐标大的为前,小的为后;Z 坐标大的为上,小的为下。如图 1-9 中的 A、B 两点,A 点在 B 点的右、前、上方。

如果空间中两点在某个投影面上的投影重合,则称这两点为该投影面的重影点。重影点的相对位置通常用正左、正右、正前、正后、正上和正下来描述。如图 1-9 中的 A 和 C 为 V 面的重影点,它们仅 Y 坐标不同,且 A 点的 Y 坐标小于 C 点的 Y 坐标,称 A 点位于 C 点的正后方或 C 点位于 A 点的正前方。显然,位于某一投影面的同一条投影线上的点都是重影点,重影点在该投影方向上存在遮挡关系,只有坐标值最大的点可见,被遮住的点在该投影面上的投影必须加括号"( )",表示不可见。如图 1-9 所示,A 点被 C 点遮住,其正面投影表示为 (a')。

第一章 构型与表达基础

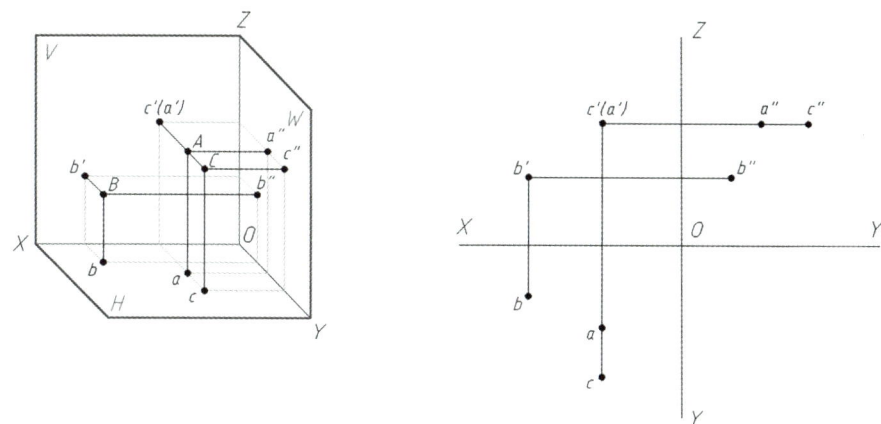

图 1-9 点的相对位置

第三节 直线与平面的投影

三维型体都是由一个或多个面（平面、曲面）围成的实体。如图 1-10（a）所示的立体就是由多个平面围成的，每个平面均为由立体的顶点和棱线表示的多边形。如图 1-10（b）所示，先作出立体所有顶点的三面投影，然后分别连接每条棱线上两个顶点对应的同面投影，即可得到所有棱线的投影，同时得到了所有多边形平面的投影。为了准确、高效地进行构型与表达，下面就以该立体为例，讨论各种空间直线和平面的投影规律。

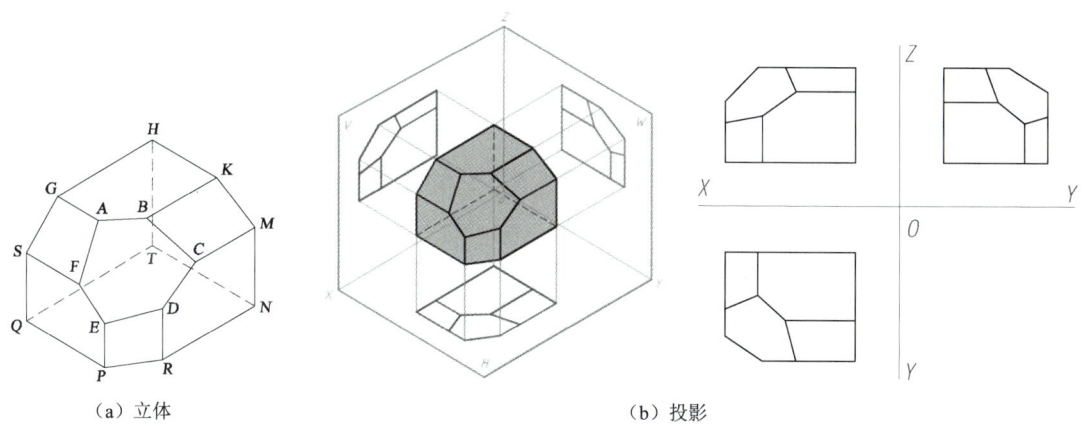

（a）立体　　　　　　　　　　　　　　　　（b）投影

图 1-10 立体及其投影

一、直线的投影

空间中的一条直线在某一投影面上的投影就是该直线两个端点投影的连线，用粗实线绘制。

扫码看知识点视频：
直线的投影

1. 直线的分类

根据空间直线与投影面的位置关系不同，可将其分为以下三类。

（1）投影面平行线——仅平行于某一个投影面的直线。

仅平行于 V 面的直线称为正平线，如图 1-10（a）中的 DC。

仅平行于 H 面的直线称为水平线，如图 1-10（a）中的 AB。

仅平行于 W 面的直线称为侧平线，如图 1-10（a）中的 EF。

（2）投影面垂直线——垂直于某一个投影面的直线。

垂直于 V 面的直线称为正垂线，如图 1-10（a）中的 AG、FS、PQ、HK 和 NT。

垂直于 H 面的直线称为铅垂线，如图 1-10（a）中的 SQ、EP、DR、MN 和 HT。

垂直于 W 面的直线称为侧垂线，如图 1-10（a）中的 BK、CM、RN、GH 和 QT。

（3）投影面倾斜线——与所有投影面既不平行也不垂直的直线。

如图 1-10（a）中的 AF、BC 和 DE。

通常，前两类直线统称为特殊位置直线，后一类直线称为一般位置直线。

2. 直线的投影特性

各类直线的投影特性如表 1-1 所示。

表 1-1 各类直线的投影特性

类别		投影示例	投影特性
投影面平行线	正平线	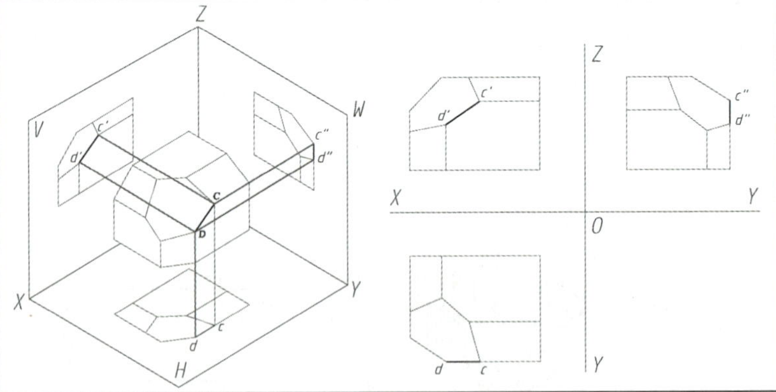	① $c'd'=CD$，且倾斜于投影轴。② cd // OX，$c''d''$ // OZ，均小于实长
	水平线	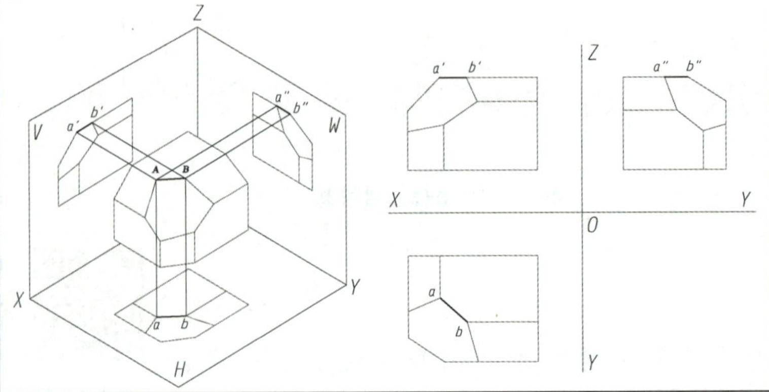	① $ab=AB$，且倾斜于投影轴。② $a'b'$ // OX，$a''b''$ // OY，均小于实长。

续表

类别		投影示例	投影特性
投影面垂直线	侧平线		① $e''f''=EF$，且倾斜于投影轴。② $e'f'//OZ$，$ef//OX$，均小于实长
	正垂线		① $a'(g')$ 为点。② $ag=a''g''=AG$，$ag\perp OX$，$a''g''\perp OZ$
	铅垂线		① $d(r)$ 为点。② $d'r'=d''r''=DR$，$d'r'\perp OX$，$d''r''\perp OY$
	侧垂线		① $b''(k'')$ 为点。② $b'k'=bk=BK$，$b'k'\perp OZ$，$bk\perp OY$

续表

类别		投影示例	投影特性
投影面倾斜线	一般位置直线		$b'c'$、bc 和 $b''c''$ 均倾斜于投影轴，且投影小于实长

由表 1-1 中的分析，各类直线的投影规律可总结如下。

（1）投影面平行线。

在所平行的投影面上的投影长度等于空间直线实长（显实性），且倾斜于投影轴；另外两面投影平行于不同的投影轴，且长度小于实长（类似性）。

（2）投影面垂直线。

在所垂直的投影面上的投影为一点（积聚性）；另外两面投影平行于相同的投影轴，且反映直线的实长（显实性）。

（3）一般位置直线。

三面投影长度均小于实长（类似性），且均与投影轴倾斜。

二、平面的投影

空间平面通常是由一条或多条线（直线、平面曲线）围成的，其投影用围成平面的所有线的投影来表示。

扫码看知识点视频：
平面的投影

1. 平面的分类

根据空间平面与投影面的位置关系不同，可将其分为以下三类。

（1）投影面垂直面——仅垂直于某一个投影面的平面。

仅垂直于 V 面的平面称为正垂面，如图 1-10（a）中的 *AFSG*。

仅垂直于 H 面的平面称为铅垂面，如图 1-10（a）中的 *DRPE*。

仅垂直于 W 面的平面称为侧垂面，如图 1-10（a）中的 *BKMC*。

（2）投影面平行面——平行于某一个投影面的平面。

平行于 V 面的平面称为正平面，如图 1-10（a）中的 *DCMNR* 和 *GHTQS*。

平行于 H 面的平面称为水平面，如图 1-10（a）中的 *GHKBA* 和 *QTNRP*。

平行于 W 面的平面称为侧平面，如图 1-10（a）中的 *SFEPQ* 和 *HKMNT*。

（3）投影面倾斜面——与所有投影面既不垂直也不平行的平面。
如图 1-10（a）中的 *ABCDEF*。
通常，前两类平面统称为特殊位置平面，后一类平面称为一般位置平面。

2．平面的投影特性

各类平面的投影特性如表 1-2 所示。

表 1-2　各类平面的投影特性

类别		投影示例	投影特性
投影面垂直面	正垂面	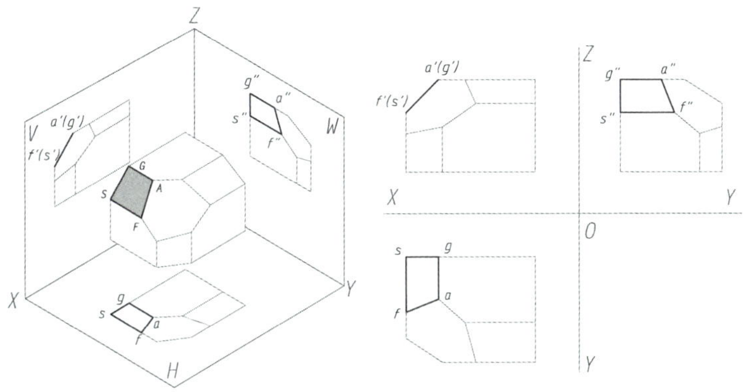	① *V* 面投影为直线，且倾斜于投影轴。 ② *H*、*W* 面投影为平面 *AFSG* 的类似形
	铅垂面	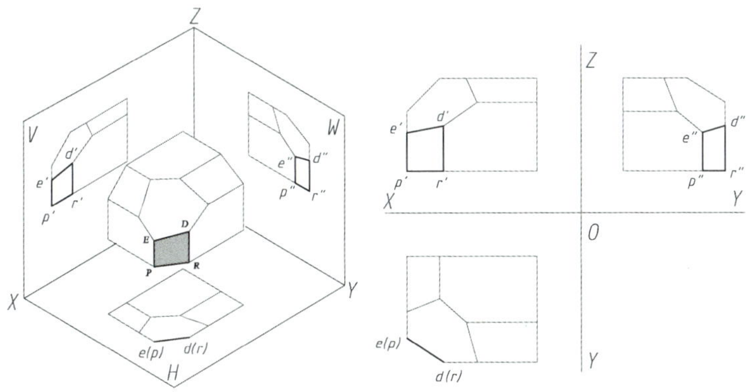	① *H* 面投影为直线，且倾斜于投影轴。 ② *V*、*W* 面投影为平面 *EDRP* 的类似形
	侧垂面	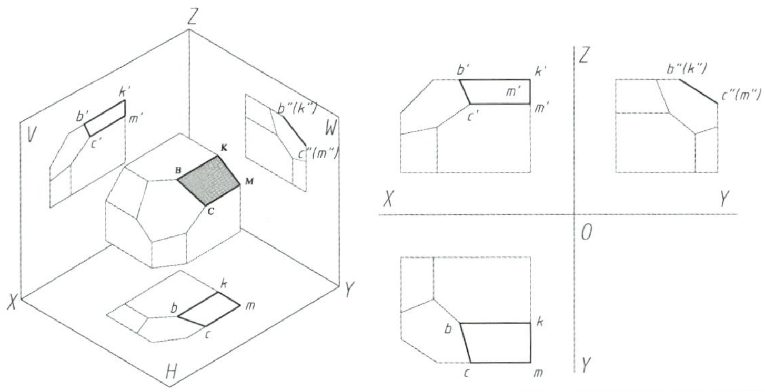	①*W* 面投影为直线，且倾斜于投影轴 ②*V*、*H* 面投影为平面 *BKMC* 的类似形

续表

类别		投影示例	投影特性
投影面平行面	正平面	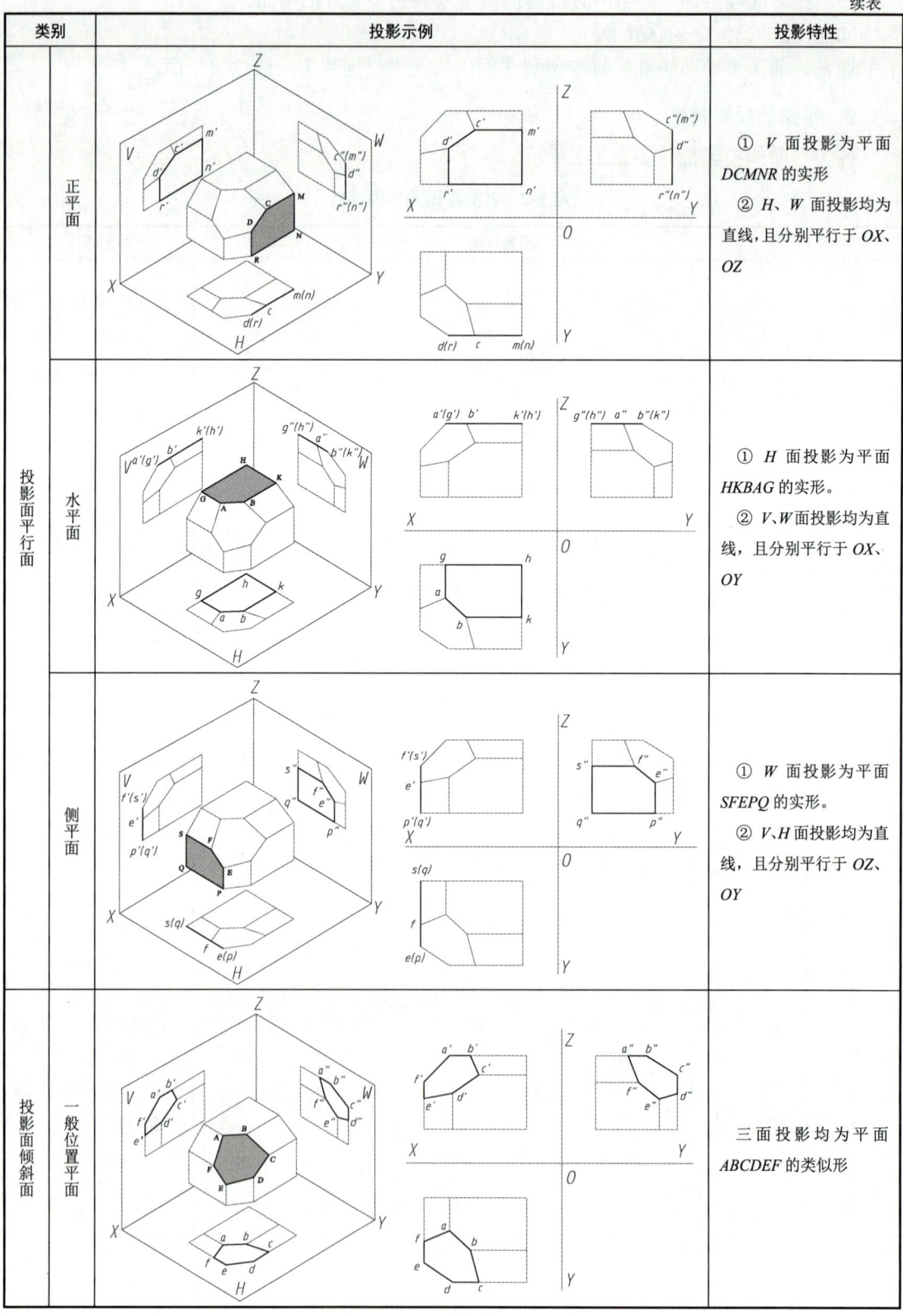	① V 面投影为平面 DCMNR 的实形 ② H、W 面投影均为直线,且分别平行于 OX、OZ
	水平面		① H 面投影为平面 HKBAG 的实形。 ② V、W 面投影均为直线,且分别平行于 OX、OY
	侧平面		① W 面投影为平面 SFEPQ 的实形。 ② V、H 面投影均为直线,且分别平行于 OZ、OY
投影面倾斜面	一般位置平面		三面投影均为平面 ABCDEF 的类似形

由表 1-2 中的分析，各类平面的投影规律可总结如下。

（1）投影面垂直面。

在所垂直的投影面上的投影为直线（积聚性），且与投影轴倾斜；另外两面上的投影为平面的类似形（类似性）。

（2）投影面平行面。

在所平行的投影面上的投影为空间平面的实形（显实性）；另外两面上的投影均具有积聚性，且垂直于相同的投影轴。

（3）一般位置平面。

三面投影均具有类似性。

第四节　平面图形的约束

平面图形不仅是三维型体投影表达的基础要素，也是利用面动成体原理进行三维构型的基本单元。根据《技术产品文件　数字化产品定义数据通则　第 6 部分：几何建模特征规范》（GB/T 24734.6—2009）中关于平面图形的要求，用于表达设计意图的平面图形必须为"完全约束"图形。完全约束，即限制图形元素之间的自由度（大小、位置和连接关系等），使图形固定且唯一。平面图形的约束包括尺寸约束和几何约束两种，这里重点介绍尺寸约束。

一、尺寸约束

尺寸约束用于确定图形各几何元素的形状大小（定形尺寸）及其相互之间的位置距离（定位尺寸），如长度、直径、角度、距离等。尺寸约束是通过尺寸标注的形式表达出来的。

1. 尺寸标注的基本规则

标注尺寸时要遵循国家标准中对尺寸标注的相关规定。

（1）图上所注的尺寸为实际大小尺寸，与图形的绘制比例和准确度无关。

（2）尺寸数值的国标单位为毫米（mm），通常省略不标，使用其他单位应注明单位符号。

（3）尺寸标注应完整，既不遗漏，也不能产生封闭的尺寸链。

2. 尺寸的组成及注法

如图 1-11 所示，一个完整的尺寸由尺寸界线、尺寸线、尺寸数字和尺寸终端四部分组成。

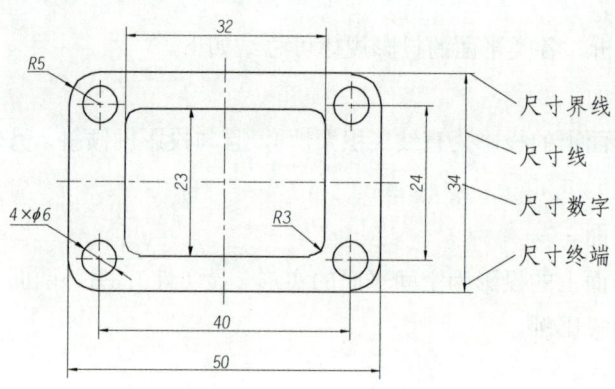

图 1-11 尺寸的组成

1) 尺寸界线

尺寸界线用细实线绘制，并由图形的轮廓线、轴线或对称中心线处引出，也可用轮廓线、轴线或对称中心线作为尺寸界线。尺寸界线与尺寸线垂直，并超出尺寸终端 2～3mm。

2) 尺寸线

尺寸线用细实线绘制，与所标注的线段平行，尺寸线不能用其他图线代替，一般也不得与其他图线重合或画在其延长线上。

3) 尺寸数字

线性尺寸的数字一般应注写在尺寸线的上方，也允许注写在尺寸线的中断处。数字应按照图 1-12（a）所示的方向注写，并尽可能避免在图 1-12（a）所示的 30°范围内标注尺寸，当无法避免时可按图 1-12（b）所示的形式标注。尺寸数字不可被任何图线所通过，否则应将该图线断开，如图 1-12（c）所示。

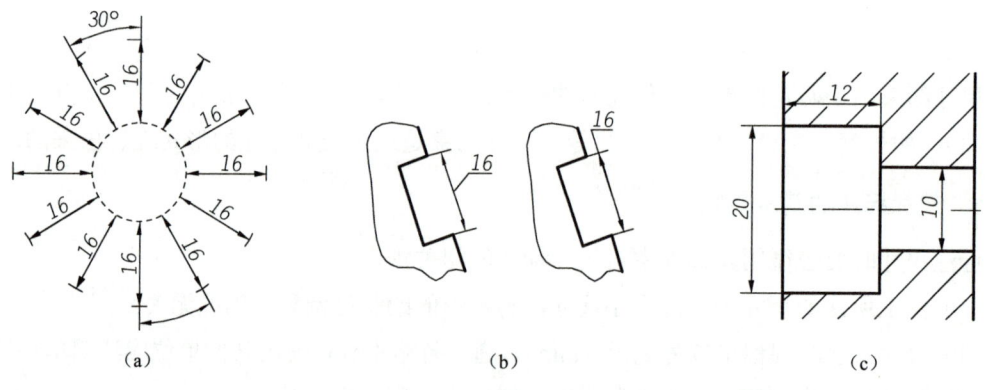

图 1-12 尺寸数字

4) 尺寸终端

尺寸终端有箭头和斜线两种形式。

箭头：箭头的形式如图 1-13（a）所示，适用于各种类型的图样。

斜线：斜线用细实线绘制，其方向和画法如图 1-13（b）所示。当尺寸线的终端采用斜线形式时，尺寸线与尺寸界线应相互垂直。

机械图样中一般采用箭头作为尺寸终端。

第一章 构型与表达基础

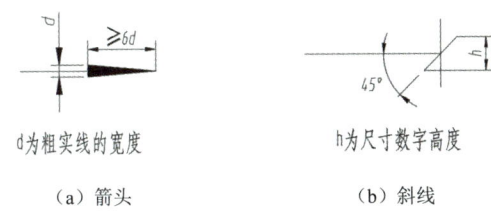

（a）箭头　　　　　　　　（b）斜线

图 1-13　尺寸终端

3. 尺寸符号

在制图标准中，常用不同的符号来表示不同类型的尺寸。部分尺寸符号的含义如表 1-3 所示。

表 1-3　部分尺寸符号的含义

符号	含义	举例	符号	含义	举例
ϕ	直径	$\phi 20$	×	参数分隔符	$3 \times \phi 20$
R	半径	$R10$	±	正负偏差	±0.21
S	球面	$SR10$	□	正方形	□20
M	螺纹	$M16$	⊔	沉孔或锪平孔	⊔$\phi 26$
t	薄板件厚度	$t12$	∨	埋头孔	∨$\phi 17 \times 90°$
C	45°倒角	$C1.5$	↧	深度	↧8

4.平面图形的基准

如图 1-14 所示，平面图形的基准是由基准点（原点 O）和两相互垂直的基准轴（坐标轴 X、Y）组成的，用于确定图形中各几何元素的相对位置。它既是图形的尺寸约束基准也是几何约束基准，还可作为立体构型的基准。

一般来说，基准的选取有以下三种情况。

（1）图形对称时，将基准线设在对称线上，如图 1-14（a）所示。

（2）图形中有较大的圆时，将圆的中心线作为两个方向的基准线，如图 1-14（b）所示。

（3）图中有较长的边线，可作为图形的基准线，如图 1-14（c）所示。

（4）图 1-14（d）所示为关于 Y 轴对称的对称图形，因此 X 方向基准为对称线，Y 方向基准为较长边线。

基准选择的优先顺序为对称线、大圆中心线、图形边线。

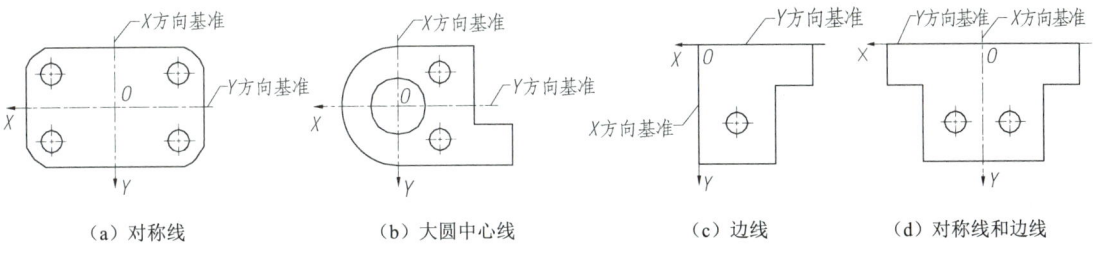

（a）对称线　　　　（b）大圆中心线　　　　（c）边线　　　　（d）对称线和边线

图 1-14　平面图形的基准

5. 单线框平面图形的尺寸标注

除了遵循国家标准中的基本规定，标注尺寸时还必须保证图形尺寸完全约束，标注所有的定形尺寸和定位尺寸，既不重复也不遗漏。

如图 1-15 所示，只有一个线框构成的平面图形为单线框图形。其尺寸标注方法如下。

该平面图形可以看作是长方形左上角截去了一个角，下方截出一个方形口。首先以长方形较长的右侧边线和下侧边线分别作为 X 方向和 Y 方向基准（长方形已被固定）；然后标注长方形的定形尺寸 35 和 25；再标注左上角被切去部分的尺寸，用来确定两个截取点的位置，即定位尺寸 15 和 22；最后标注方形口的尺寸以确定其大小和位置，即标注定形尺寸 10 和 7，以及定位尺寸 14。

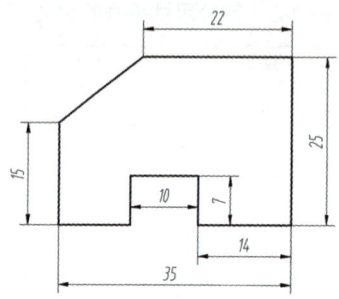

图 1-15　单线框平面图形尺寸标注

6. 多线框平面图形的尺寸标注

多线框平面图形是指由一个外线框（外环）和若干内线框（内环）构成的平面图形。多线框平面图形的尺寸约束，遵循"由外往内、由大到小"的标注原则，即先标注大的外框尺寸，再逐个标注内框尺寸。如图 1-16 所示，一般先按照上面介绍的步骤标注外框尺寸，然后标注内部两个圆的定形尺寸 2×φ6，以及定位尺寸 10、18 和 8。

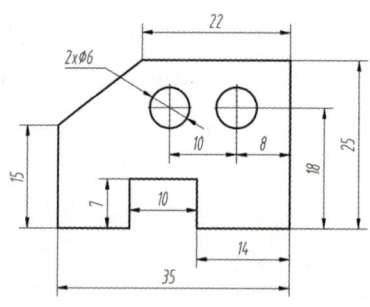

图 1-16　多线框平面图形尺寸标注

需要强调的是，一个平面图形的尺寸约束和基准，并非仅由其形状本身决定，也与其具体设计意图密切相关。对于同一个平面图形来说，设计意图不同，通常基准的选择和定位尺寸的标注也不一样，这在后面的章节中将会介绍。

7. 常见平面图形的尺寸标注

表 1-4 列出了一些常见平面图形元素的尺寸标注形式。

表 1-4 常见平面图形元素的尺寸标注形式

类别	图例	说明
直径半径	(圆、半圆、圆弧的直径和半径标注示例)	① 整圆或大于半圆标直径。 ② 小于半圆标半径。 ③ 尺寸线过圆心
角度	(角度标注示例)	① 尺寸界线从圆心沿径向引出。 ② 尺寸线画成圆弧。 ③ 数字一律水平书写,一般写在尺寸线中断处,必要时可写在尺寸线外
薄壁件	(薄壁件标注示例 t2)	尺寸数字前加注"t"
正方形平面	(正方形平面标注示例)	在边长尺寸数字前加注符号"□",或用"10×10"注出
均布孔	(均布孔标注示例 6×φ6, φ17)	① 标注数量和直径。 ② 标注孔的定位圆(通过所有孔的圆心)的直径

二、几何约束

几何约束是几何拓扑约束的简称,用于限制一个或多个图形元素之间的位置和连接关系。几何约束保证了在图形尺寸约束改变后仍保留原有的设计意图,图形能大致保持原来的形状,并保证尺寸约束的完整性。平面图形几何约束如表 1-5 所示。

表 1-5 平面图形几何约束

几何约束	要选择的实体	所产生的几何关系
水平或竖直	一条或多条直线,两个或多个点	直线会保持水平或竖直,点会水平或竖直对齐
共线	两条以上直线	位于同一条无限长的直线上
相等	两条以上直线、两个以上圆或圆弧	直线长度相等,圆弧半径相同,圆直径相同
垂直	两条直线	两条直线相互垂直
平行	两条以上直线	直线相互平行
相切	一个圆弧、椭圆或样条曲线,以及一条直线或圆弧	两实体保持相切
同心	两个以上圆或圆弧	共用同一圆心

续表

几何约束	要选择的实体	所产生的几何关系
中点	一个点和一条直线	点位于线段的中点
交叉点	两条直线和一个点	点位于直线的交叉点处
重合	一个点和一条直线、圆弧或椭圆	点位于直线、圆弧或椭圆上
对称	一条中心线和任何实体	实体关于中心线保持对称
固定	任何实体	实体的大小和位置被固定

三、平面图形的约束分析举例

图 1-17（a）所示的平面图形的基准为半圆的两条中心线，尺寸约束已全部标出，其所有几何约束为：底边水平且与相邻两边线互相垂直；左右对称；半圆与相邻两边线相切且端点重合；两个圆孔相等。

扫码看图形约束的概念及方法：草图的概念、草图的绘制、草图的编辑、草图的尺寸和几何关系

图 1-17（b）到图 1-17（g）所示为图 1-17（a）所示的图形在各种欠约束条件下，可能会导致的结果。由此可见，如果图形不完全约束，其形状、大小或位置都可能发生改变，使图形不能保持固定、唯一，从而无法准确表达既定的设计意图。因此，在进行构型设计时必须保证平面图形为完全约束图形。

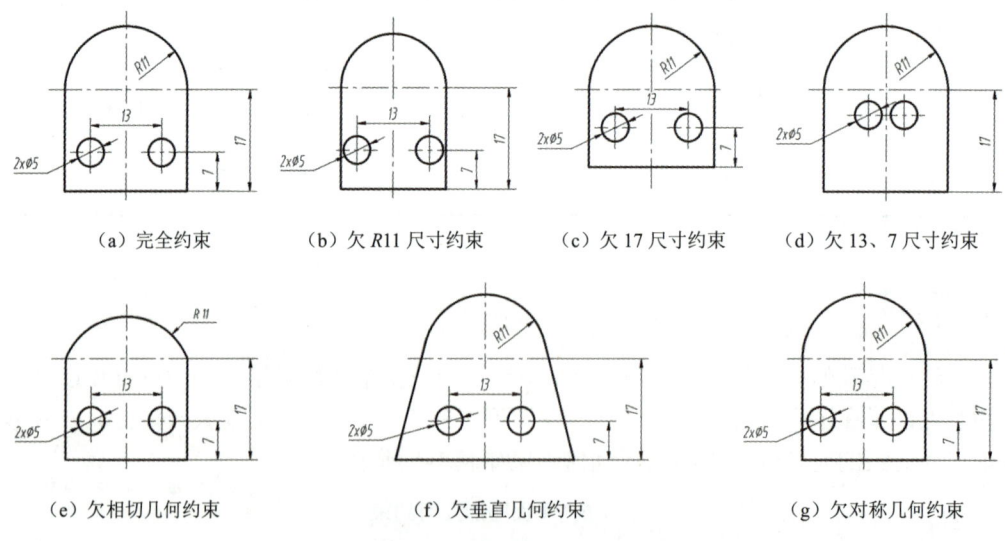

图 1-17　图形的不同约束条件

要完全约束一个图形，通常先选取基准，然后添加几何约束，最后添加尺寸约束。下面以图 1-18 所示的平面图形为例分析其完全约束条件。

选取大圆 M 的两条竖直和水平中心线分别作为 X、Y 方向的基准线。其中已包含了三个几何约束：两条中心线分别保持水平和竖直，且圆心与原点重合。其他几何约束有，圆 N 和 N_1 相等，且圆心与水平中心线重合；圆弧 K 和 K_1 相等，且圆心与水平中心线重合；N 和 K 及 N_1 和 K_1 分别同心，且关于竖直中心线对称；直线 L、L_1、P 和 P_1 均与 K、M 相切，且切点处重合。

尺寸约束有，M 的直径；N、N_1 的直径；K、K_1 的半径；N 和 N_1 的圆心距离。图形约束如图 1-19 所示。

图 1-18　平面图形　　　　图 1-19　图形约束　　　　扫码看约束操作视频

本章知识图谱

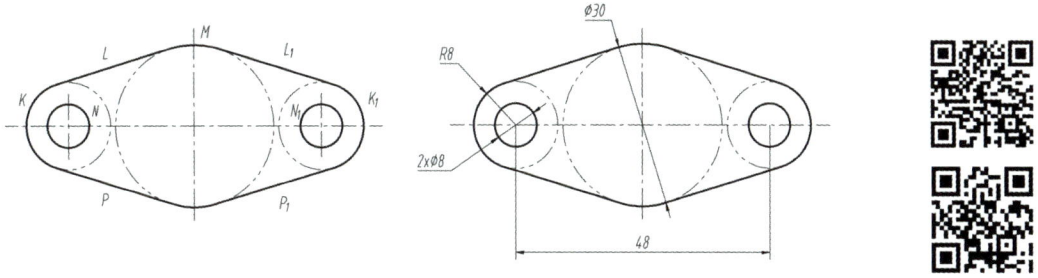

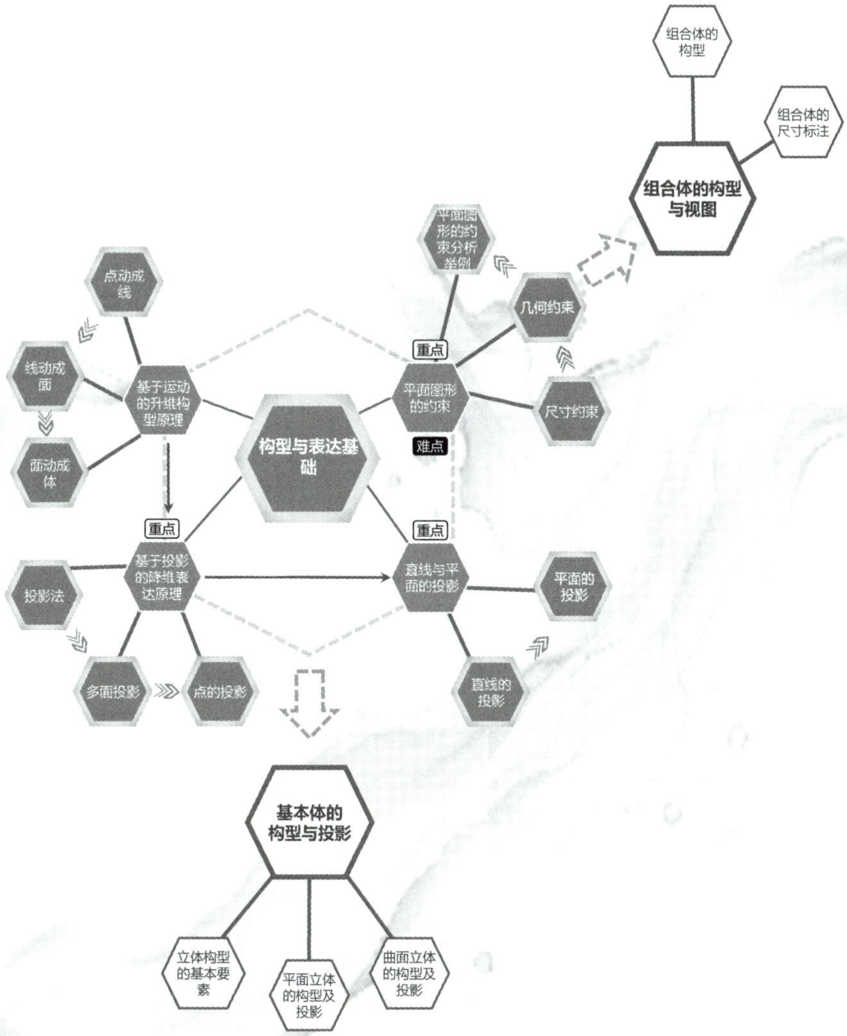

第二章　基本体的构型与投影

立体都是由若干表面围成的，所有表面均为平面的立体称为平面立体，表面包含曲面的立体称为曲面立体。工程上常用的实体，大都可以看作是由若干简单的几何体经过特定的构成处理而形成的，这些简单的几何体称为基本体。本章重点研究常见基本体的构型过程及其投影作图方法。

第一节　立体构型的基本要素

上一章介绍了基于运动的升维构型原理，利用面动成体的方法，一个平面可以通过拉伸、旋转、扫描及放样等方法生成三维型体。

三维构型需要具备以下四个基本要素。

1. 特征图形 F

通常为反映型体主要形状特征且全约束的平面图形（见第一章）。

2. 动作 M

主要包括拉伸、旋转、扫描、放样四种形式。

3. 路径 S

引导特征图形运动的轨迹，包括直线、曲线等。

4. 构型变量 L

特征图形沿其法向的运动量，包括线位移和角位移。

图 2-1 所示为矩形通过拉伸生成长方体的构型过程。

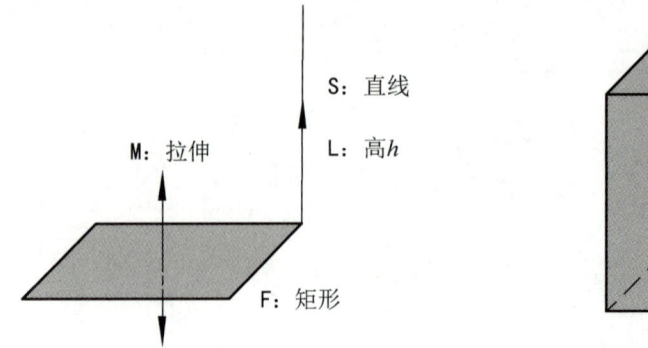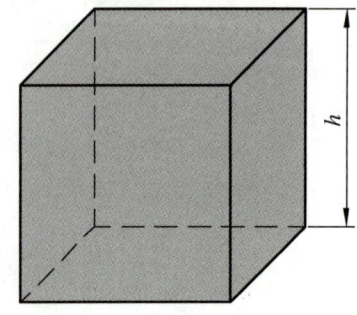

图 2-1　长方体的构型过程

第二章　基本体的构型与投影

扫码看构型过程

　　拉伸和旋转是基本体常用的构型方法，扫描和放样更适合用于表面形状较为复杂或不规则的型体。同一个型体，可能存在多种构型方法，通常根据构型难易程度和构型习惯进行选择。

基本体的应用实例

　　基本体在工程或日常生活中都比较常见。如下图所示，棱镜、榫卯的主要结构为棱柱，空间站的主体结构为圆柱，FAST 天眼就是 500 米口径的球面射电望远镜。

棱镜

榫卯

空间站

FAST 天眼

第二节　平面立体的构型及投影

　　常见的基本体中，平面立体主要包括棱柱和棱锥，通常二者采用的构型方法分别是拉伸和放样。平面立体的表面均为平面，其投影包含所有平面的投影及其可见性。下面以五棱柱和三棱锥为例，讲解平面立体的构型过程和投影作图方法。

一、五棱柱的构型及投影

1. 五棱柱的构型

从结构上看,五棱柱的两个底面形状是全等的正五边形,且棱线与底面垂直,中间截面形状保持不变,因此适合用拉伸的方法构型。

如图 2-2 所示,其构型要素如下。

特征图形 F:五棱柱的底面——正五边形。

动作 M:拉伸。

路径 S:五棱柱的棱线。

构型变量 L:五棱柱的高度。

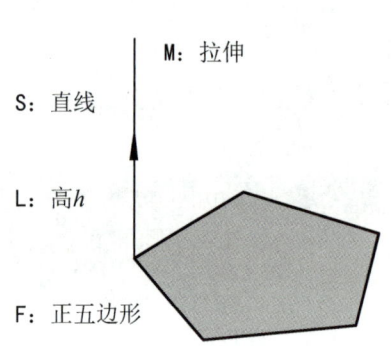

图 2-2 五棱柱的构型

2. 五棱柱的投影

绘制五棱柱的三面投影,即将围成五棱柱的七个平面分别投影到三个投影面上,画出其投影并判别可见性,可见部分画成粗实线,被遮挡部分画成虚线。五棱柱的投影如图 2-3 所示。

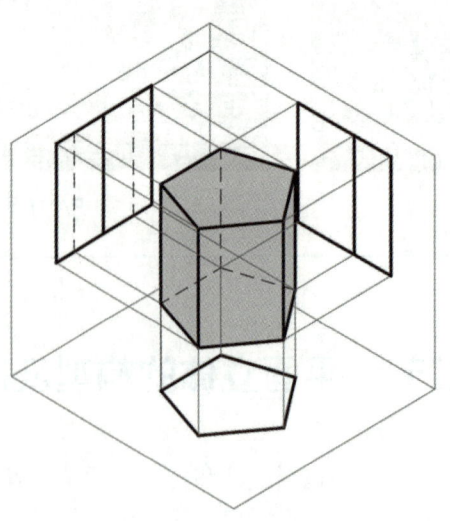

扫码看三维模型

图 2-3 五棱柱的投影

五棱柱的两个底面是水平面,水平投影显示实形。正五边形五条边分别对应五棱柱侧面的五个矩形平面,它们的水平投影均有积聚性,因此五棱柱的水平投影为正五边形实形。最后面的矩形平面为正平面,正面投影显示实形且不可见,其余四个矩形平面均为铅垂面,正面投影和侧面投影均为矩形(类似形)。

如图 2-4 所示,五棱柱投影的作图步骤如下。

(1)按照实际尺寸画出五棱柱的水平投影正五边形(三维构型中的特征图形),以及其他两面的积聚性投影,如图 2-4(a)所示。

(2)根据五棱柱的高度(构型变量 L),作出另一底面在 V、W 投影面上具有积聚性的投影,如图 2-4(b)所示。

(3)由水平投影中正五边形的顶点,作出所对应的五条铅垂棱线(路径 S)在 V、W 投影面上的投影,不可见的棱线画虚线。如图 2-4(c)所示。

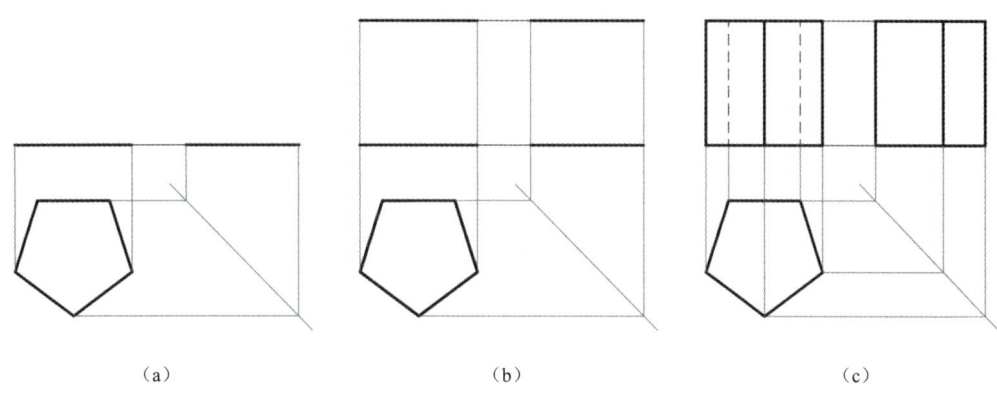

图 2-4 五棱柱投影作图步骤

上述五棱柱的构型及其投影作图过程,充分体现了三维构型与二维投影之间通过正投影法相互转换的本质。

3. 棱柱的投影特点

棱柱的投影特点如图 2-5 所示,三棱柱和六棱柱的水平投影分别为正三角形和正六边形,棱柱的正面投影和侧面投影都是由矩形组成的,棱柱所有表面均为特殊位置平面。

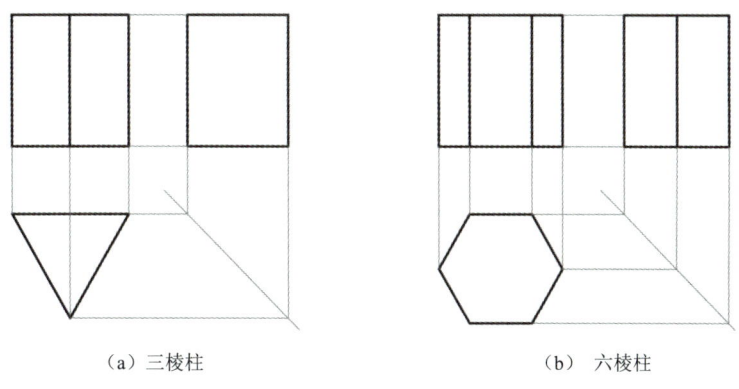

(a)三棱柱　　　　　　　　　　(b)六棱柱

图 2-5 棱柱的投影特点

棱柱的投影特点可总结如下：

（1）棱柱在底面所平行的投影面上的投影为正多边形，另外两面投影轮廓为矩形，且由若干矩形组成。

（2）围成棱柱的所有表面均为特殊位置平面，都具有积聚性投影。

4．棱柱表面取点的作图方法

如果空间点位于某一直线或平面上，那么点的三面投影也必然在该直线或平面的同面投影上。在棱柱表面取点时，根据点是否位于棱线或底边上，可以分为以下两种情况。

（1）点在棱线或底边上（特殊位置）

这种情况直接在线上取点作图即可。

如图 2-6 所示，A 点位于棱柱底边上，可直接在底边的三面投影上作出 A 点的投影。

（2）点在面内（一般位置）

利用点所在平面的积聚性投影特点作图，积聚性实质上就是几何元素的降维表达形式，使平面变为直线，从而将面上取点简化为线上取点。由于棱柱所有表面均有积聚性投影，所以在棱柱面上的一般位置取点，都可以利用积聚性投影直接作图。

如图 2-6 中的 B、C 两点，如果已知 B、C 两点的正面投影或侧面投影，可以先利用积聚性投影直接作出水平投影，然后完成第三面投影。但是，如果只知道点的水平投影（积聚性投影），是无法作出其他两面投影的。

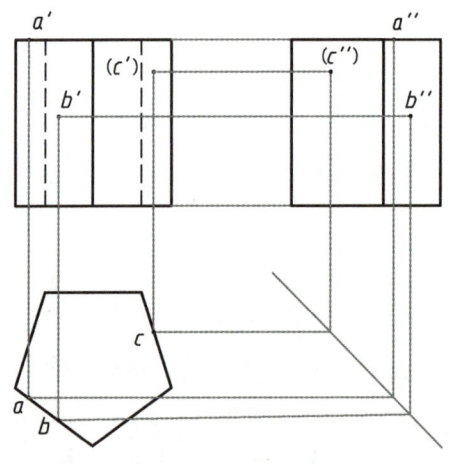

图 2-6　五棱柱表面取点

需要说明的是，如果不利用积聚性投影作图，亦可通过在面内过点的已知投影作辅助线的方法作出点的未知投影。请大家自行思考，此处不进行具体讲解。

二、三棱锥的构型及投影

1．三棱锥的构型

棱锥不同于棱柱，其底面到锥顶的截面形状是不断变化的，即从一

扫码看知识点视频：
平面立体的投影

个正多边形逐渐变为一个点,因此不能采用拉伸的方法构型。截面形状不断发生变化的立体,通常通过放样的方法生成。

如图 2-7 所示,运用放样的方法对三棱锥进行构型。

特征图形 F:三棱锥的底面——正三角形,锥顶——点。

动作 M:放样。

路径 S:三棱锥的棱线。

构型变量 L:三棱锥的高度。

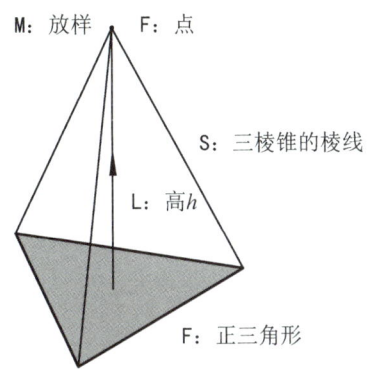
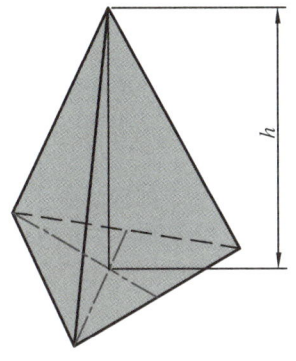

扫码看三维模型

扫码看构型过程

图 2-7 三棱锥的构型

2. 三棱锥的投影

三棱锥由四个三角形平面围成,作出这些面的三面投影并判别其可见性,即得到三棱锥的投影。

如图 2-8 所示,三棱锥 SABC 底面的正三角形 ABC 为水平面,侧面 SAC 为侧垂面,其余两侧面为一般位置平面。其投影作图步骤与五棱柱类似,如图 2-9 所示。

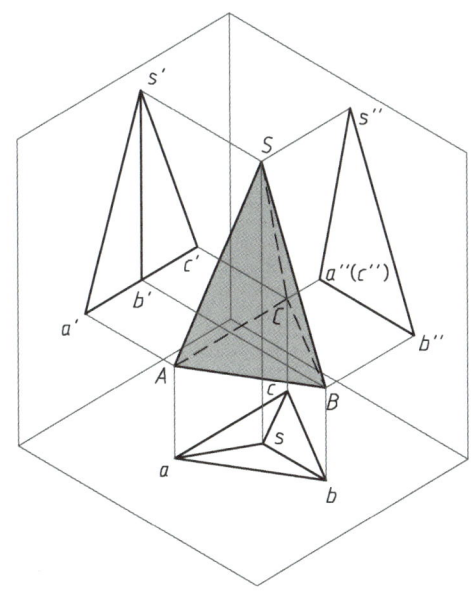

图 2-8 三棱锥的投影

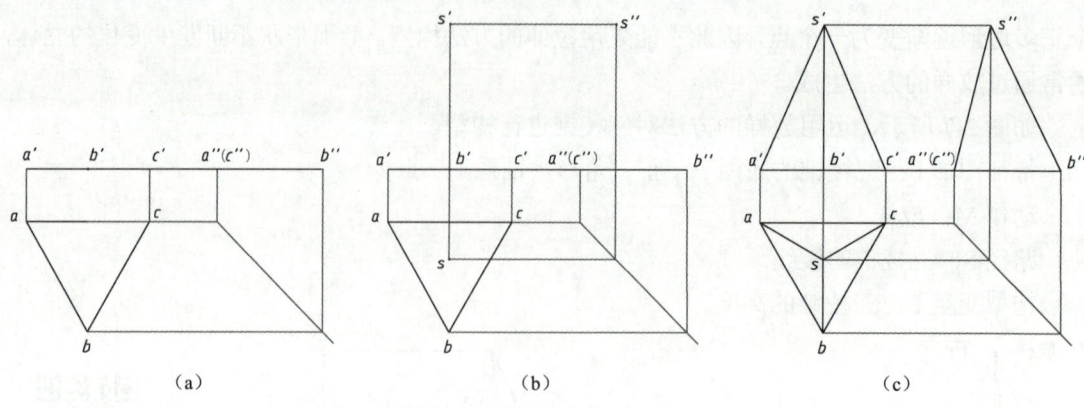

图 2-9 三棱锥的投影作图步骤

3. 棱锥的投影特点

棱锥的投影特点如图 2-10 所示，四棱锥和五棱锥的水平投影为棱锥底面的实形，即正方形和正五边形，正面投影和侧面投影均由三角形组成。

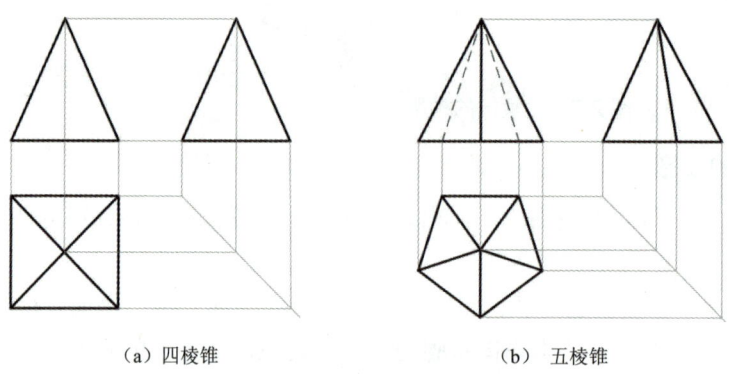

(a) 四棱锥　　　　　　　　　(b) 五棱锥

图 2-10 棱锥的投影特点

棱锥的投影特点总结如下。

(1) 棱锥在底面所平行的投影面上的投影轮廓为正多边形，另外两面的投影轮廓为三角形，且三面投影均由若干三角形组成。

(2) 围成棱锥的表面一定包含一般位置平面，其投影不具有积聚性特点。

4. 棱锥表面取点的作图方法

围成棱锥的表面通常并不都是特殊位置平面，棱锥表面的点可分为三种位置。

(1) 在棱线或底边上。

(2) 在积聚性面上。

(3) 在一般位置面上。

前两种情况的作图方法与棱柱表面取点相同。第三种情况需要通过作辅助线的方法作图：先在平面内作一条过该点的直线，然后在直线上取点。

如图 2-11（a）所示，点 N 在三棱锥的侧面 SAB 上，已知其正面投影 n'，要求作出点的另外两面投影。

由于侧面 SAB 为一般位置平面，必须先作一条过 N 点的辅助线。图 2-11（b）和图 2-11（c）是两种常用的作辅助线的方法。图 2-11（b）是过 N 点和顶点 S 作直线 SD，图 2-11（c）是过 N 点作底边 AB 的平行线 PQ。先画出辅助线的三面投影，然后运用线上取点作出 n 和 n″。

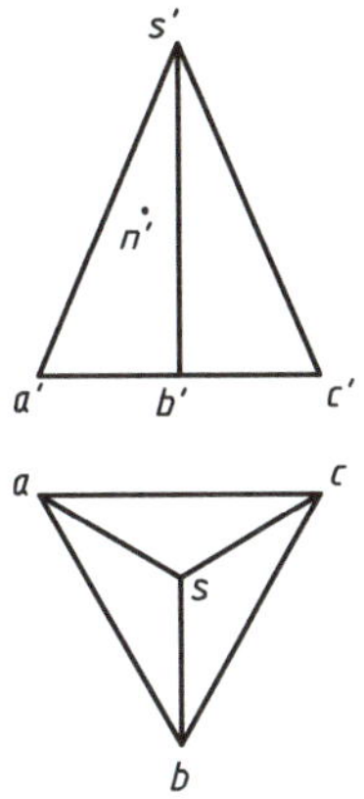

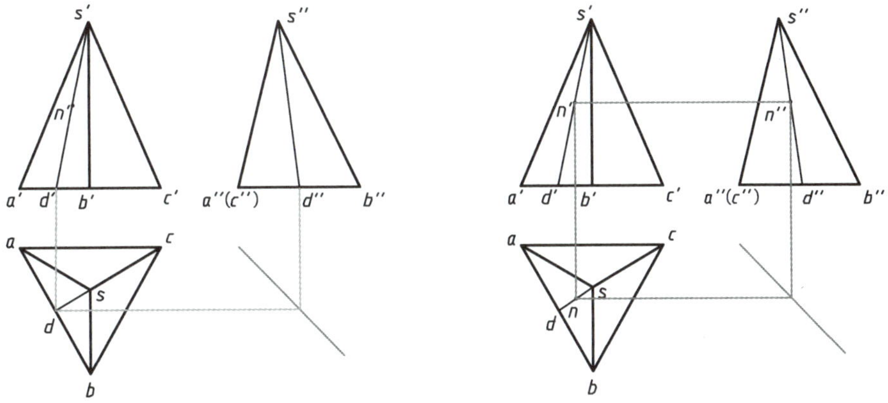

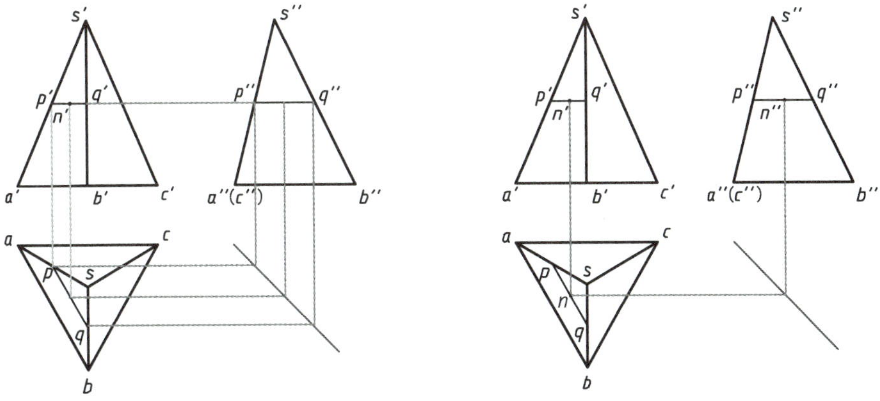

图 2-11　三棱锥表面取点的作图方法

第三节　平面立体的截切

用平面对基本体进行截切是形成复杂结构的一种重要方法。用于截切的平面称为截平面，截平面与立体表面或另一截平面的交线称为截交线，截交线围成的平面图形称为截断面。如图 2-12（a）所示。

单个截平面截切平面立体产生的截交线，其端点一定位于棱线或底边上，如图 2-12 中的 A、B、C、D、E。如果有多个截平面，断面交线的端点可能不在棱线或底边上，如图 2-12（b）中的 M、N。理解这一点，对于接下来截交线的作图是至关重要的。

（a）单一截平面　　　　　（b）两个截平面

图 2-12　平面立体的截切

一、棱柱的截切

五棱柱是较为常见的一种平面立体，施密特棱镜就是通过截切正五棱柱得到的。

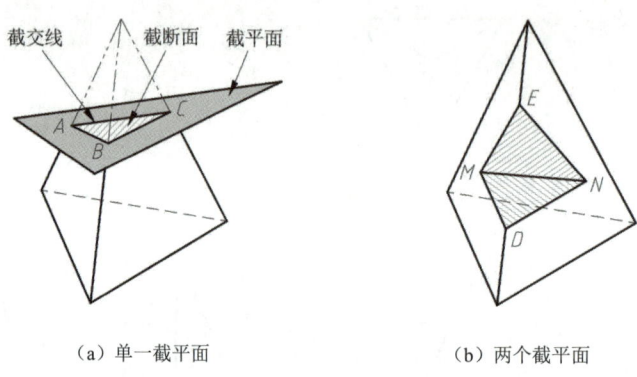

长春光机所的施密特棱镜

棱镜系统是光学系统的重要部分，光学棱镜通常是实心的光学玻璃，经过磨砂和抛光形成一定的几何形状。角度、位置和光学平面数量是定义光学棱镜类型和功能的关键，这些棱镜在望远镜、放大镜等光学设备中广泛使用。绝大多数的光学棱镜是平面立体经过截切得到的，下图的施密特棱镜即通过截切正五棱柱获得的实体，该棱镜可以让影像做 180°的旋转，通常用在双筒望远镜内作为"图像架设系统"。棱镜加工时有近乎严苛的公差和精度要求，由于形状、大小和反射面数量的不同，大规模的自动化制造对于棱镜加工目前仍不可行。棱镜的加工主要经过粗磨、精磨、抛光、倒角等步骤，倒角之后，成品棱镜将进行清理、检查，最后镀膜，光学器件的加工能力也是衡量一个国家高端制造水平的重要标志。中国科学院长春光学精密机械与物理研究所（长春光机所）是我国在光学精密器件制造领域的重要科研单位，它为很多重要光学器件的国产化作出了重要贡献。

下面以施密特棱镜为例，求五棱柱被截切后的立体的投影。如图 2-13（a）所示，截平面 P 为正垂面。

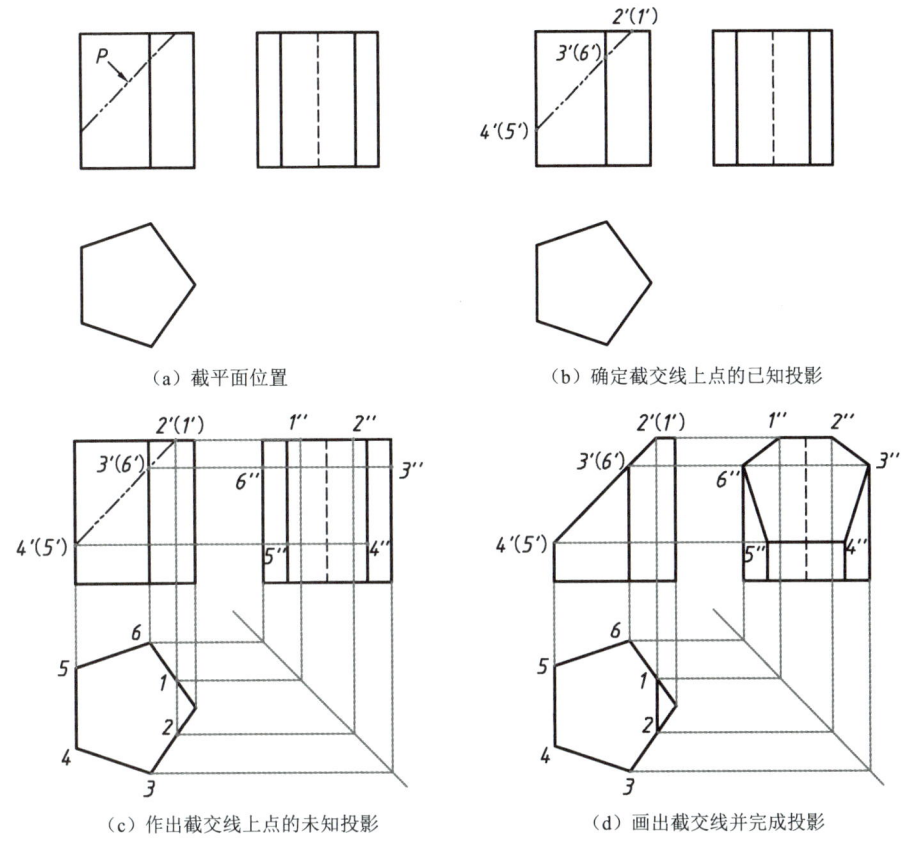

（a）截平面位置　　　　　　　　　　（b）确定截交线上点的已知投影

（c）作出截交线上点的未知投影　　　（d）画出截交线并完成投影

图 2-13　棱柱被单一截平面截切的作图步骤

作图步骤如下：

（1）在五棱柱的正面投影中，确定断面顶点的已知投影。

由于是单一平面截切，截交线的端点均位于五棱柱底边和棱线上。因此，在正面投影中，P 面的积聚性投影与五棱柱底边和棱线的交点为断面的顶点，一共 6 个，断面形状为六边形。如图 2-13（b）所示。

（2）利用棱柱表面取点的作图方法，作出断面顶点的另外两面投影。

根据正面投影，直接利用线上取点作出各点的水平投影和侧面投影。如图 2-13（c）所示。

（3）连接断面各顶点的同面投影，并完成体的投影。

顺序连接 6 个点的同面投影，并擦去被截除部分的投影，如图 2-14（d）所示。

对于多个截平面的情况，主要区别在于相邻两个断面交线端点的作图方法不同。

如图 2-14（a）所示，五棱柱被 P 和 Q 两个相交平面截切，其中 $P // W$，$Q \perp V$，作出五棱柱被截切后立体的投影。其作图方法与单一截平面基本一致，P 面、Q 面截切产生的断面分别为矩形和五边形，其交线的端点 3 和 4 需要利用积聚性投影作图方法。作图步骤如图 2-14（b）～（d）所示。

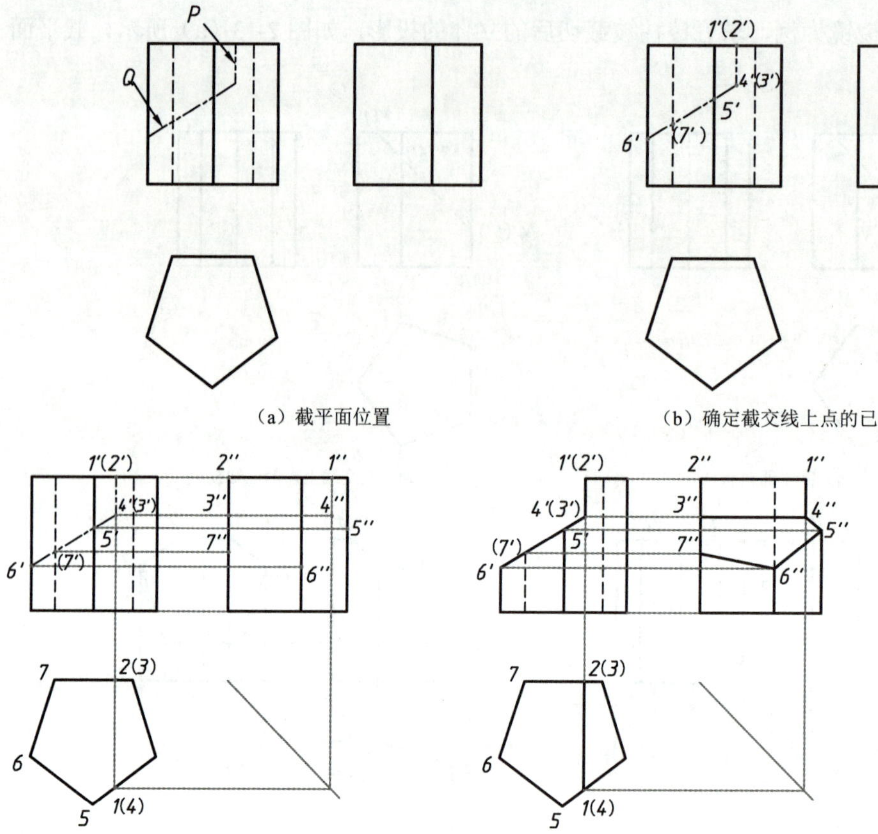

(a) 截平面位置　　　　　　　　　　(b) 确定截交线上点的已知投影

(c) 作出截交线上点的未知投影　　　(d) 画出截交线并完成投影

图 2-14　棱柱被两个截平面截切的作图步骤

棱柱截切的投影作图总结：
（1）在截平面的积聚性投影上，确定所有断面顶点的已知投影。
（2）利用棱柱表面取点的作图方法，根据已知投影作出所有顶点的另外两面投影。
（3）顺序连接每个断面各顶点的同面投影，擦去被切除的部分，完成体的投影。

二、棱锥的截切

中国工程物理研究院的激光合束镜

激光器以光子的形式释放出能量，被激发出来的光子束的光学特性高度一致，因此激光相比普通光源具有单色性、方向性好，亮度和能量密度更高的优点。由于激光器特殊的原理及结构决定了它的光束质量与功率之间普遍存在此消彼长的问题，当追求高功率输出时，其光束质量的提升往往会受到很大限制，

扫码看知识点视频：
平面立体的截切

第二章　基本体的构型与投影

这使得半导体激光器很难作为直接光源应用于工业加工和国防领域。因此，如何获得高功率、高光束质量的直接半导体激光光源，成了国际上亟待解决的技术问题，而激光合束技术被证明是解决该难题的关键技术之一。激光合束技术的关键部件叫作激光合束镜，它是一种半透反射镜，能将两种或多种波长的光线分别通过透射和反射的方法合成到一条光路上。有些激光合束镜为棱锥的截切体，下图的合束镜就为正三棱锥经过一个截切平面的截切后获得的实体。中国工程物理研究院是我国激光光学领域的重要科研单位，它为很多国家亟须的激光器件研制提供了保障。

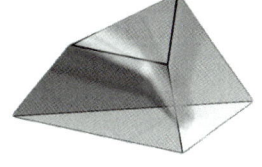

以激光合束镜为例求五棱柱被截切后产生的截交线。如图 2-15（a）所示，三棱锥被 P 面截切，$P \perp V$，作出截切后体的投影。

棱锥被单一截平面截切的作图方法和步骤与棱柱完全一样，如图 2-15（b）～（d）所示。

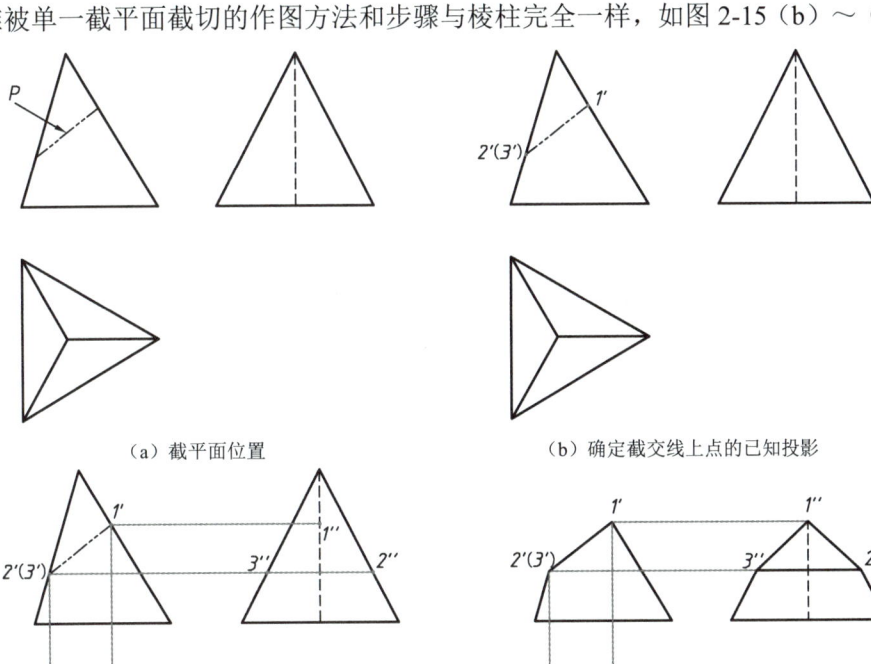

（a）截平面位置　　　　　　　　　　（b）确定截交线上点的已知投影

（c）作出截交线上点的未知投影　　　（d）画出截交线并完成投影

图 2-15　棱锥被单一截平面截切的作图步骤

如图 2-16（a）所示，锥棱被 P 和 Q 两个相交平面截切，其中 $P \perp V$，$Q /\!/ H$，求其被截切后的投影。

棱锥被两个相交平面截切时的作图方法与单一截平面略有不同，两截平面产生的两断面交线的端点如果所在的面为一般位置平面，则需要通过作辅助线的方法作出点的未知投影。如图 2-16

（c）中的 3 点，作了一条过该点且平行于底边的直线。具体作图步骤如图 2-16（b）～（d）所示。

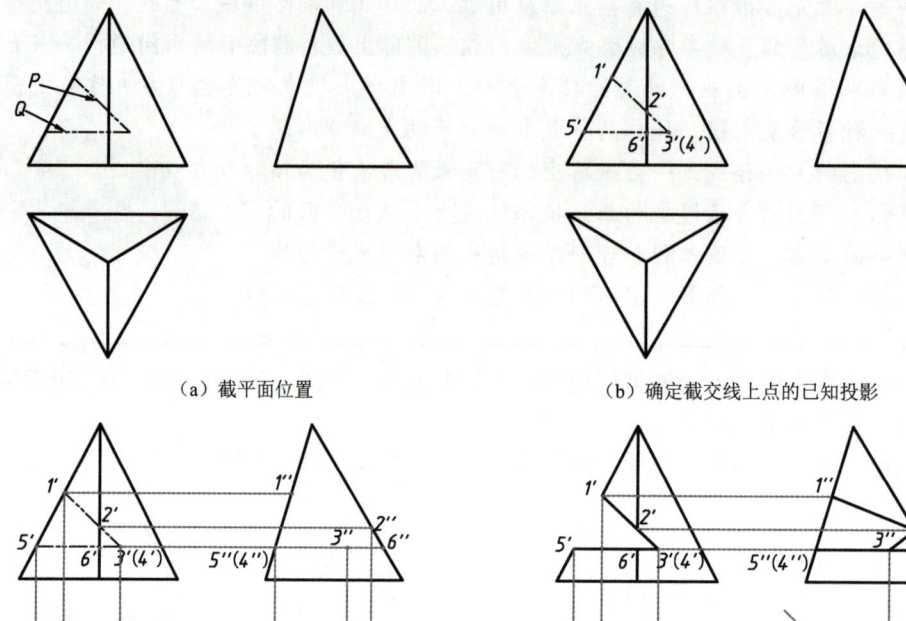

图 2-16 棱锥被两个截平面截切的作图步骤

棱锥截切的投影作图总结。
（1）在截平面的积聚性投影上，确定所有断面顶点的已知投影。
（2）利用棱锥表面取点的作图方法，作出所有顶点的另外两面投影。
（3）顺序连接每个断面各顶点的同面投影，擦去被切除的部分，完成体的投影。

扫码看三维模型

第四节　曲面立体的构型及投影

曲面立体可以看作是由二维特征图形通过旋转生成的立体。因此，曲面立体的三面投影中一定包含圆及构成特征图形的几何元素。

一、圆柱的构型及投影

1. 圆柱的构型

上一章提到，圆柱可以通过两种方式生成，一种是由圆面沿着法向拉伸而成，另一种是由矩形平面绕其一条边旋转生成。本章中，圆柱作为回转体采用旋转构型，如图 2-17 所示。

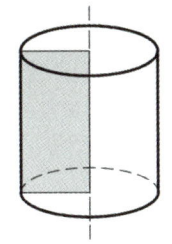

图 2-17 圆柱旋转构型　　 扫码看三维模型　 扫码看构型过程

圆柱构型的主要参数如下。
特征图形 F：矩形面。
动作 M：旋转。
路径 S：圆。
构型变量 L：360°。

如图 2-17 所示，圆柱是由两个底面圆和一个圆柱面围成的。用于生成圆柱面的矩形边称为母线，圆柱面上的任意一条直线称为素线。

2. 圆柱的投影

如图 2-18 所示，圆柱的轴线垂直于 H 面，底面和顶面为两水平圆，其水平投影为圆。由于构成圆柱面的所有素线均为铅垂线，其水平投影是与底面相同直径的圆；圆柱面的正面投影为最左和最右两条素线（前后转向轮廓线），以及底面和顶面两水平圆的投影，侧面投影为最前和最后两条素线（左右转向轮廓线），以及底面和顶面两水平圆的投影。因此，圆柱的水平投影为一个圆，另外两面投影为矩形。

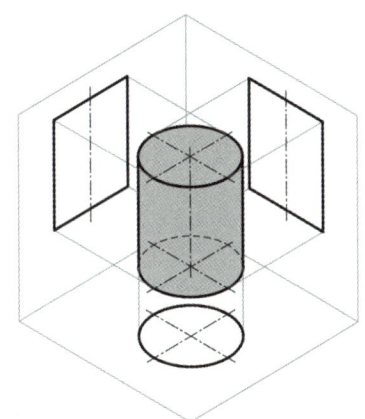

图 2-18 圆柱的投影

圆柱投影的作图步骤如下。
（1）首先画出圆的对称中心线和轴线的投影，用点画线绘制，如图 2-19（a）所示。
（2）然后画出水平投影——圆，如图 2-19（b）所示。画圆柱的投影，通常先画圆的投影。
（3）最后画出另外两面投影——矩形，如图 2-19（c）所示。

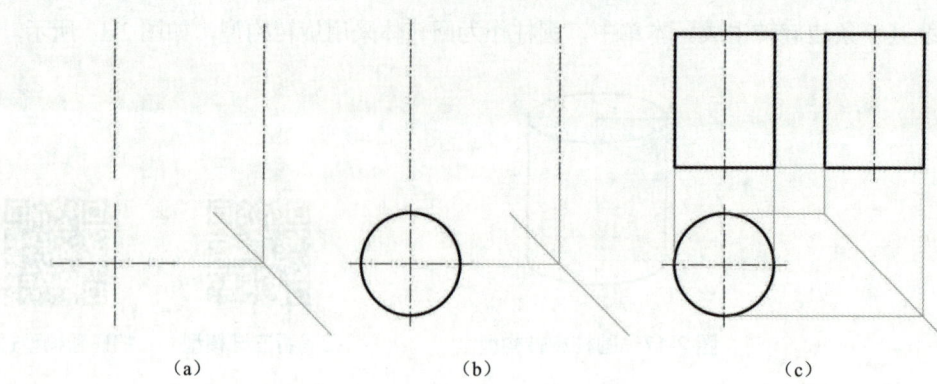

图 2-19 圆柱投影作图步骤

3. 圆柱表面取点的作图方法

圆柱与棱柱类似，底面、顶面和圆柱面均有积聚性投影，因此圆柱表面取点与棱柱表面取点的作图方法相同，直接利用积聚性进行作图。如图 2-20 所示，M、N 点位于圆柱表面上，其水平投影 m、n 一定在圆柱的水平投影圆上。

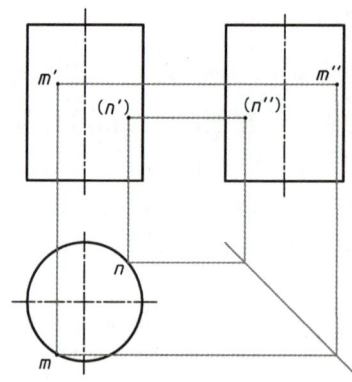

图 2-20 圆柱表面取点作图方法

二、圆锥的构型及投影

1. 圆锥的构型

圆锥是将一个直角三角形平面绕其一条直角边旋转 360°生成的，如图 2-21 所示。

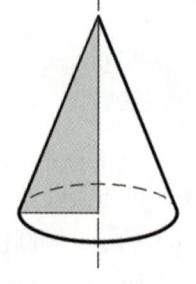

图 2-21 圆锥旋转构型　　　　　　扫码看三维模型　　扫码看构型过程

圆锥构型的主要参数如下。
特征图形 F：三角形平面。
动作 M：旋转。
路径 S：圆。
构型变量 L：360°。

圆锥是由圆锥面和一个底面围成的，用于生成圆锥面的直角三角形斜边称为母线，圆锥面上的任意一条直线称为素线。

2. 圆锥的投影

如图 2-22（a）所示，圆锥轴线垂直于 H 面，底面为水平面，它的水平投影为圆。圆锥面的水平投影为与底面相同的圆，正面投影为前后转向轮廓线与底面的投影，侧面投影为左右转向轮廓线与底面的投影。因此，圆锥的水平投影为一个圆，另外两面投影为三角形。

扫码看知识点视频：
圆锥的投影

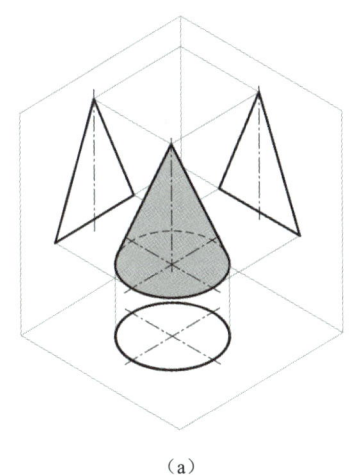

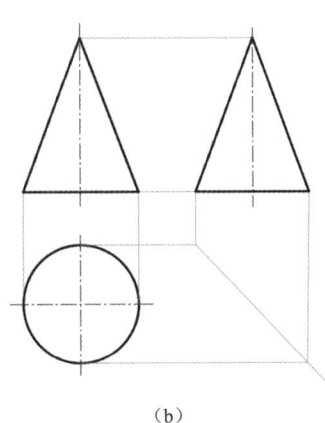

（a）　　　　　　　　　　　（b）

图 2-22　圆锥的投影

圆锥的投影作图步骤与圆柱类似，如图 2-22（b）所示，应先画出底面圆的对称线和轴线的投影，然后绘制圆的投影，再画出其他两面三角形投影。

3. 圆锥表面取点的作图方法

由于圆锥表面没有积聚性投影，在圆锥表面上取点时，需要运用辅助线作图。如图 2-23 所示，如果已知圆锥表面上 M 点的任一面投影，必须先作一条过 M 点且属于圆锥表面的线，然后利用线上取点完成点的另外两面投影。

作辅助线的方法通常有两种。

（1）辅助素线法。

过点的已知投影和圆锥顶点作一条直线，如图 2-23（a）所示。

（2）辅助圆法。

过点的已知投影作一个与轴线垂直的圆，如图 2-23（b）所示。

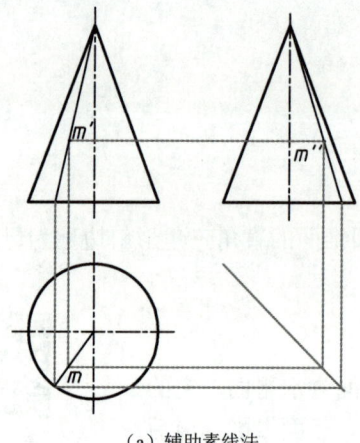
(a)辅助素线法

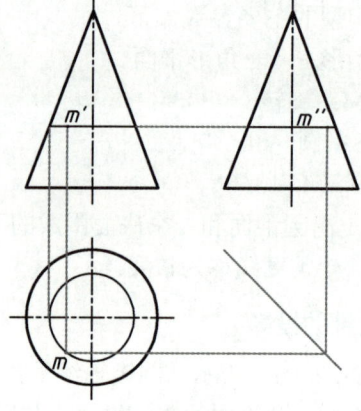
(b)辅助圆法

图 2-23 圆锥表面取点的作图方法

三、球体的构型及投影

1. 球体的构型

球体是半圆面通过旋转生成的,如图 2-24 所示。

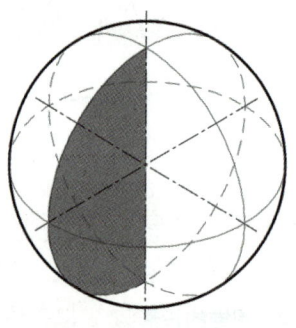

图 2-24 球体旋转构型

扫码看三维模型

扫码看构型过程

球体构型的主要参数如下。
特征图形 F:半圆面。
动作 M:旋转。
路径 S:圆。
构型变量 L:360°。
球体是由一个球面围成的立体。

2. 球体的投影

如图 2-25 所示,球体的三面投影均为圆。正面投影、水平投影和侧面投影分别对应球面上最大的正平圆、水平圆和侧平圆(转向轮廓线)。

扫码看知识点视频:
球体的投影

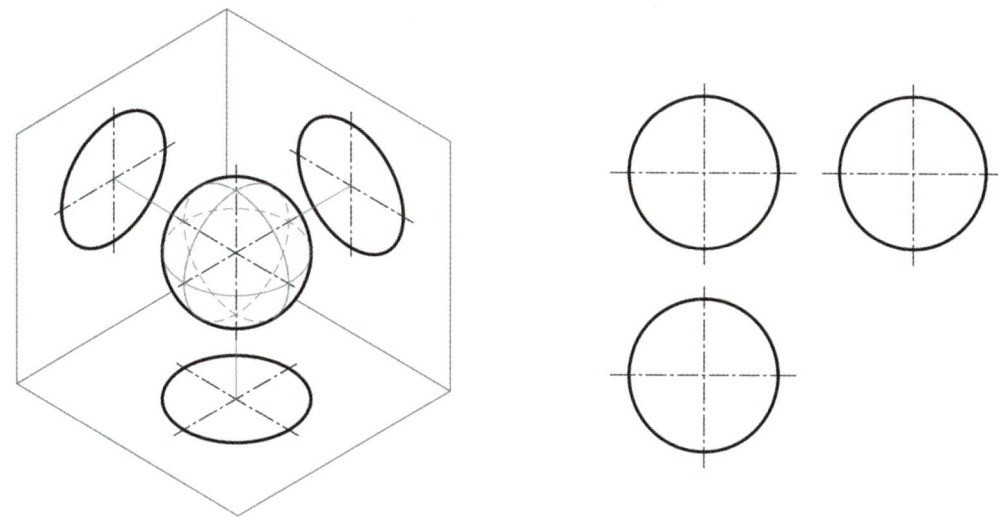

图 2-25　球体的投影

3. 球体表面取点的作图方法

球体表面取点时,如果点位于三个投影方向的轮廓圆上,如图 2-26 中的 M 点,则运用线(圆)上取点的方法直接进行作图。否则,需要先过点作一个辅助圆,为了作图方便,辅助圆应平行于投影面。如图 2-26 中球面上的 N 点,如果已知 N 点的任一面投影,要作出其他两面投影,必须先作一个过 N 点的水平圆(也可以是正平圆或侧平圆),然后同 M 点一样在圆上取点作图。

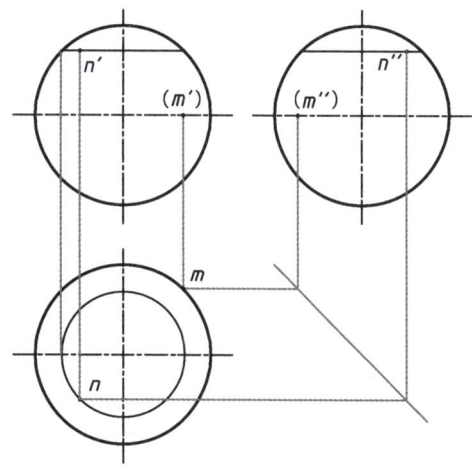

图 2-26　球体表面取点的作图方法

扫码看三维模型

第五节　曲面立体的截切

曲面立体的截切与平面立体的截切类似,主要区别在于曲面立体包含曲面,平面截切曲面时产生的截交线可能是直线也可能是曲线。

下面主要讨论圆柱、圆锥和球体被平面截切时所产生截交线的形状及其投影作图方法。

一、圆柱的截切

截平面的位置不同，产生的截交线的形状也不一样。表 2-1 列出了圆柱被各种位置的平面截切时截交线的形状及其投影。

扫码看知识点视频：
圆柱的截交线

表 2-1 圆柱的截交线

截平面位置	平行于轴线	垂直于轴线	倾斜于轴线
截交线形状	直线	圆	椭圆
立体图	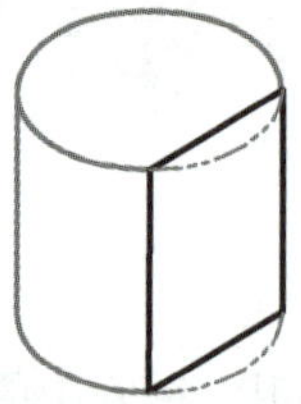	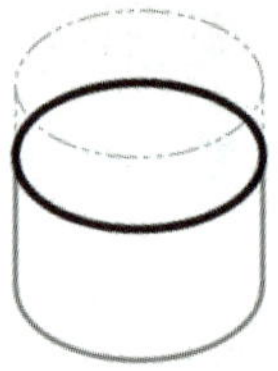	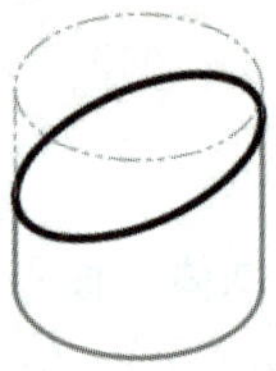
投影图	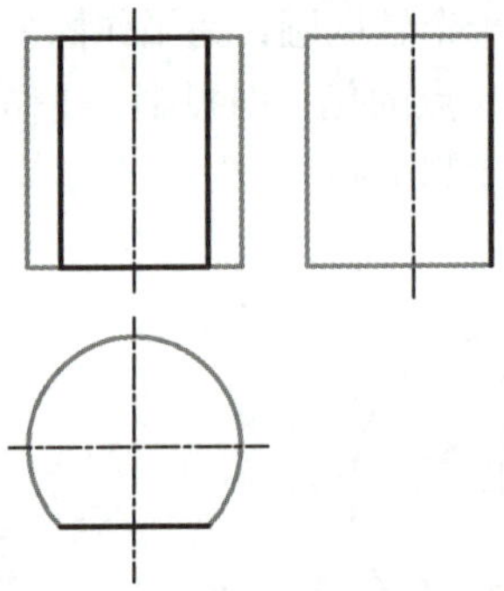	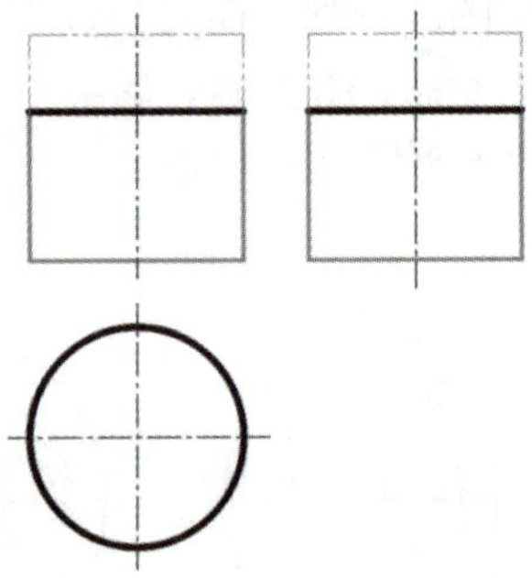	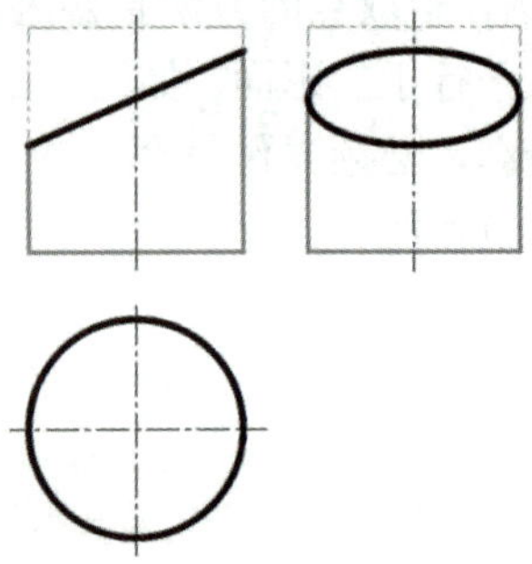

如图 2-27（a）所示，圆柱被两相交平面 P、Q 面截切，P∥W，Q⊥V，要求作出圆柱体被截切后生成的立体的投影。

截切圆柱体的作图步骤与平面立体类似，具体如下。

（1）在圆柱的正面投影中，确定截交线上点的已知投影。

由表 2-1 知，P 面截圆柱体产生的断面为矩形，Q 面产生的断面为椭圆面的一部分，二者有一条交线。如图 2-27（b）所示，矩形的四个顶点的正面投影为 1′、2′、3′、4′；3′、4′、5′、6′、7′、8′、9′为椭圆形截交线上的点的投影。其中 3′、4′点为两断面交线的端点，5′、7′、9′为圆柱面转向轮廓线上的点，6′、8′为任意选取点。

（2）利用圆柱表面取点的作图方法，作出所有点的另外两面投影，如图 2-13（c）所示。

（3）顺序连接每条截交线上各点的同面投影，擦去被截去部分，完成体的最终投影，如图 2-14（d）所示。

第二章 基本体的构型与投影

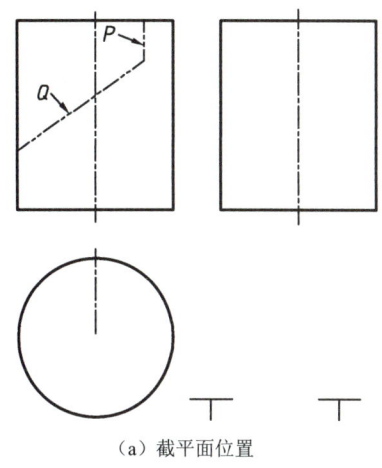

（a）截平面位置

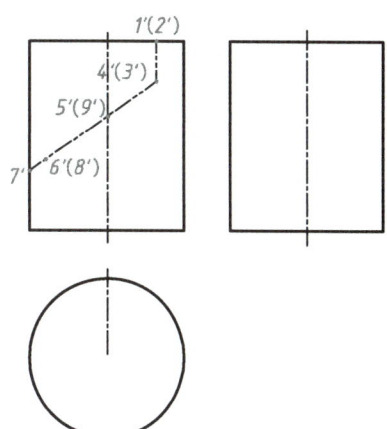

（b）确定截交线上点的已知投影

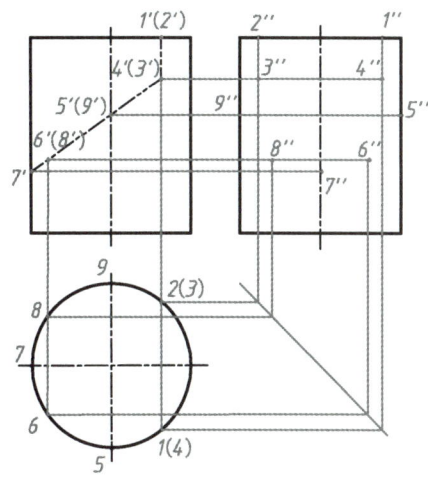

（c）作出截交线上点的未知投影

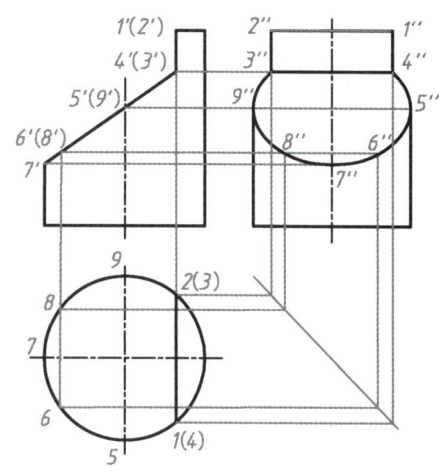

（d）画出截交线并完成投影

图 2-27　圆柱截切

二、圆锥的截切

表 2-2 列出了圆锥被不同位置的平面截切时产生的截交线形状及投影。

扫码看知识点视频：
圆锥的截交线

表 2-2　圆锥的截交线

截平面位置	过锥顶	不过锥顶			
		垂直于轴线	$α<θ<90°$	$θ=α$	$0≤θ<α$
截交线形状	直线	圆	椭圆	抛物线	双曲线
立体图					

续表

截平面位置	过锥顶	不过锥顶			
		垂直于轴线	$\alpha<\theta<90°$	$\theta=\alpha$	$0\leq\theta<\alpha$
截交线形状	直线	圆	椭圆	抛物线	双曲线
投影图					

如图2-28（a）所示，圆锥被两相交正垂面P、Q截切，要求作出圆锥被截切后所得立体的投影。

根据表2-2可知，P面截圆锥面得到的截交线为两直线，断面为三角形；Q面截圆锥面生成的截交线为椭圆的一部分。圆锥的截切作图步骤与圆柱的截切是完全相同的，只是圆锥的表面取点作图方法与圆柱不同。作图步骤如图2-28（b）～（d）所示。

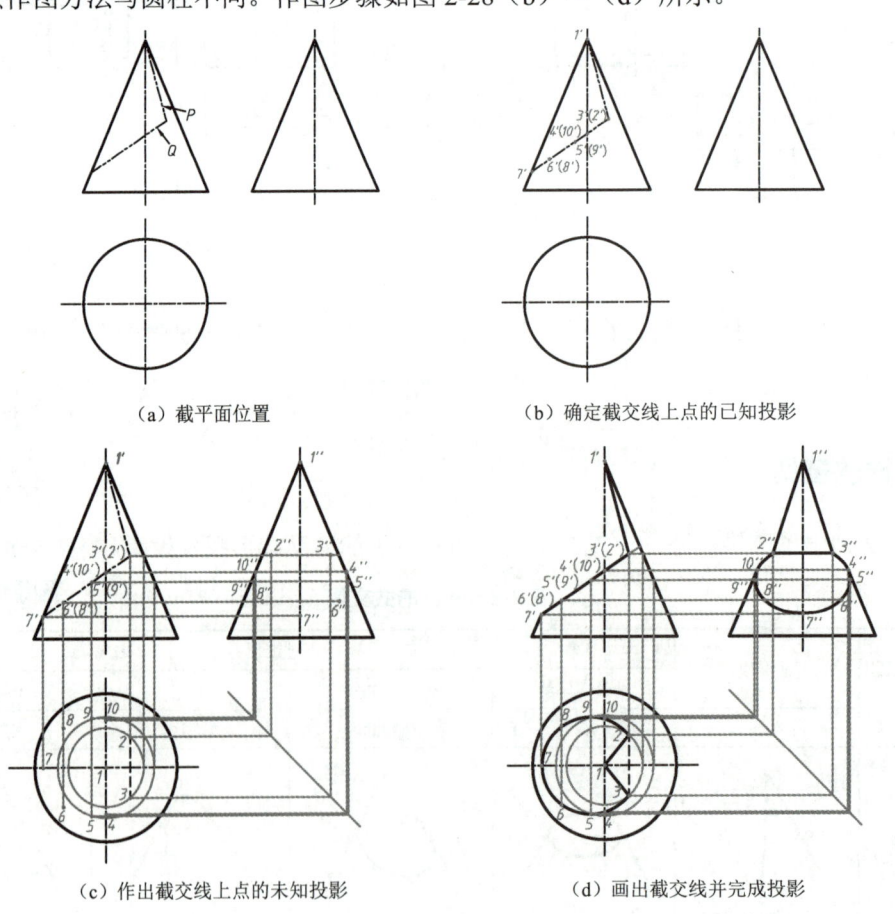

(a) 截平面位置　　　　　　　　(b) 确定截交线上点的已知投影

(c) 作出截交线上点的未知投影　　(d) 画出截交线并完成投影

图2-28　圆锥截切

第二章 基本体的构型与投影

榫卯结构与立体的截切

榫卯结构是我国的璀璨瑰宝，是古代工匠智慧的结晶，它是在两个木质构件上所采用的一种凹凸结合的连接方式，凸出部分叫榫，凹进部分叫卯，榫和卯咬合，起到连接作用，其结构稳固，具有较高的连接强度及精度。春秋战国时期，榫卯开始在家具中被使用，那时已经出现了银锭榫、燕尾榫等；到了唐代，榫卯的应用更加讲究，其结合方式已经非常牢固，有上下贯通、穿插搭接等形式；宋代是榫卯发展的高峰时期，框架式的家具结构也更加成熟和丰富多样，有了夹头榫、插肩榫等新形式；明清时代是中国传统家具发展的顶峰时期，其以工艺精妙、结构缜密、设计特别而闻名。

鲁班锁是榫卯结构的经典代表之一，其特点是运用相连两部件上的凹凸咬合，不钉不胶形成自锁，在鲁班锁的拼装过程中，通过最后一个部件（或几个部件同时）的安装，完成整体结构的闭合与稳固，因此这个被称为"锁眼"的部件（最后一步）也是拆解鲁班锁的"机关"。根据部件数量、搭接方式和榫卯形式的不同，可形成多种类型的鲁班锁。

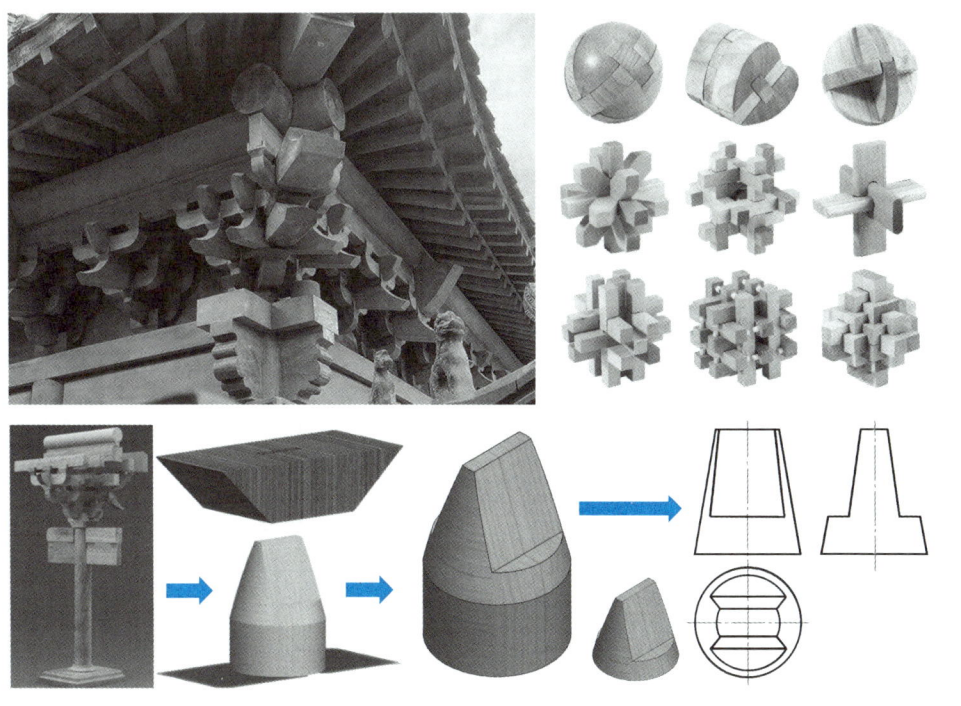

三、球体的截切

任一平面与球体相交，截交线的形状都是圆，与截平面的位置无关，但截交线投影的形状是由截平面的位置决定的，可能是圆、椭圆和直线。

如图 2-28（a）所示，球体被相交两平面 P、Q 截切，$P/\!/H$，$Q\perp$

扫码看知识点视频：
球体的截交线

V，要求作出截切后球体的投影。

显然，P 面截球体产生的截交线为水平圆的一部分，其水平投影仍为圆弧，可直接画出。Q 面截球体产生的截交线为正垂圆的一部分，其水平投影和侧面投影为部分椭圆。其作图步骤与圆柱和圆锥截切产生截交线为椭圆的作图方法类似，只是球面上取点的方法不完全相同。作图步骤如图 2-29（b）～（d）所示。为了便于理解，图 2-29（d）中用双点画线画出了被截去的球体轮廓线。

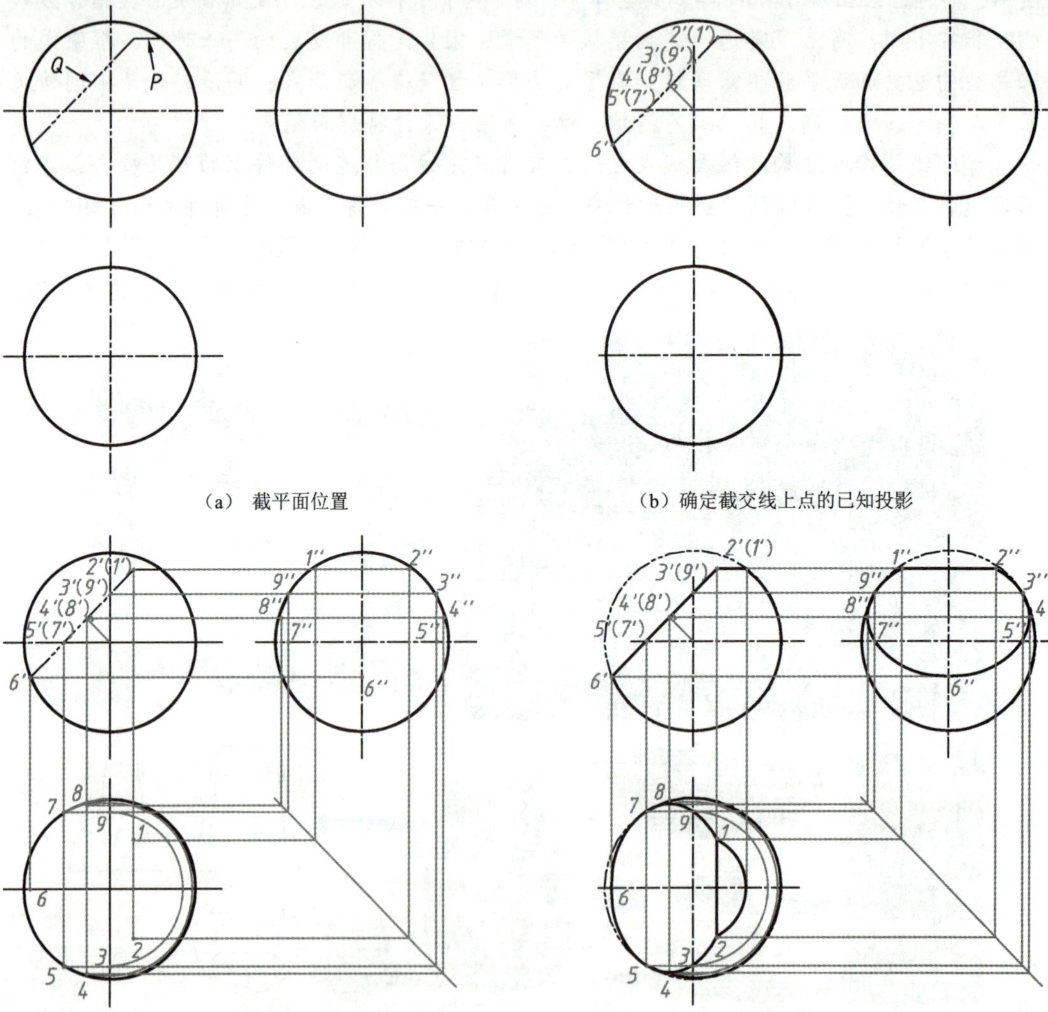

（a）截平面位置 　　　　　　　　　　（b）确定截交线上点的已知投影

（c）作出截交线上点的未知投影 　　　　（d）画出截交线并完成投影

图 2-29　球体截切

由以上各种立体的截切作图过程可知，无论是平面立体还是曲面立体，其作图步骤是完全相同的，只是截交线的形状及表面取点的作图方法不尽相同。需要强调的是，如果截交线为非圆曲线，必须先在截交线的已知投影上取若干点，作出其各面投影，然后光滑连接画出截交线的投影。为了便于作图，点的位置通常选取曲面立体转向轮廓线上的点；考虑到作图的准确性，还会选取曲线的特征点或极限位置点，比如椭圆的长短轴端点等，这些点也可能与转向轮廓线上的点重合。此外，根据作图需要也可以适量添加一般位置的点。

第六节 两个回转体表面相交

两立体表面的交线称为相贯线,包括平面与平面、平面与曲面、曲面与曲面相交三种情况,前两种情况产生的相贯线与前面所讲的截交线在本质上是一样的,包括直线和平面曲线,其作图方法也一样。曲面与曲面的交线通常是空间曲线,也可能是平面曲线和直线。

本节我们只研究轴线垂直相交的两圆柱相交(正贯)及同轴线的回转面相交产生的相贯线。

一、两个圆柱相贯

1. 直径不同的两圆柱正贯

如图2-29(a)所示,两个直径不同的圆柱的相贯线为封闭的空间曲线,且前、后,左、右对称。相贯线的投影如图2-29(b)所示。

由于相贯线是两两圆柱面的共有线,且圆柱面具有积聚性,所以相贯线的水平投影和侧面投影是已知的,作图的重点是正面投影。相贯线的作图步骤与截交线类似,具体作图方法如下。

(1)在已知相贯线的水平投影和侧面投影上取点 1、2、3、4、5。其中,1、2、3三个点位于两个圆柱面的转向轮廓线上,也是极限位置点;4、5两点是一般点。利用圆柱表面取点的方法作出5个点的正面投影。

(2)顺序光滑连接 1'、2'、3'、4'、5',得到相贯线的正面投影。

扫码看知识点视频:
两个圆柱相贯

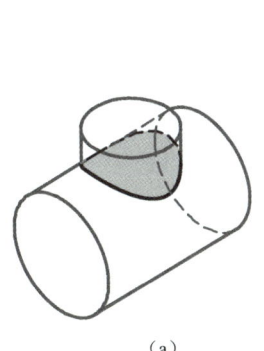

(a)

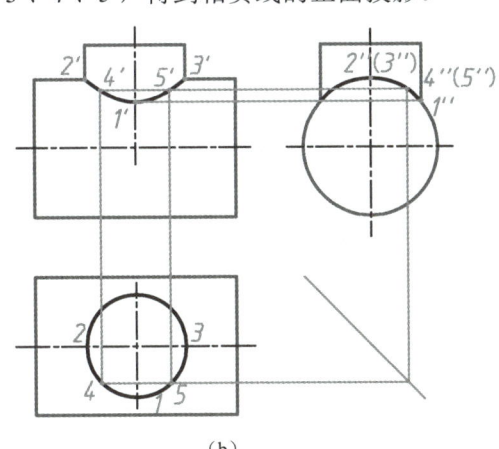

(b)

图 2-30 直径不同的两圆柱正贯

扫码看三维模型

2. 直径相同的两圆柱正贯

如图2-31所示,两个直径相同的圆柱体的相贯线为两条平面曲线——椭圆,两椭圆面为互相垂直的正垂面,因此相贯线的正面投影为互相垂直的两直线。

这是圆柱相贯的特殊情况,相当于用与 H 面呈 45°的正垂面截切圆柱面,产生的截交线为椭圆。

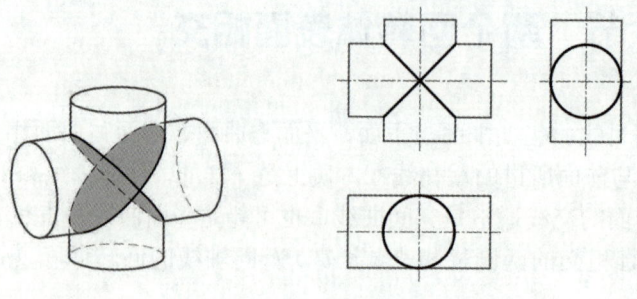

图 2-31 直径相同的两圆柱正贯

扫码看三维模型

3. 圆柱面相贯的形式

圆柱面在立体上的存在形式有两种：外表面和内表面（通常被称为孔）。与之对应，圆柱面相贯的表现形式有三种：外表面与外表面相贯、内表面与内表面相贯、内表面与外表面相贯，如图 2-32 所示。

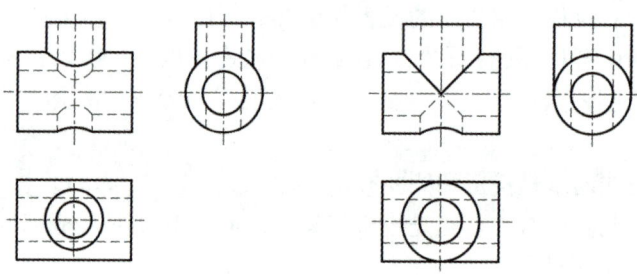

图 2-32 圆柱面相贯的形式

二、同轴线回转面相交

图 2-33 所示为同轴线的圆柱、圆锥或球体相交组合而成的三种立体，显然这些立体也都是回转体。立体上相交两回转面产生的相贯线，可以看作是母线上的一点绕轴线旋转一周生成的圆。因此，图中各立体的相贯线均为水平圆。

扫码看知识点教学视频：
相贯线的特殊情况

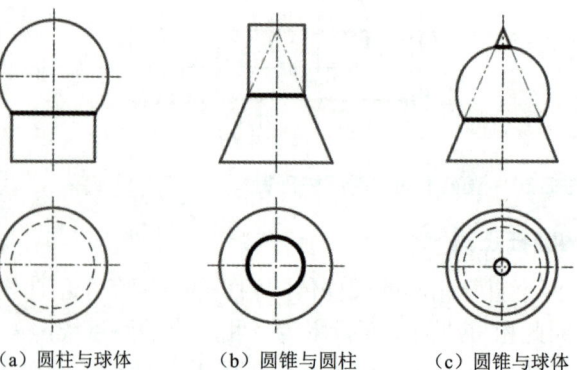

（a）圆柱与球体　　（b）圆锥与圆柱　　（c）圆锥与球体

图 2-33 同轴线回转面的相贯线

第二章　基本体的构型与投影

扫码看三维形体构型的概念及方法：参考几何体、基本特征的建模、基本特征举例（管接头零件）

本章知识图谱

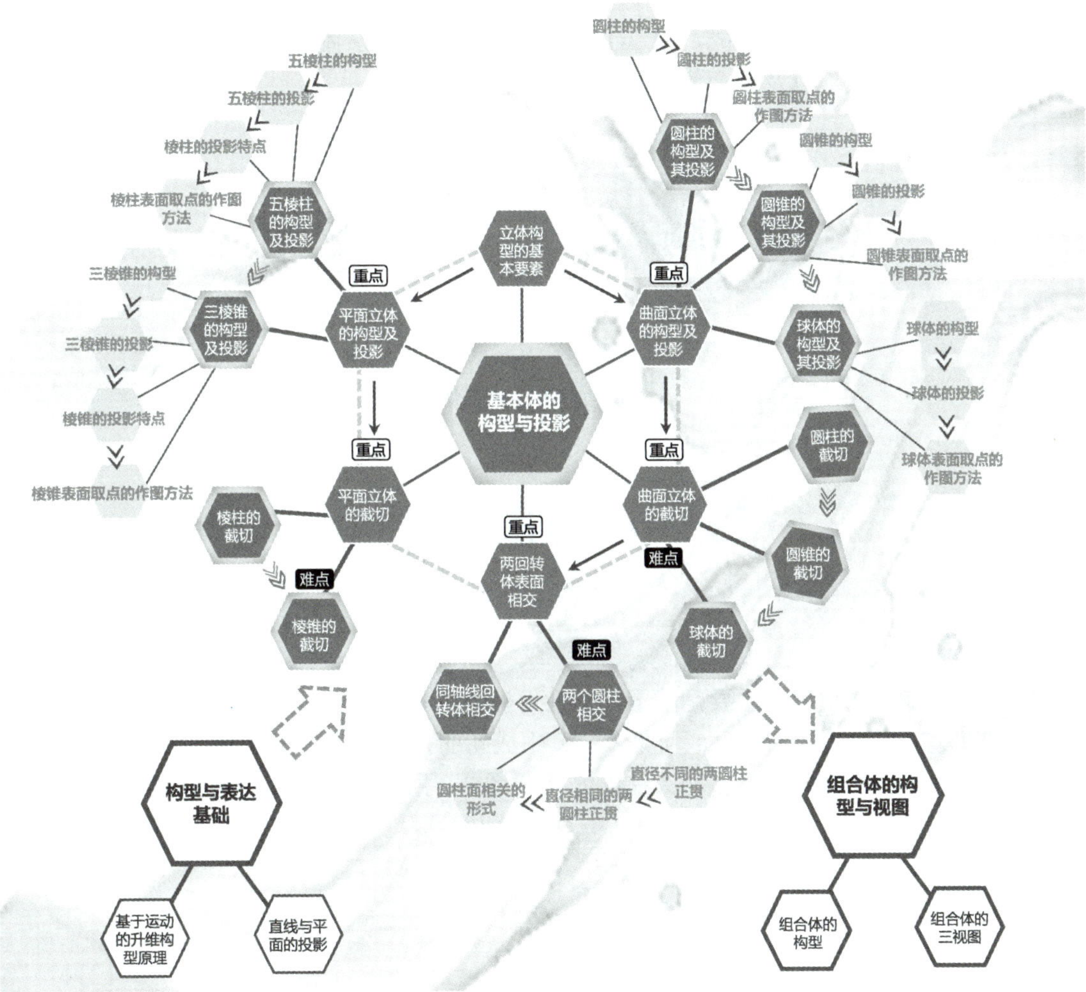

第三章 组合体的构型与视图

组合体是工业产品或工程型体的模型化,是构建产品三维模型的基础,它通常由基本型体按照一定的构型方式组合而成,图 3-1 所示为叶片泵及其泵体的组合体构型。本章主要讨论组合体的构型方法,以及组合体三视图的画图和读图方法。

(a)叶片泵　　　　　　(b)泵体模型

图 3-1　零件模型化

第一节　组合体的构型

一、构型原理

组合体的基本构型原理主要是基于三维几何型体的布尔运算,即运用两个或两个以上的几何体的并集(∪)、差集(−)或交集(∩)生成新的几何体。

如图 3-2 所示,将长方体 A 和圆柱体 B 按照图 3-2 所示的相对位置进行组合,运用不同的运算方式就可生成不同结构的几何体 C、D、E 和 F。

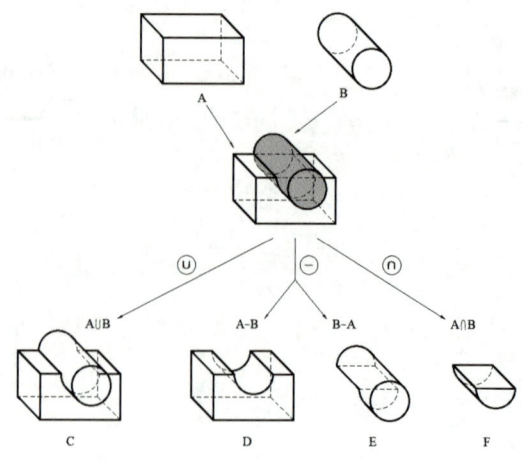

图 3-2　组合体的构型原理

二、基本型体的构型

基本型体是构成组合体的基本立体单元,它与上一章介绍的基本体的构型方法类似,主要通过拉伸(或旋转)进行构型,所不同的是,基本型体的特征图形较上一章的基本体(一般为多边形、圆形等)更为复杂,如图 3-3(a)~(d)所示;抑或在上述构型的基础上进一步构造出孔、槽等结构,如图 3-3(e)所示。

为便于分析组合体的构型,后续内容中将把基本体和上述基本型体统称为基本型体,并把基本型体作为构成组合体的基本单元,一般不再对其进一步拆分,也不再具体讨论其构型过程。

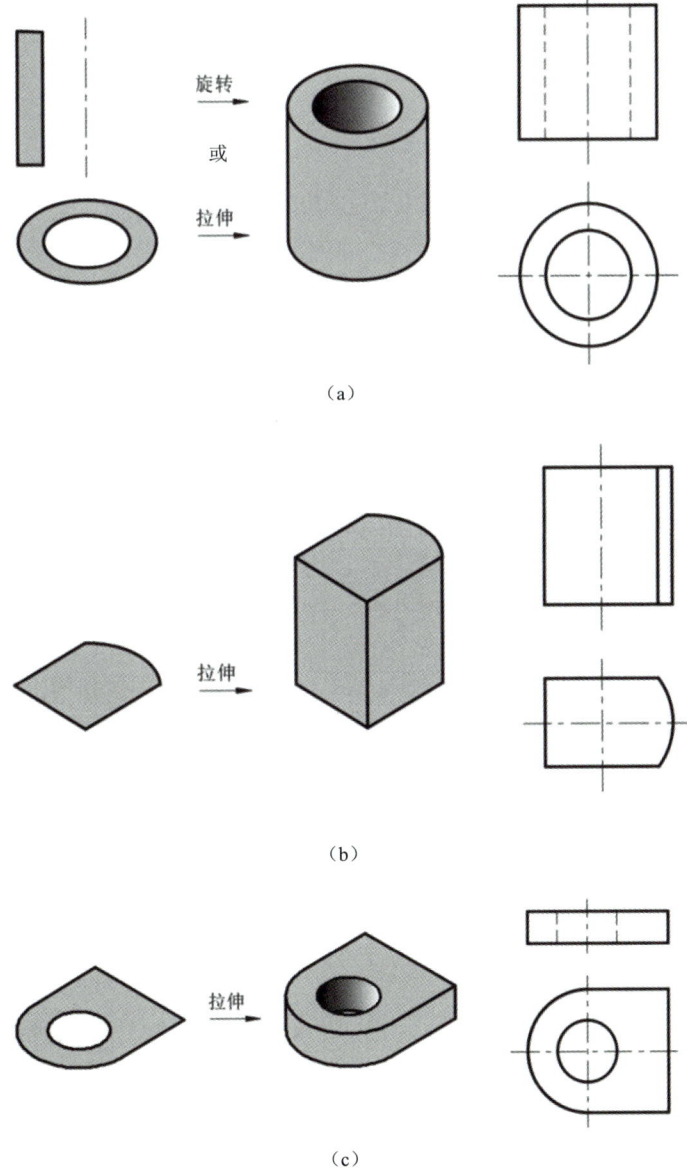

(a)

(b)

(c)

图 3-3 常见基本型体的构型及其投影

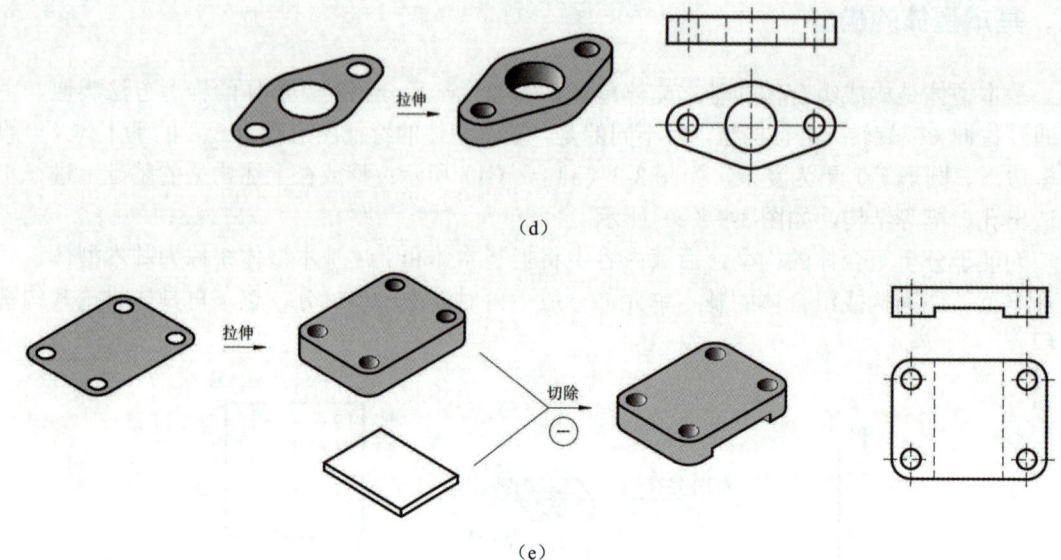

(d)

(e)

图 3-3　常见基本型体的构型及其投影（续）

三、组合体的构型分析

1. 组合体的类型

为了更直观地描述组合体的构型，把并集（∪）、差集（-）和交集（∩）运算分别用相加（+）、相减（-）和相交（×）来表示，其中相加（+）和相减（-）是组合体构型过程中常用的构型方式。

根据构型方式不同，将组合体分为以下三种类型。

（1）叠加型

由几个基本型体相加（+）构成的组合体，称为叠加型组合体。如图 3-4（a）所示。

（2）切割型

将一个基本型体减去（-）若干基本型体得到的组合体，称为切割型组合体。如图 3-4（b）所示。

（3）综合型

由若干基本型体通过相加（+）和相减（-）得到的组合体，既有叠加又有切割，称为综合型组合体。如图 3-4（c）所示。

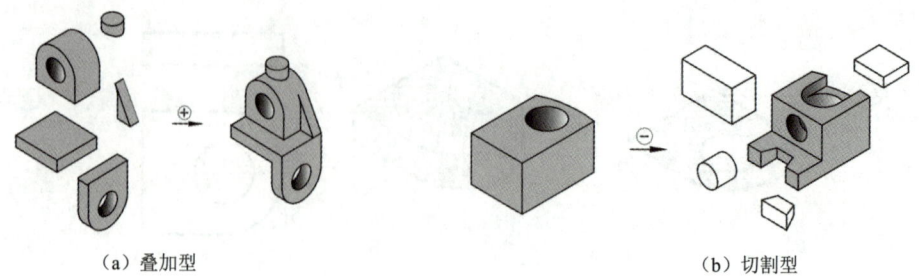

(a) 叠加型　　　　　　　　　　　　　　(b) 切割型

图 3-4　组合体的类型

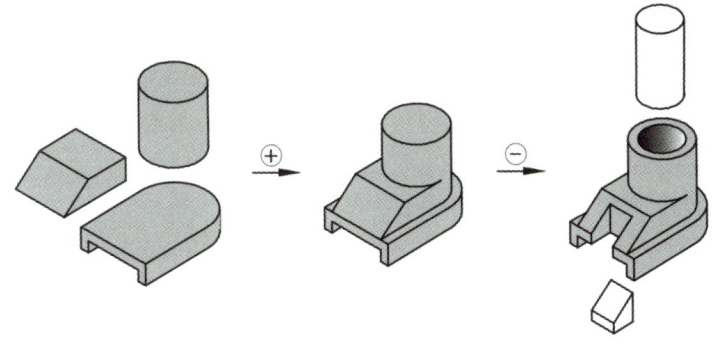

（c）综合型

图 3-4 组合体的类型（续）

需要强调的是，综合型组合体中的相减（-）指的是两个及以上基本型体叠加完成后，再被一个基本型体同时切割，而不是对其中一个基本型体自身的切割。值得注意的是：一般我们把只针对一个基本型体减去另一个基本型体的构型过程仍然视为基本型体的构型过程，如图 3-3（e）所示，而非组合体的构型过程。因此，在对组合体进行构型分析时，应避免将一个相同的切割结构拆分到多个基本型体中。这就是组合体构型过程中的先加后减原则，该原则有利于提高组合体的构型效率和准确性。

如图 3-5 所示，将图 3-4（c）所示的综合型组合体中的两个相减（-）基本型体（方槽和圆孔）拆分到三个相加（+）基本型体中，变成叠加型组合体，这显然不符合先加后减原则。

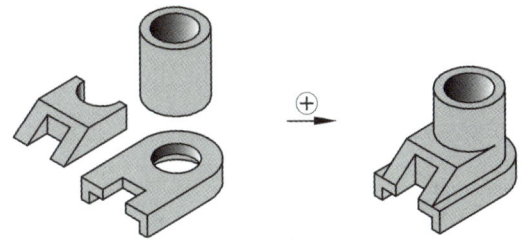

图 3-5 不合理的组合体构型示例

此外，为了后续方便描述，补充几个与切割构型相关的概念。
（1）被切割体。
被切割的基本型体或组合体称为被切割体。
（2）切割体。
用于切割被切割体的基本型体称为切割体。
（3）切割面。
切割体与被切割体相交的表面称为切割面，包括平面和曲面。
（4）切断面。
被切割体被切割后产生的表面称为切断面。
（5）切割结构。
由同一个切割体产生的切断面所构成的结构，比如孔、槽和缺角（缺口）等，称为切割结构。

2. 组合体的构型过程

构型树是一种能够形象地描述组合体构型过程与构型逻辑的树形结构，它可以清晰地表达组合体在构型过程中与各相关基本型体之间的关系。图 3-7～图 3-9 就采用构型树的形式分别描述了上述三种类型组合体的具体构型过程，该方法也是本章表达组合体构型过程的主要方法。组合体的构型过程如下。

（1）确定组合体的类型，将其拆分成若干基本型体。

拆分基本型体时，应注意基本型体的结构不宜过于简单，应尽量减少基本型体的数量，以提高构型效率。图 3-6（a）中的基本型体 U 形叉结构，完全符合基本型体的构型特征，可作为一个基本型体。而在图 3-6（b）中将其拆分为三个基本型体，大大延长了构型路径，降低了构型效率。

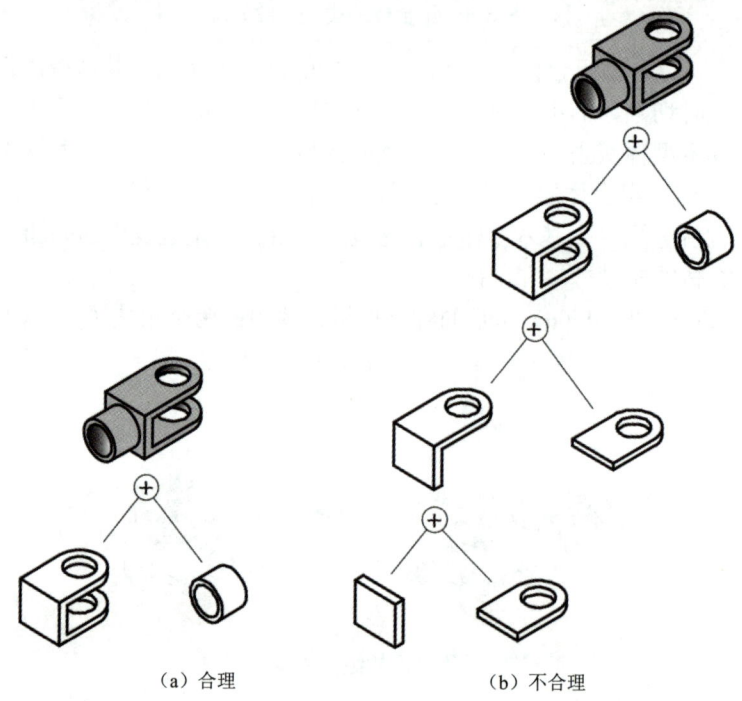

（a）合理　　　　　　　　　　（b）不合理

图 3-6　合理拆分基本型体

（2）确定各基本型体的加（+）减（−）顺序，合理规划构型路径。

每个组合体的构型顺序并不是唯一的，以方便构型为基本原则。

① 对于叠加型组合体，结构相对独立的基本型体，其顺序可以互换；而对于需要借助与之相邻的结构才能确定形状的基本型体，则必须先完成与之相邻的型体构型，再对该型体进行构型。如图 3-7 所示的组合体，其构型顺序还可以是 $B+A+C+D+E$ 和 $B+A+C+E+D$ 等。

② 对于切割型组合体，切割体之间通常都是相对独立的，只要不影响组合体的构型结果，其构型顺序都可以互换。如图 3-8 所示的组合体，B、C、D、E 的顺序可以任意互换。

③ 对于综合型组合体，其参与叠加和切割的基本型体的构型顺序应分别符合上述两种类型的构型要求，同时还应符合先加后减的原则。如图 3-9 所示的组合体，其构型顺序还可以是 $A+B+C-E-D$。

（3）明确基本型体之间的相对位置和连接关系，按构型路径完成组合体的构型。

两个基本型体相加时，连接包括两个方面：外表面的连接和内部的融合。内部的融合意味着两个型体叠加后，叠加部分的立体界面消失，这些面称为融合面。如图 3-7 中的 C+E 和图 3-9 中的 B+C 产生的融合面（深色标出的部分圆柱面），叠加完成后消失。理解这一点有助于后续正确绘制组合体的视图，尤其对于圆柱面，融合面对应的转向轮廓线消失。

基本型体在叠加或切割构型时，表面连接关系有以下三种。

① 重合。

重合在这里可以理解为两个及以上型体的表面合为一个面。如图 3-7 中的 A+B，A 和 B 的前、后及上表面分别重合连接成一个平面，面内分界线（轮廓线）消失。该图中还有多处面的重合，这在叠加构型中是一种极为常见的连接关系。

② 相切。

如图 3-7 所示，基本型体 D 的一个平面与 C 的圆柱面相切，组合为一个复合面。相切是面的一种光滑过渡，没有分界线。如图 3-8 中的 A-E、图 3-9 中的 B+C，都存在相切连接关系。

③ 相交。

如图 3-7 所示，基本型体 E 和 C 的两圆柱表面相交，产生相贯线。在组合体中，面与面相交是很常见的一种表面连接关系。尤其是在进行相减构型时，切割产生的孔槽等切割结构的轮廓线均为面与面的交线，如图 3-8 和图 3-9 所示。

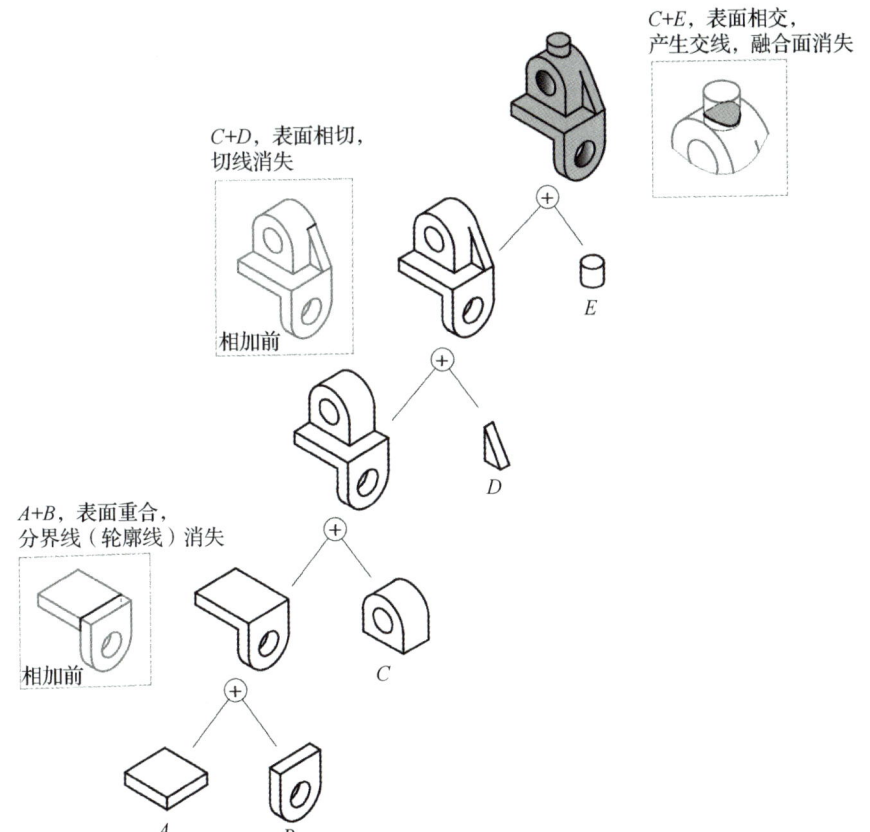

图 3-7　叠加型组合体构型树（A+B+C+D+E）

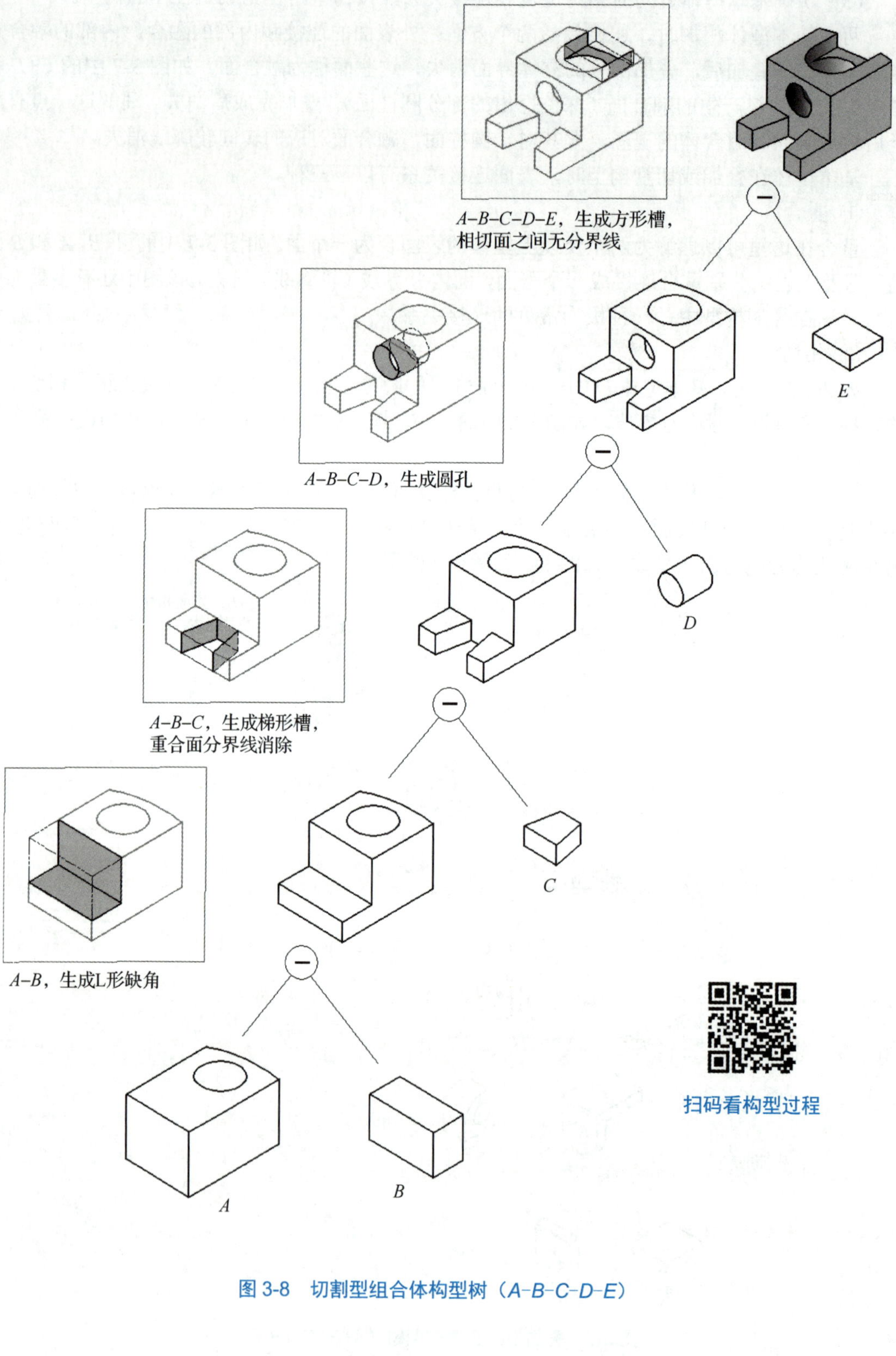

图 3-8　切割型组合体构型树（A–B–C–D–E）

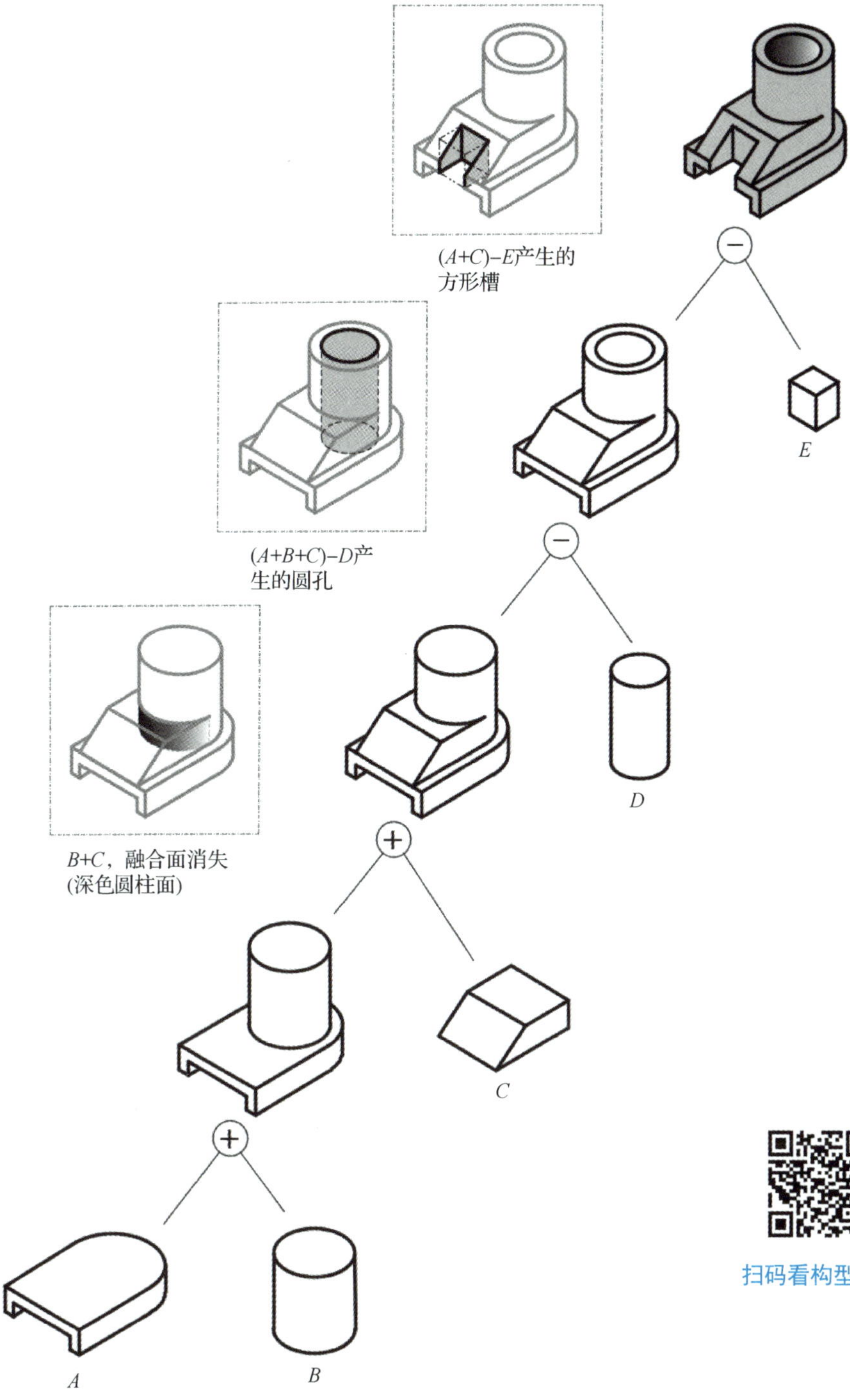

扫码看构型过程

图 3-9　综合型组合体构型树（$A+B+C-D-E$）

由以上分析可见，在三种表面连接关系中，只有面与面相交才会产生线（交线），面与面重合或相切均组合为一个面，没有新的线产生。这对接下来组合体三视图的绘制也是非常重要的。

第二节　组合体的三视图

组合体的三个视图，可以从不同投影方向表达组合体的形状和结构信息，熟练地绘制与阅读组合体视图，并能够正确标注组合体的尺寸是工程制图工作人员重要的基础技能之一。

一、三视图的基本知识

1. 三视图的形成

将组合体放在三面投影体系中，分别向三个投影面作正投影，得到的三面投影称为三视图。其中，正面投影称为主视图，水平投影称为俯视图，侧面投影则称为左视图，如图3-10（a）所示。将三个投影面展开到同一平面上，得到三视图的对应关系如图3-10（b）所示。

扫码看知识点视频：
组合体的构成及三视图

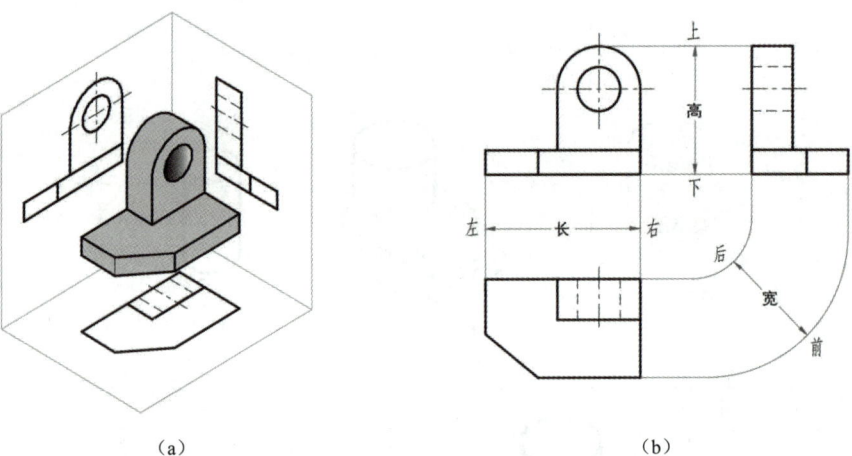

（a）　　　　　　　　　　（b）

3-10　三视图的形成

2. 三视图的投影规律

由图3-10（b）可知，基于正投影的特性，三个视图具有以下投影规律。
（1）相等规律
主视图、俯视图同时反映组合体的左右长度，即长对正。
主视图、左视图同时反映组合体的上下高度，即高平齐。
俯视图、左视图同时反映组合体的前后宽度，即宽相等。
（2）远近规律
在三个视图中，左右（长）和上下（高）位置关系的判断是非常直观的。反映前后（宽）位置关系的俯视图和左视图，通常采用远近规律来判断：靠近主视图的一侧为后，远离主视图的一侧为前。

3. 三视图的选择原则

从投影的角度来说，同一个组合体选择不同的摆放位置和投影方向，就会形成不同的三视图。

因此，在画组合体三视图之前，首先应合理地选择其放置位置和投影方向，具体原则如下。

（1）应按照自然、稳定的位置放置组合体。一般将较大的平面作为底面，或者将主要轴线水平或竖直放置。

（2）主视图是十分重要的视图，其投影方向的选取应反映组合体的主要结构和形状特征，且便于投影作图，使组合体尽可能多的表面垂直或平行于投影面。

（3）俯视图和左视图中的虚线应尽量少。

图 3-10 所示的组合体三视图的选择即符合上述原则。

二、画组合体的三视图

绘制组合体的三视图过程，可以看作是组合体三维构型过程的二维化投影表达。首先进行主视图投影方向的选择，分析组合体的类型及构型过程，然后根据构型顺序依次画出基本型体的投影，并处理叠加（+）或切割（-）产生的表面连接关系，最终完成组合体的视图。这种绘制组合体三视图的方法称为构型分析法，也称型体分析法。

扫码看知识点视频：
画组合体的三视图

下面以图 3-1 中的泵体模型为例，介绍绘制组合体三视图的方法和步骤。

1. 视图选择

首先确定主视图的投影方向，图 3-11（a）所示为泵体模型自然放置状态下的外形图，1、2、3、4 为主视图投影的四个可选方向。显然，1 方向既能反映泵体的主要特征，又使得左视图和俯视图中的虚线相对更少。因此，将 1 方向作为主视图方向。

2. 确定构型树

如图 3-11（b）所示，泵体模型是由 $A \sim G$ 七个基本型体叠加而成的组合体，各基本型体均通过拉伸构型而成。其中 A、C、D、F 的结构形状相对独立，而 B 在组合后的实际形状大小依赖 A、C、D，同样 E、G 依赖 D。因此，B 的构型应在 C、D 之后，E、G 的构型应在 D 之后。

泵体模型的构型树可以规划为 $A+D+F+C+B+E+G$。

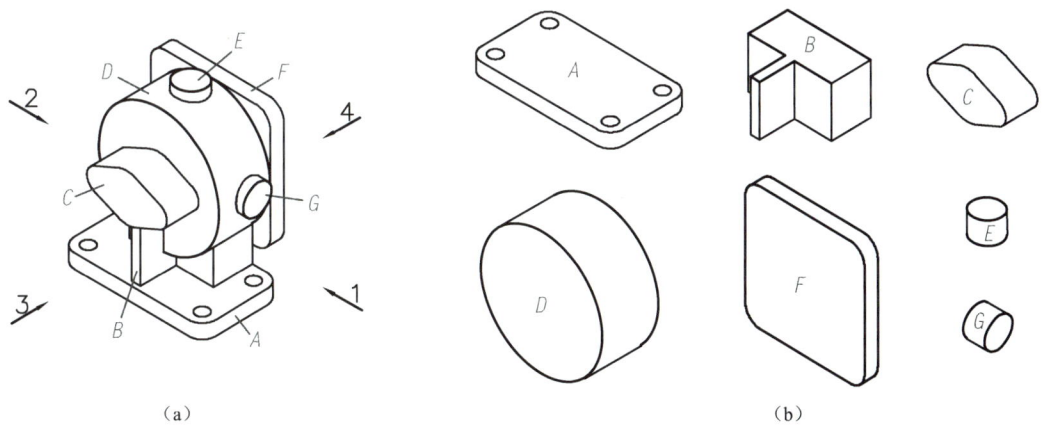

图 3-11 泵体模型主视图选择及其基本型体构成

3. 绘制三视图

按照叠加型组合体的构型过程，依次绘制并叠加完成所有基本型体的投影，即得到组合体的三视图。

每叠加一个基本型体，绘制其三面投影都需按以下三步进行。

（1）分析要叠加的型体与其他相邻型体之间的所有连接关系，明确在三面投影图中对应要添加或删除的线。

① 表面相交，则添加交线的投影；
② 表面重合，则删除分界线（融合面的边线）的投影；
③ 表面相切，则不画切线的投影；
④ 融合面，分析是否有轮廓线的投影线需要删除（尤其注意回转面）。

（2）按照第一步的分析结果，绘制完成基本型体叠加后的三面投影。

在绘制各个基本型体的投影时，通常先画出表达特征图形实形的投影，然后绘制其他视图积聚性投影。注意可见性判断，被遮住的部分画虚线。

（3）判断其他基本型体的投影可见性是否发生变化，如果被遮挡，则将对应的粗实线改为虚线。

下面详细说明泵体模型三视图的绘制过程，每一步都将按照上述三步进行。在图 3-12～图 3-16 的三面投影图中，深黑色的线和灰色的面，分别表示每叠加一个基本型体需要画出的线和面的投影线。

（1）画出 A 的投影。

先画出 A 的水平投影（特征图形），再画出正面投影和侧面投影。

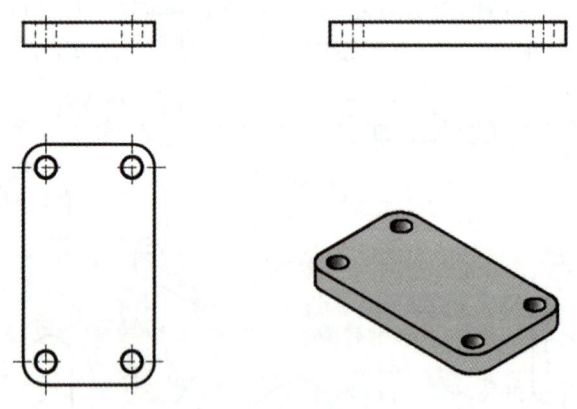

图 3-12　A 的投影

（2）叠加 D。

D 与 A 相互独立，没有任何直接连接关系。

先画出 D 的侧面投影圆（特征图形），再画出正面投影和水平投影。

在水平投影中，A 的两个圆孔和圆角（图中的①、②两处）被 D 遮住，将对应的粗实线改为虚线。

第三章 组合体的构型与视图

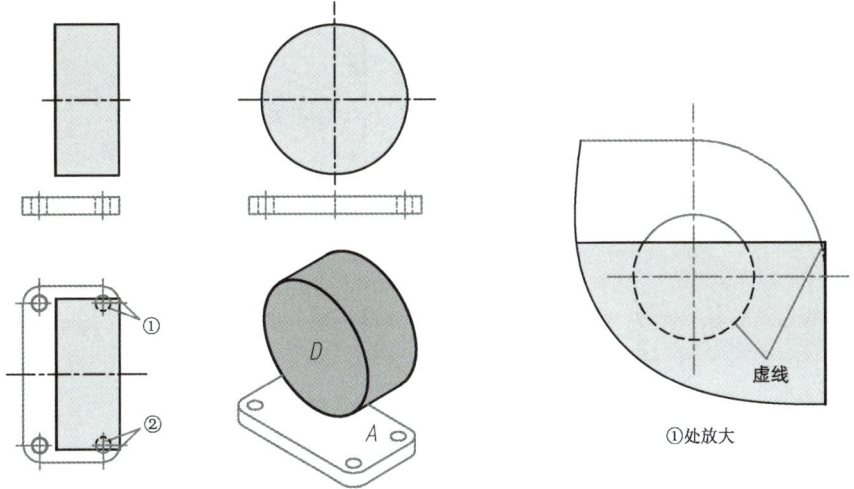

图 3-13 A+D 的投影

（3）叠加 F。

F 有左表面和 D 右表面重合连接，重合面投影无变化。

先画出 F 的侧面投影（特征图形），再画出正面投影和水平投影。画 F 的正面投影和水平投影时，只需要添加部分线条，如图 3-14 中的深色粗实线。

三面投影中其他基本型体的可见性没有变化。

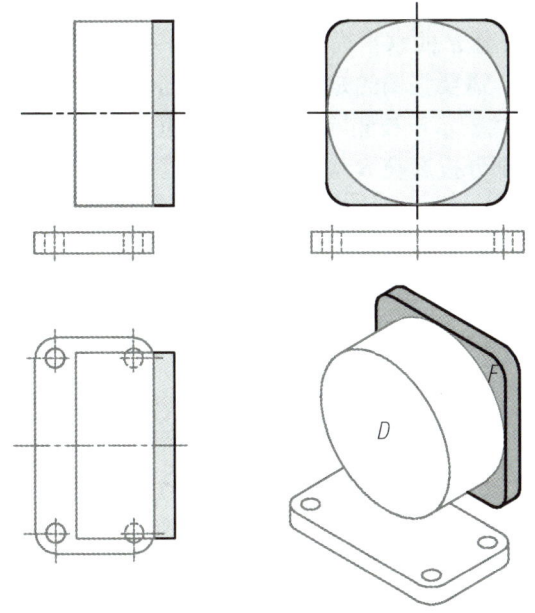

图 3-14 (A+D)+F 的投影

（4）叠加 C。

C 的右表面与 D 的左表面重合连接，先画出 C 的侧面投影（特征图形），再画出正面投影和水平投影。在俯视图中，A 的部分轮廓线被 C 遮住，对应的粗实线改为虚线，如图 3-15 所示。

· 59 ·

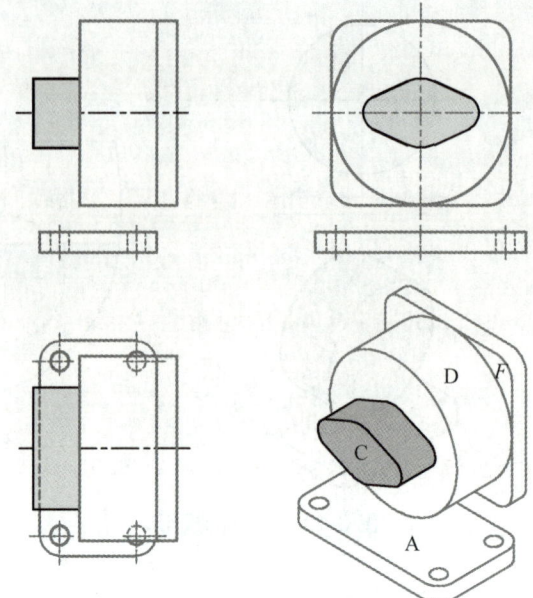

图 3-15 (A+D+F)+C 的投影

（5）叠加 B。

B 分别与 A、C、D、F 相邻。其中，与 A、F 表面重合连接，重合面投影不变；与 C、D 表面相交，产生交线，同时与 C、D 的融合面轮廓线消失。

如图 3-16 所示，先画出 B 的水平投影（特征图形），不可见，用虚线表示，再画出侧面投影，最后完成正面投影。需要强调的是，①、②两处，C、D 的三个融合面对应的三段投影线（在放大图中用双点画线表示）被删除，其中②处为 D 的圆柱面投影的一段圆弧。

在侧面投影中，F 的部分投影被 B 遮住，对应的粗实线改为虚线。

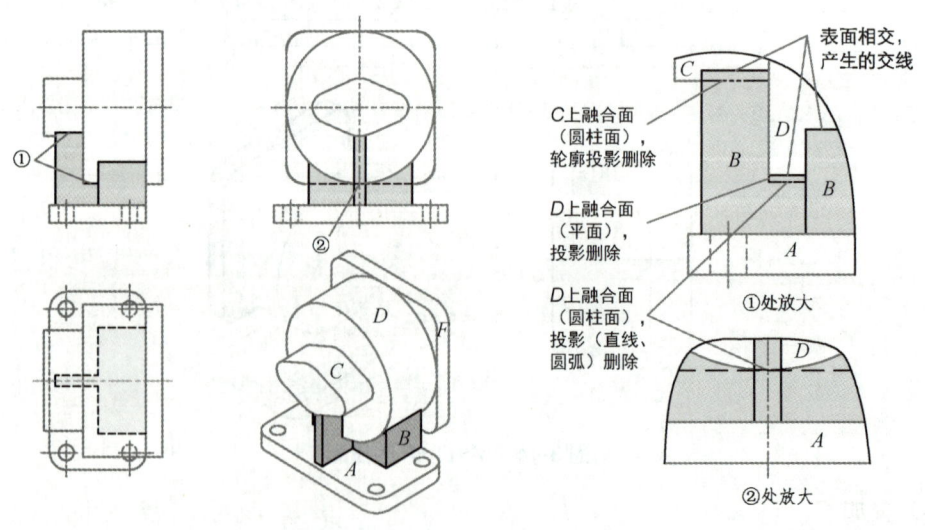

图 3-16 (A+D+F+C)+B 的投影

（6）叠加 E 和 G。

E 和 G 的圆柱面与 D 的圆柱面相交产生相贯线，对应 D 上的两处融合面的轮廓线应删除。

先画出相贯线具有积聚性的两面投影,再画出另一面投影。

在左视图中,F 部分轮廓线被 E、G 遮住,如图 3-17 中的①处;在俯视图中,A 的部分圆孔被 G 遮住,如图 3-16 中的②处。将两处对应的粗实线改为虚线。

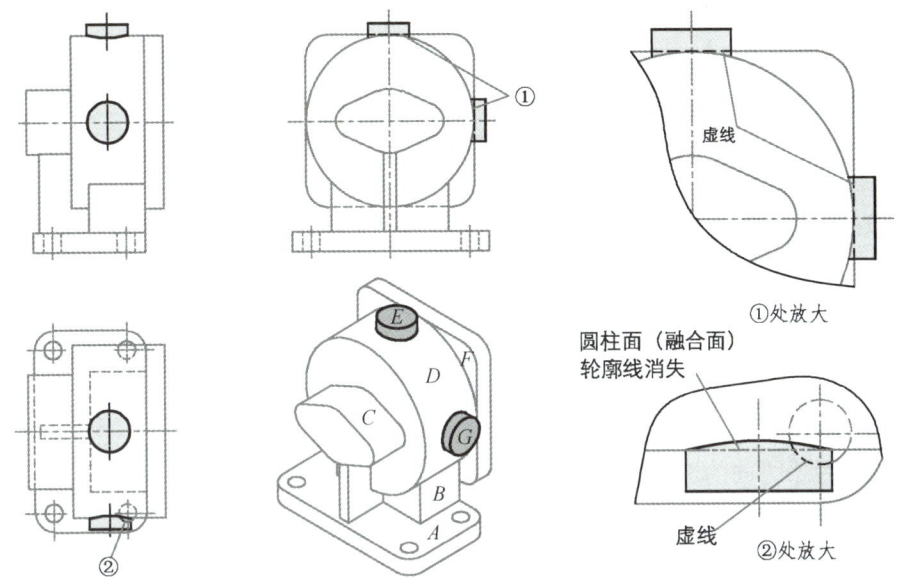

图 3-17 $(A+D+F+C+B)+E+G$ 的投影

所有基本型体叠加完成并画出每一步基本型体叠加后的对应投影,得到泵体模型的三视图,如图 3-18 所示。

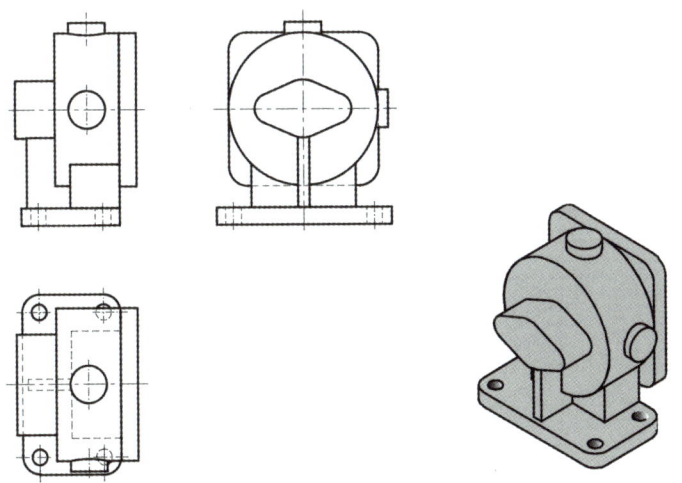

图 3-18 泵体模型的三视图

4.画切割型组合体的三视图

切割型组合体三视图的绘制同样采用构型树法进行分析,如图 3-8 所示,在切割体的构型分析时着重关注每次切割所形成的新交线或切掉的棱线与边线,进而在画图时添加、删除或修改图线,具体按以下三步进行。

（1）分析基本型体中，切割面之间及切割面与被切割体表面之间的关系，明确生成的切割结构的切断面形状，以及在三面投影图中要添加或删除的图线。切割面之间及切割面与被切割体表面之间的关系主要有以下几种类型。

① 相交，则添加交线的投影。
② 重合，则删除分界线的投影。
③ 相切，则不画切线的投影。
④ 删除被切除的表面对应的轮廓线的投影，并判断是否存在被其遮挡的线，有则添加虚线。

（2）按照上述分析，完成被切割体的三面投影。绘制孔槽等切割结构的投影，通常先画具有积聚性的投影，然后画另外两面投影，在此过程中注意可见性的判断。

（3）判断被切割体图线的投影可见性是否在切割后发生变化，并修改相应的线型。

下面以图 3-8 所示的组合体为例，在分析构型树的基础上，介绍切割型组合体三视图的绘制过程。

（1）主视图投影方向的选择。

根据视图投影方向的选择原则，主视图应体现组合体的形状特征。

因此，其主视图的投影方向如图 3-19 所示。

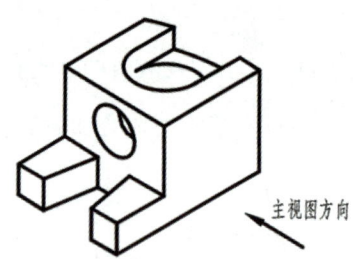

图 3-19　主视图投影方向的选择

（2）确定构型过程。

如图 3-20 所示，被切割体 A 经过 B、C、D、E 这 4 个基本型体的切割，其构型树如图 3-8 所示，构型顺序为 $A\text{-}B\text{-}C\text{-}D\text{-}E$。

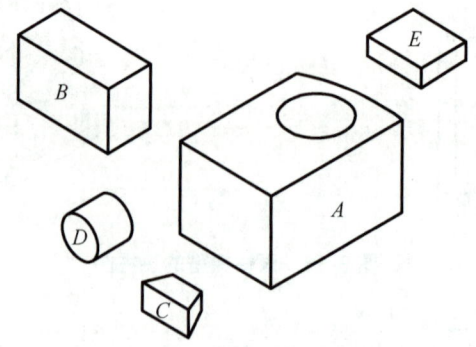

图 3-20　切割基本型体

（3）绘制三视图。

图 3-21～图 3-24 为三视图的绘制过程。

① 画出 A 的三面投影。

先画出俯视图（特征图形），再画出另外两个视图。如图 3-21 所示。

② 切割 B。

如图 3-22 所示，B 为长方体，A 被前后贯穿切除。切出一个 L 形缺角，包含两个矩形切断面，一个为水平面，另一个为侧平面。

先画出两个切断面的正面投影（积聚性投影），另外两面投影只需要分别添加一条切断面的投影直线即可。删除正面投影中被切除部分的轮廓线投影。

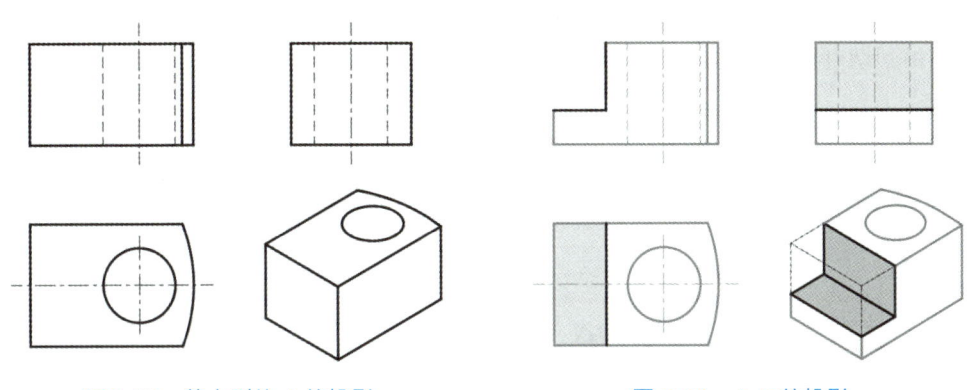

图 3-21　基本型体 A 的投影　　　　　　图 3-22　A-B 的投影

③ 切割 C。

如图 3-23 所示，C 为四棱柱，上下贯穿切除，产生一个梯形槽，它的三个矩形切断面均垂直于水平投影面，其中一个面与被切割体的面重合。

先画出梯形槽的水平投影，再画出另外两面投影。正面投影不可见，画虚线。在侧面投影中，表面重合，删除对应的分界投影线；在水平投影中删除被切除部分的轮廓线投影。

④ 切割 D。

如图 3-24 所示，D 为圆柱体，轴线为侧垂线，切出一个通孔，D 的圆柱面左侧与平面相交、右侧与圆柱面相交，交线分别为圆和空间曲线（圆柱相贯线）。

先画出圆孔的左视图，再画出俯视图，最后画出主视图，此处注意相贯线，该结构在主视图和俯视图上均不可见，用虚线表达。

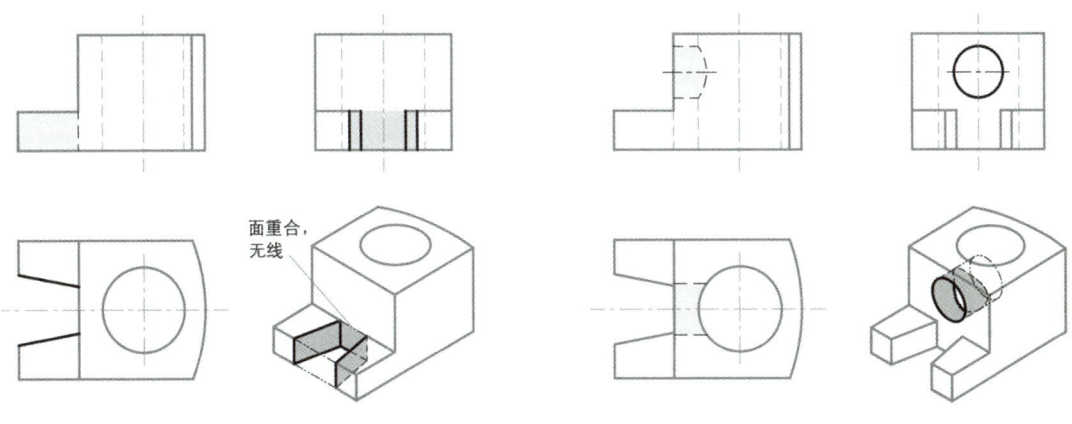

图 3-23　(A-B)-C 的投影　　　　　　图 3-24　(A-B-C)-D 的投影

⑤ 切割 E。

如图 3-25 所示，E 为长方体，切出一个方形槽。三个切断面，一个为水平面，另外两个为正平面。水平面与左右两个圆柱面相交，交线为圆弧；两个正平面与左侧圆柱面相切，与右侧圆柱面相交，交线为直线。

先画出方形槽的侧面投影，再画出水平投影，最后画出正面投影。在侧面投影中，水平面在圆孔内的部分投影可见，画粗实线，剩余部分画虚线。在主视图中，水平面的右端部分可见，画粗实线。在画主视图时，需要特别注意两个地方：一是两个正平面与左边孔的圆柱面相切，不要画分界线；二是右端圆柱面部分被切除，对应的转向轮廓线应删除。

最终得到切割型组合体的三视图如图 3-26 所示。

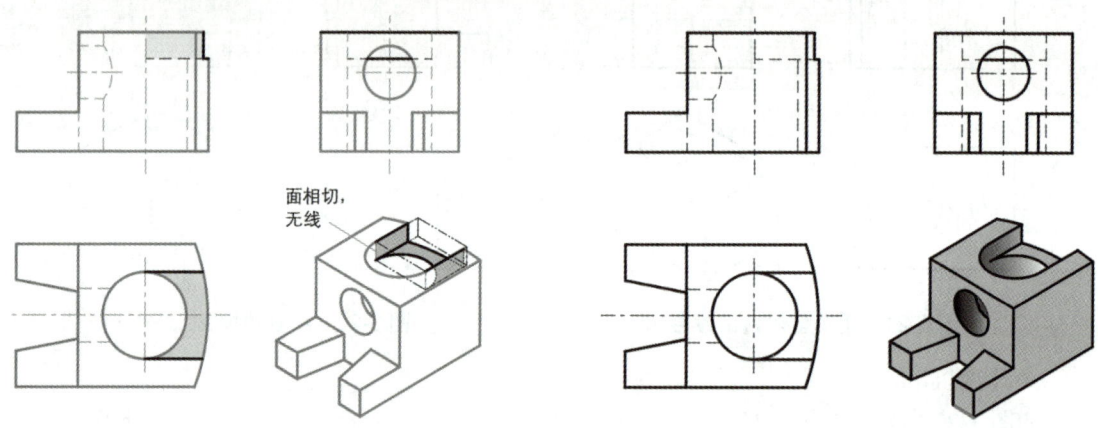

图 3-25　(A-B-C-D)-E 的投影　　　　图 3-26　切割型组合体的三视图

5. 画综合型组合体的三视图

综合型组合体三视图的绘制方法就是上述叠加型组合体和切割型组合体绘图方法的综合应用。下面以图 3-9 所示的综合型组合体为例，简要说明综合型组合体三视图的绘制过程。

主视图的投影方向的选择如图 3-27 所示，A、B、C、D、E 分别指对应的各基本型体。

扫码看知识点视频：
画组合体的视图举例

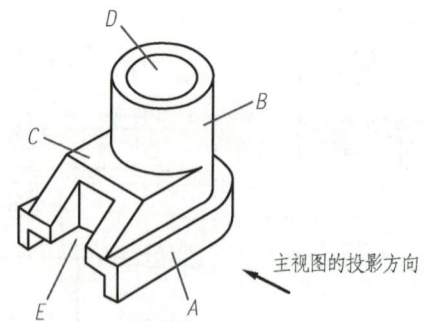

图 3-27　组合体的构成及主视图的投影方向的选择

下面按照图 3-9 所示的 A+B+C-D-E 构型过程绘制三视图。图 3-28（a）～（e）所示为整个绘图过程，图 3-28（f）为最终得到的该组合体三视图。

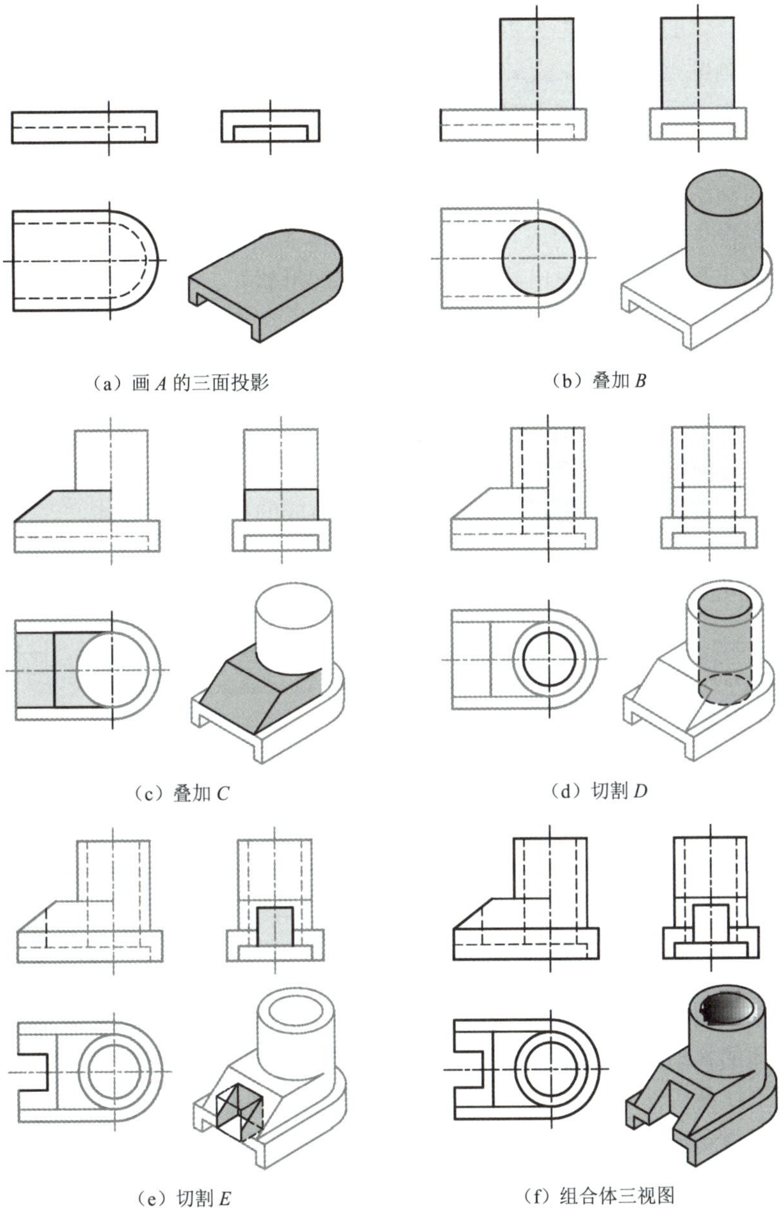

(a)画 A 的三面投影   (b)叠加 B

(c)叠加 C   (d)切割 D

(e)切割 E   (f)组合体三视图

图 3-28 综合型组合体三视图的绘制过程

三、读组合体的三视图

组合体的读图是其画图的逆过程，也就是根据组合体的视图构思其空间立体形状的过程，读图的方法同样是基于投影原理和上述组合体的构型分析方法。

扫描二维码观看知识点教学视频：
读组合体三视图、读组合体三视图举例

1. 读组合体三视图的方法

读组合体三视图，可按以下两步进行。

(1) 根据组合体的已知投影分析构成它的基本型体及组合体所属类型。

由组合体的画图过程可知，无论是用于叠加或切割的基本型体，还是切割产生的切割结构，它们在组合体三视图中通常为相对独立的线框。在读图的时候，应首先区分出这些线框，同时根据长对正、高平齐和宽相等的投影特点，找出其对应的另外两面投影，然后构思其空间形状，包括切割结构对应的切割体。根据构型方式确定组合体的类型。

(2) 根据组合体的类型及构成它的所有基本型体的相对位置和连接关系，按一定的构型顺序将其组合在一起，从而构思出整个组合体的空间形状。

2. 读图示例

(1) 已知组合体三视图如图 3-29 所示，读图构思立体空间形状。

根据如图 3-30 所示的组合体的三视图中线框的投影对应关系，可以将其视为由四个基本型体叠加而成，分别标记它们为 I、II、III、IV，其中 1'、2'、3'、4'为其反映实形的投影，即特征图形。因此，该组合体是由四个基本型体叠加而成的叠加型组合体。

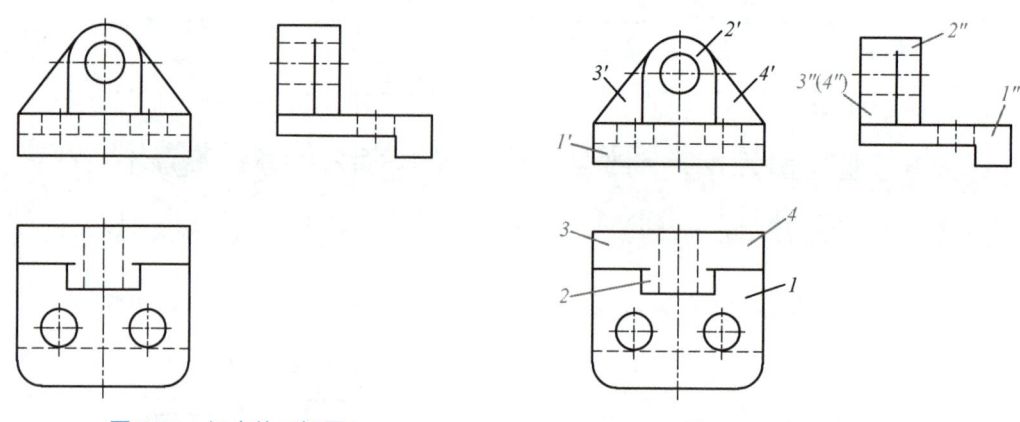

图 3-29　组合体三视图　　　　图 3-30　拆分基本型体

根据四个基本型体对应的三面投影，分别构思其空间形状，如图 3-31（a）～（c）所示。由上一章基本体的构型原理可知，基本型体 II、III、IV 直接由特征图形拉伸而成；基本型体 I 先由特征图形拉伸，然后再在底部切出 L 形缺角。将各基本型体按照 I+II+III+IV 的顺序进行构型，构思得到组合体的空间形状，如图 3-31（d）所示。

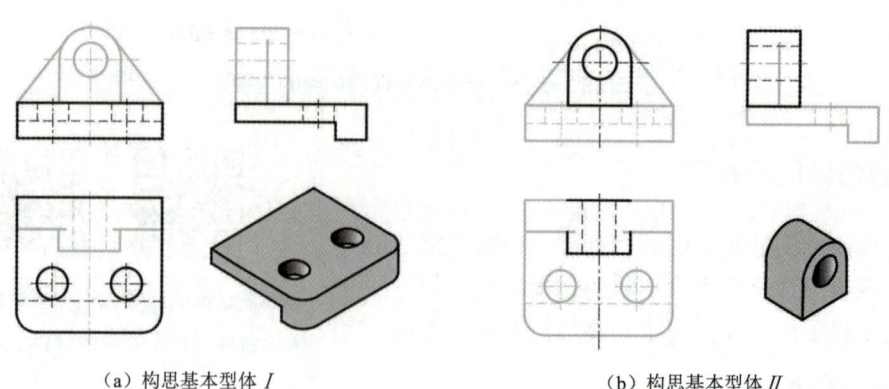

(a) 构思基本型体 I　　　　　　(b) 构思基本型体 II

图 3-31　构思组合体的空间形状

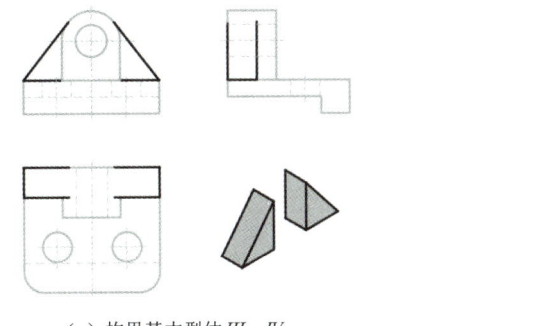

(c) 构思基本型体Ⅲ、Ⅳ　　　　　　　　(d) 构思组合体

图 3-31　构思组合体的空间形状（续）

（2）已知组合体的三视图如图 3-32 所示，读图构思组合体的空间形状。

如图 3-33 所示，显然该组合体为切割型组合体，将组合体三面投影的外形轮廓均补全为矩形，即可得到该组合体被切割之前的基本原型（长方体），标记为 Ⅰ，为被切割体；2′、3″、4″、5 为被切除部分的投影，分别对应四个切割体 Ⅱ、Ⅲ、Ⅳ、Ⅴ，如图 3-34（a）～（d）所示。四个切割体对应产生了四个切割结构：梯形缺角、方形槽、L 形缺角和半圆形槽。

图 3-34（a）～（d）所示为四个切割体及其四个切割结构的三面投影。显然，每个切断面的非积聚性投影为其空间形状的类似形或实形，从而可构思出每个切割结构的形状。

按照 Ⅰ-Ⅱ-Ⅲ-Ⅳ-Ⅴ 的构型过程，可构思出整个组合体的空间形状，如图 3-34（e）所示。

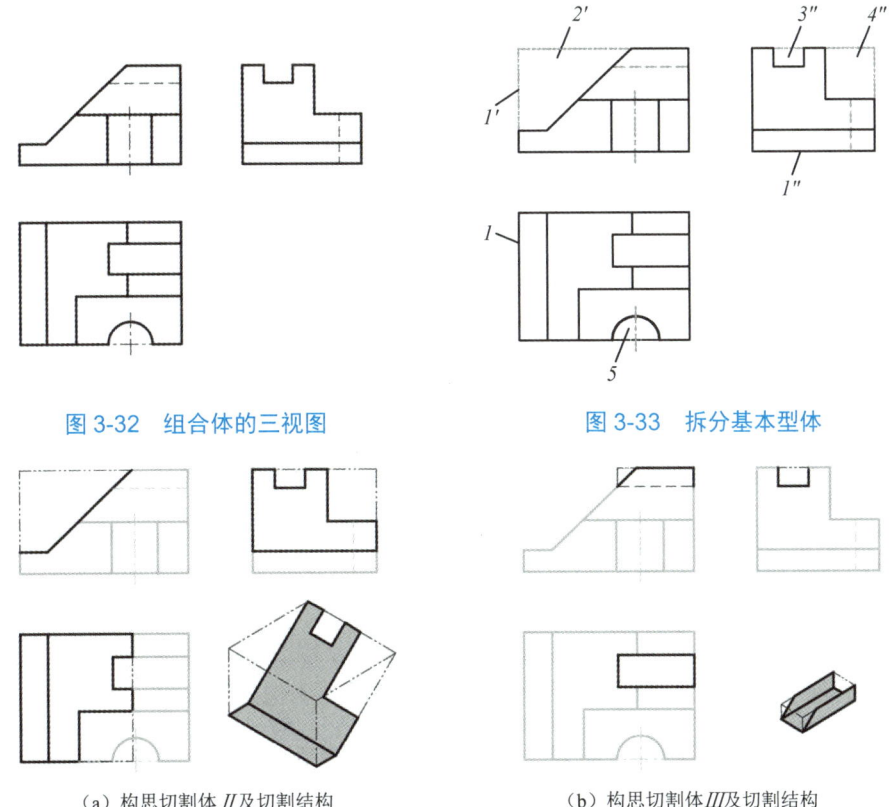

图 3-32　组合体的三视图　　　　　　图 3-33　拆分基本型体

（a）构思切割体Ⅱ及切割结构　　　　（b）构思切割体Ⅲ及切割结构

图 3-34　构思组合体的空间形状

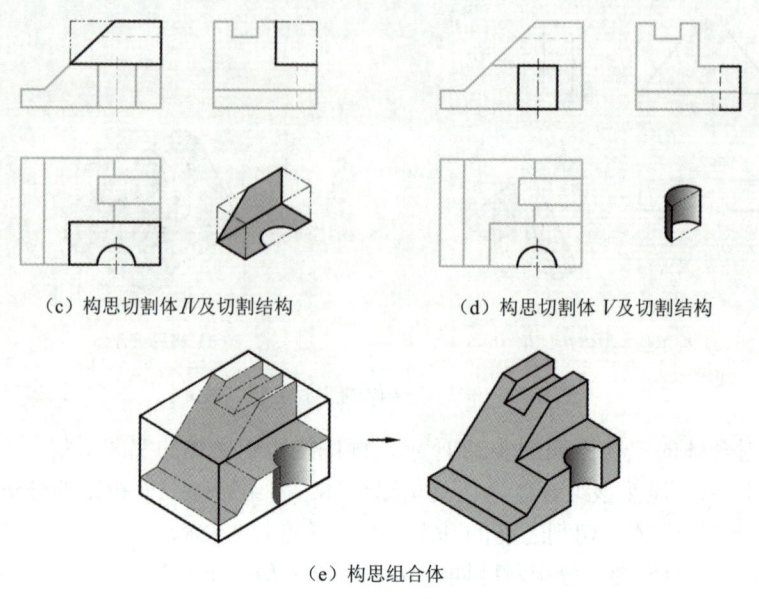

(c) 构思切割体Ⅳ及切割结构　　(d) 构思切割体Ⅴ及切割结构

(e) 构思组合体

图 3-34　构思组合体的空间形状（续）

第三节　组合体的尺寸标注

组合体的尺寸标注是指通过在视图上标注尺寸来确定组合体的真实大小和各型体之间的相对位置，对于产品生产制造过程中的测量、加工和装配精确性至关重要。

组合体的尺寸包括以下三种类型。

1. 定形尺寸

定形尺寸是用于确定构成组合体各基本型体形状大小的尺寸。

2. 定位尺寸

定位尺寸是用于确定各基本型体及孔槽等结构的相对位置的尺寸。

3. 总体尺寸

总体尺寸是用于确定组合体总长、总宽和总高的三个尺寸。

一、尺寸标注的要求（GB/T 4458.4—2003）

第一章中关于平面图形尺寸标注的规定和注法对于组合体仍然适用。组合体的尺寸标注必须遵循制图的相关规定和要求，确保尺寸标注的正确性、完整性和清晰性。

1. 正确

必须符合国家标准，尺寸信息准确无误。

扫码看知识点视频：
尺寸标注的要求

2. 完整

标注全部定形尺寸、定位尺寸和总体尺寸，既不遗漏也不重复。

3. 清晰

尺寸排列整齐，清晰明了，提高图纸的可读性。

（1）尺寸应尽量标注在视图之外，必要时可标注在视图内部，尽量避免出现相交的情况。

（2）基本型体的尺寸尽量标注在特征（形状和位置）明显的视图上。

（3）尽量不在虚线上标注尺寸。

（4）标注时，小尺寸在内，大尺寸在外，且尽量等间距布置。

（5）回转结构的径向尺寸应尽量标注在非圆视图上，同轴线的多个径向尺寸尽量集中标注。

二、定形尺寸的标注

定形尺寸的标注，是指通过标注组合体各部分的长度、宽度、高度、直径、半径和角度等尺寸，确定组合体的形状大小。

如图 3-35 所示，组合体由四个基本型体组成，即长方形底板、U 形板、三角形筋板和圆柱凸台，图中标注了它们的定形尺寸。

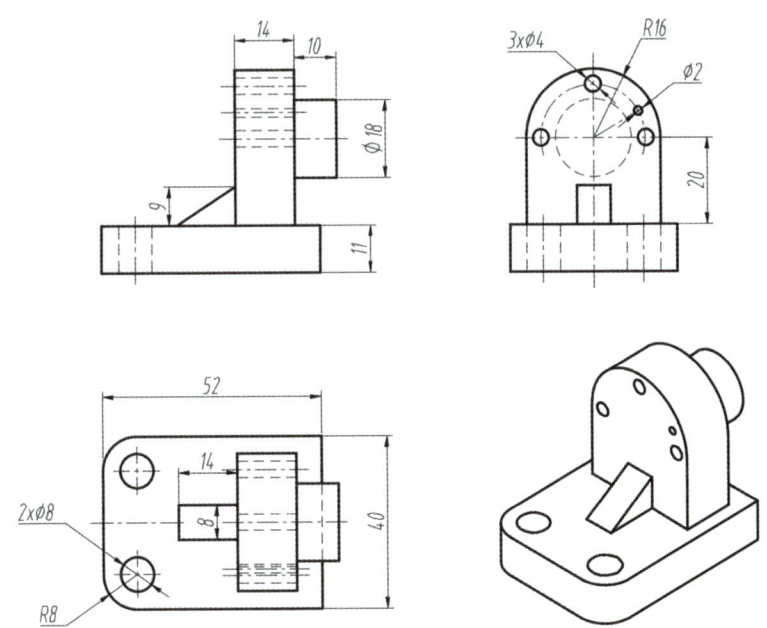

图 3-35 组合体的定形尺寸

标注定形尺寸应注意的问题如下。

（1）半径必须标注在反映圆弧的视图上，且相同圆角只标注一次，如图 3-35 中的 *R8* 和 *R16*。

（2）标注相同直径孔的尺寸时，应在尺寸数字前加注"n×φ"，n 表示孔的个数，如图 3-35 中的 2×φ8 和 3×φ4。

(3) 组合体的形状大小是由尺寸约束和几何约束共同确定的，因此在标注定形尺寸时必须同时考虑几何约束。

图 3-35 中的 U 形板可以看作是由一个半圆柱体和一个长方体构成的，半圆柱面分别与长方体前后两个面相切（几何约束），即表示长方体的宽度尺寸与半圆柱体的直径相等，因此只标注了 $R16$。

显然，完整标注组合体的定形尺寸后，四个基本型体的形状和大小已经被完全约束，但是它们之间的相对位置，以及底板和 U 形板上圆孔的位置并没有完全确定。因此，必须对组合体中位置没有确定的各组成部分标注定位尺寸，约束其自由度，将其完全固定。

三、定位尺寸的标注

定位尺寸的标注是指通过标注尺寸确定各基本型体及其孔槽等结构在组合体上的相对位置。因为物体的空间位置是一个相对的概念，依赖参考对象的具体位置，所以标注组合体的定位尺寸时必须首先确定尺寸基准，也就是定位尺寸的起始参考点（对称结构为尺寸的中间位置）。

1. 尺寸基准和定位面

如图 3-36 所示，在该组合体的构型过程中，构成它的四个基本型体的坐标系是相对独立的，被称为基本型体的局部坐标系，在组合过程中要把这些坐标系与组合体的整体坐标系统一起来。整体坐标系的原点和坐标轴分别用 O 和 X、Y、Z 表示，局部坐标系的原点和坐标轴分别用 O_i 和 X_i、Y_i、Z_i（$i=1,2,3…$）表示，i 表示第 i 个基本型体。

将整体坐标系原点作为起始点，坐标为 $O(0,0,0)$；将局部坐标系原点作为定位点，第 i 个局部坐标系的原点坐标为 $O_i(X_i,Y_i,Z_i)$，则定位点 O_i 到起始点 O 的距离在 X、Y、Z 三个方向分别为 $|X_i|$、$|Y_i|$、$|Z_i|$，即两坐标系对应两平行坐标面之间的距离。在尺寸标注时，通常把整体坐标系的三个坐标面作为尺寸基准（定位尺寸的起点），把局部坐标系的三个坐标面作为定位面（定位尺寸的终点）。如图 3-36 所示，坐标面 YOZ、XOZ 和 XOY 分别为组合体的长度基准、宽度基准和高度基准；$Y_iO_iZ_i$、$X_iO_iZ_i$ 和 $X_iO_iY_i$（$i=1,2,3,4$）分别为四个基本型体的长度定位面、宽度定位面和高度定位面。

对于绕同一轴线在圆周方向上分布的结构，如孔、槽等，其尺寸基准和定位面与上述情况有所不同。如图 3-36 所示，在 U 形板上建立局部坐标系 $O'X'Y'Z'$，四个圆孔轴线所在的圆柱面及其轴线 $O'X'$ 形成了一个圆柱坐标系，它的三个空间坐标变量分别为径向距离 ρ、周向角度 β 和轴向长度 x，即（ρ,β,x）。显然，对于 U 形板上的任意一点，圆柱坐标（ρ,β,x）和直角坐标（x',y',z'）是有联系的，即 $x'=x$，$y'=\rho\cos\beta$，$z'=\rho\sin\beta$。因此，将孔在长、宽、高三个方向的定位变成在径向、周向、轴向三个方向的定位。四个圆孔对应的尺寸基准和定位面分别为，在径向，尺寸基准为轴线 $O'X'$，定位面为圆柱面，即图中标出的径向定位面；在周向，尺寸基准为坐标面 $X'O'Y'$，定位面为过 $O'X'$ 和孔的轴线的平面，图中标出了小圆孔的周向定位面，三个大圆孔的定位面为坐标面 $X'O'Y'$ 和 $X'O'Z'$；在轴向，尺寸基准和定位面同为坐标面 $Y'O'Z'$，与组合体长度基准重合。

定位尺寸就是从尺寸基准到定位面的距离或角度，合理选择尺寸基准和定位面是正确标注定位尺寸的前提条件。

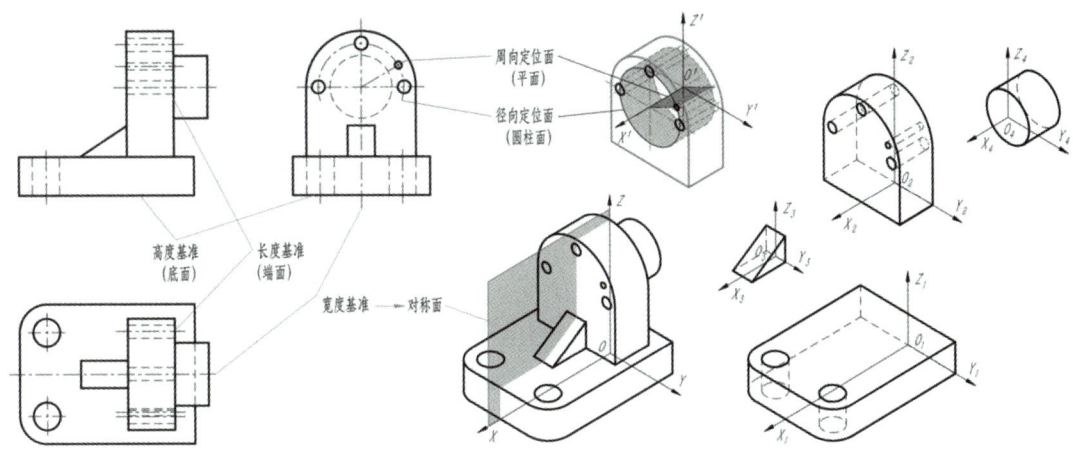

图 3-36 尺寸基准和定位面

2. 尺寸基准和定位面的选择

选择尺寸基准和定位面，不仅要同时考虑结构的形状和功能需求，在实际工程中还要考虑加工、测量和装配的精度要求与便利性，以确保产品质量和生产效率。

（1）尺寸基准的选择

组合体尺寸基准的选择主要遵循以下原则。

① 长、宽、高（或径向、周向、轴向）三个方向均需有一个尺寸基准。

② 通常选择对称面、底面、端面或轴线等作为尺寸基准。

a．如果对称，优先选择对称面。

如图 3-36 所示，宽度基准为组合体的前后对称面。

b．如果不对称，可选择底面、顶面、较大端面或重要端面。

如图 3-36 所示，长度基准为 U 形板右端面（装配结合面，为重要端面），高度基准为组合体的底面（安装固定面）。

c．较大回转结构的轴线或通过轴线的投影面平行面。

（2）定位面的选择

基本型体和孔槽等切割结构的定位面的选择原则。

① 长、宽、高（或径向、周向、轴向）三个方向均需有一个定位面。

② 通常选择与尺寸基准重合的面、对称面、相对重要的面和轴线等。

a．优先选择与尺寸基准重合的面，其次是对称面，最后是相对重要的面和轴线。

如图 3-36 所示，长度方向，U 形板和圆柱凸台定位面均与长度基准重合；宽度方向，四个基本型体的定位面均与宽度基准重合；高度方向，底板的定位面与高度基准重合。

b．对于回转结构，定位面为通过其轴线且与投影面平行的平面。

如图 3-36 中的圆柱凸台，以及底板上的两个孔。

c．对于绕轴线在圆周方向分布的结构，可选择其中心线所在的圆柱面作为径向定位面；

选择过中心线和轴线的面作为周向定位面，选择与轴线垂直的端面作为轴向定位面。

如图 3-36 中 U 形板上的四个孔。

3. 标注定位尺寸

以图 3-36 所示的组合体为例，它的定位尺寸包括四个基本型体的定位尺寸和六个孔的定位尺寸。

（1）基本型体的定位尺寸

四个基本型体的定位尺寸如图 3-37（a）所示。

① 长度定位尺寸。

尺寸 6 为底板的定位尺寸，左右尺寸界线分别位于长度基准（U 形板右端面）和定位面（底板右端面）上；尺寸 14（浅色标注）为筋板的定位尺寸，与 U 形板的长度定形尺寸相同，不能重复标注；U 形板的定位面（右端面）和圆柱凸台的定位面（左端面）与长度基准重合，即定位尺寸为 0，无须标注。重合是一种常见的定位几何约束，如果定位面与位置已经确定的面重合，则无须标注定位尺寸。

② 宽度定位尺寸。

由于组合体在宽度方向是对称的，四个基本型体的定位面（各自对称面）与宽度基准重合，定位尺寸均为 0，无须标注任何尺寸。

③ 高度定位尺寸。

尺寸 31 为圆柱凸台的定位尺寸，上下尺寸界线分别位于高度定位面（过圆柱轴线的水平面）和高度基准（底板底面）上；底板底面与高度基准重合，无须标注底板定位尺寸；U 形板和筋板的底面与底板的顶面重合，无须标注二者定位尺寸。

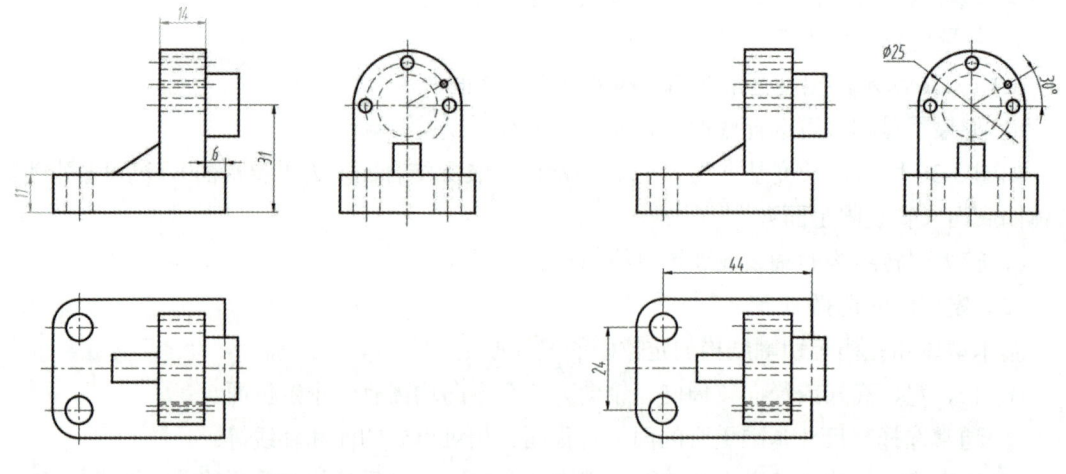

(a) 基本型体的定位尺寸　　　　　　　　(b) 孔的定位尺寸

图 3-37　定位尺寸

（2）孔的定位尺寸

孔的定位尺寸如图 3-37（b）所示。

① 底板上孔的定位尺寸。

尺寸 44 为底板上两孔的长度定位尺寸，左右尺寸界线分别位于定位面（通过两孔轴线的平面）和尺寸辅助基准（底板右端面）上。

辅助基准同尺寸基准（主要基准）一样，也是定位尺寸的起点，凡是位置已经确定的面都可以作为辅助基准，且同一方向上可以有多个辅助基准。

两孔关于宽度基准对称，24 为两个孔的宽度定位尺寸，前后尺寸界线分别位于两孔宽度定位面（过两孔轴线的正平面）上。对称也是一种常见的定位几何约束，对称结构的定位尺寸的界线应位于两个对称的定位面（而非尺寸基准和定位面）上，因此仅需一个定位尺寸。

② U 形板上孔的定位尺寸。

U 形板上的四个孔属于在圆周方向分布的孔，前面已经分析了它们的尺寸基准和定位面，此处不再赘述。需要强调的是，四个孔的定位面（圆柱面）与 U 形板的半圆柱面及圆柱凸台同轴线，高度定位尺寸均为图 3-37（a）中的尺寸 31，过轴线的水平面为高度辅助基准面。尺寸 $\phi 25$ 为四个孔的径向定位尺寸；夹角 30°为小孔的周向定位尺寸；其余三个尺寸相同的孔，最上面的孔位于宽度基准面上，前后两个孔位于高度辅助基准面上，因此均无须标注周向定位尺寸。在轴向，四个孔为通孔，右端面与长度基准重合，无须标注尺寸。

4. 标注定位尺寸应注意的问题

根据上述定位尺寸的标注过程，将需要注意的问题总结如下：

（1）当定位尺寸与定形尺寸相同时，不能重复标注。

如图 3-37（a）中浅色标注的尺寸 11 和 14。

（2）当定位尺寸和定形尺寸形成封闭尺寸链时，应去掉一个相对不重要的尺寸。

如图 3-38 所示，定形尺寸 11、20 与定位尺寸 31 形成了封闭尺寸链。正确的标注应去掉定形尺寸 20。

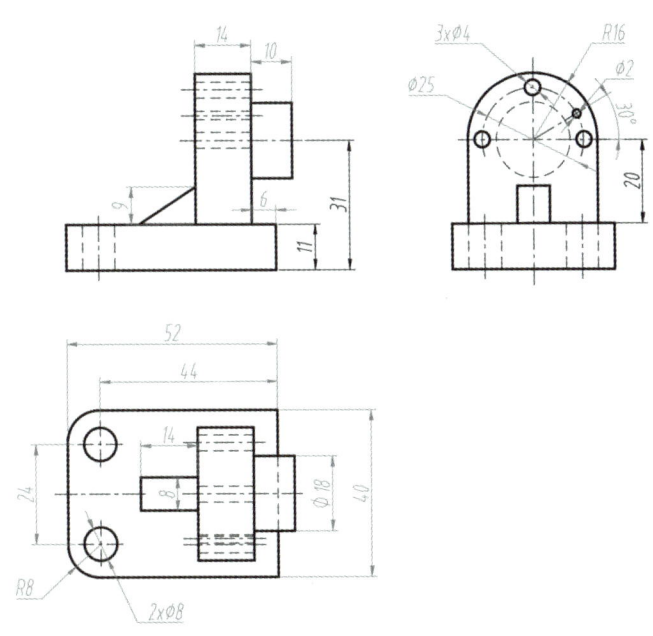

图 3-38 全部定形尺寸和定位尺寸

（3）定位尺寸的起点不只是尺寸基准，还可以是辅助基准。尺寸基准与辅助基准之间必须形成尺寸链（包括定形尺寸和定位尺寸），以保证辅助基准的位置是确定的。

（4）组合体各组成部分之间的相对位置是由尺寸约束和几何约束共同决定的。在标注定位尺寸时应同时考虑几何约束，避免尺寸重复或出现过约束。重合和对称是两种常见的几何约束。

四、总体尺寸的标注

总体尺寸是指组合体在长、宽、高三个方向的总长、总宽、总高尺寸。

如图 3-39 所示，尺寸 56、40 分别为组合体的总长、总宽尺寸，其中 40 与底板的定形尺寸相同，不能重复标注。

根据制图相关规定，当组合体的某一方向具有回转面结构时，一般只标注回转面轴线的尺寸。该组合体最上面是一个半圆柱面，因此不能标注总高尺寸，只能标注底面到轴线的尺寸 31。31 和圆柱凸台的高度定位尺寸相同，不能重复标注。

组合体的完整尺寸如图 3-40 所示。

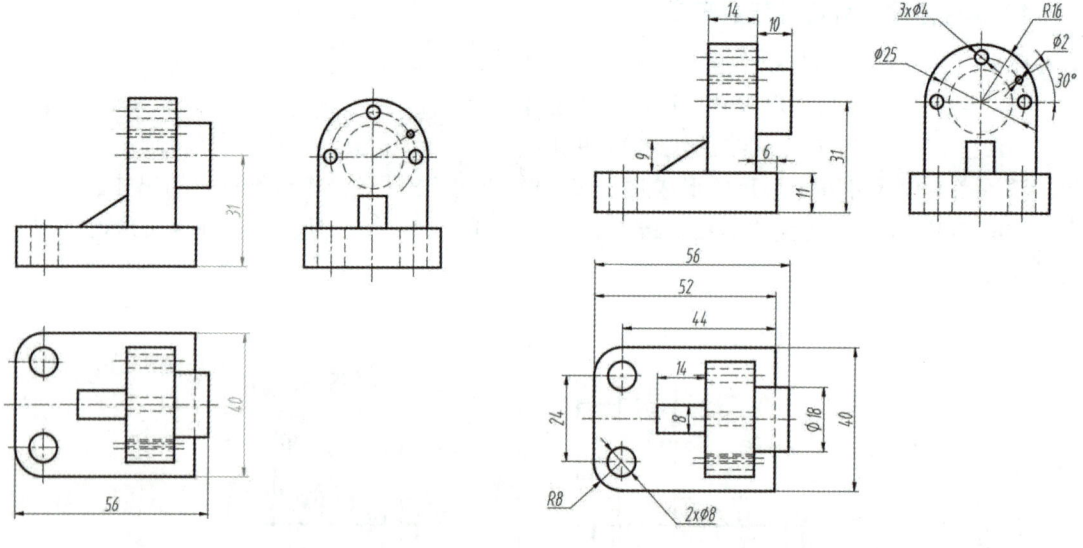

图 3-39　总体尺寸　　　　　　　　图 3-40　组合体的完整尺寸

标注总体尺寸应注意的内容如下：

（1）如果标注总体尺寸时产生封闭尺寸链，应保留总体尺寸，去掉一个其他相对不重要的尺寸。

（2）当组合体端部存在回转面时，其所在的方向不能标注总体尺寸。

五、基本型体的尺寸标注

基本型体作为组合体的组成部分，其尺寸标注以定形尺寸为主，或者包含少量定位尺寸。

根据本章第一节所讲的基本型体的构型方法可知，基本型体的尺寸可以看作是由特征图形平面的尺寸和构型变量组成的，如图 3-41 所示。包含孔槽等切割结构的基本型体，还需要标注孔槽的定位尺寸，如图 3-41（c）中的 21、图 3-41（d）中的 39、图 3-41（e）中的 36 和

24等均为孔的定位尺寸。

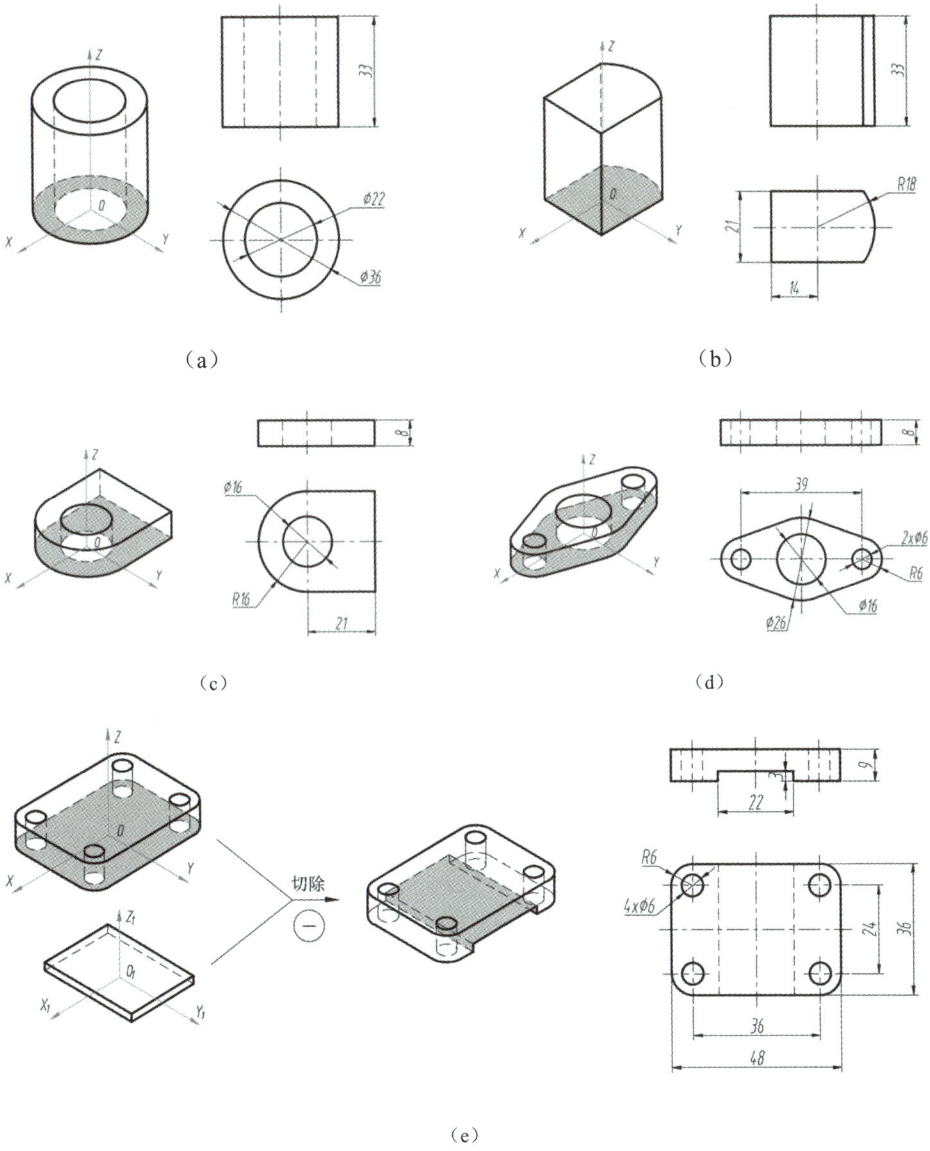

(a)

(b)

(c)

(d)

(e)

图 3-41　基本型体的尺寸

六、组合体的尺寸标注

组合体的尺寸标注过程通常与三视图的绘制过程一致，先按照构型顺序逐个标注基本型体的定形尺寸和定位尺寸，最后标注组合体的总体尺寸。

下面以叶片泵泵体模型为例，说明组合体三视图尺寸标注的方法和过程。

扫码看知识点视频：
组合体的尺寸标注方法

1. 选择基准

如图 3-42 所示，根据选择基准的原则，将泵体的右端面作为长度基准，大圆柱体轴线所在的正平面作为宽度基准，泵体的底面作为高度基准。

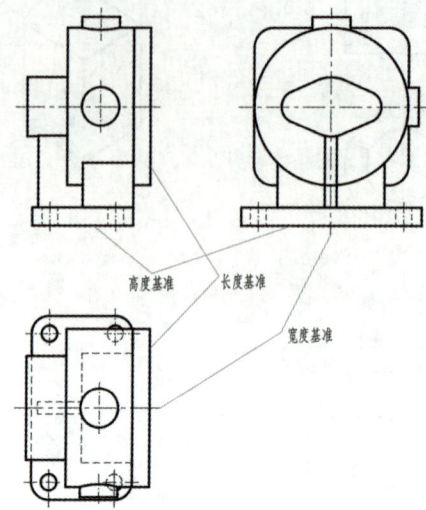

图 3-42 泵体的尺寸基准

2. 标注尺寸

泵体的构成如图 3-43 所示。如前所述泵体模型的构型过程为 $A+D+F+C+B+E+G$。因此，可将各基本型体的尺寸标注顺序定为 $A→D→F→C→B→E→G$，也可以选择其他合理顺序，并不需要与构型过程完全一致。尺寸标注过程如图 3-44～图 3-51 所示。

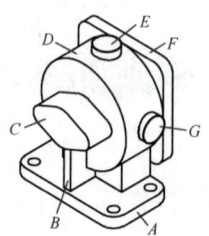

图 3-43 泵体的构成

（1）标注底板 A 的尺寸

图 3-44 所示为底板 A 的定形尺寸和定位尺寸。

尺寸 12（F 右端面到 A 右端面）为 A 在长度方向的定位尺寸。由于 A 在宽度方向的定位面（对称面）和高度方向的定位面（底面）分别与宽度基准和高度基准重合，无须定位尺寸。

四个孔在底板 A 上前、后、左、右对称分布。A 的左右对称面为长度方向的辅助基准，46 为孔的长度定位尺寸，100 为孔的宽度定位尺寸。

（2）标注大圆柱体 D 的尺寸

图 3-45 所示为大圆柱体 D 的定形尺寸和定位尺寸。

D 右端面与 A 右端面重合，无须标注长度定位尺寸；D 的轴线与宽度基准重合，无须标注宽度定位尺寸；80 为高度定位尺寸。

第三章 组合体的构型与视图

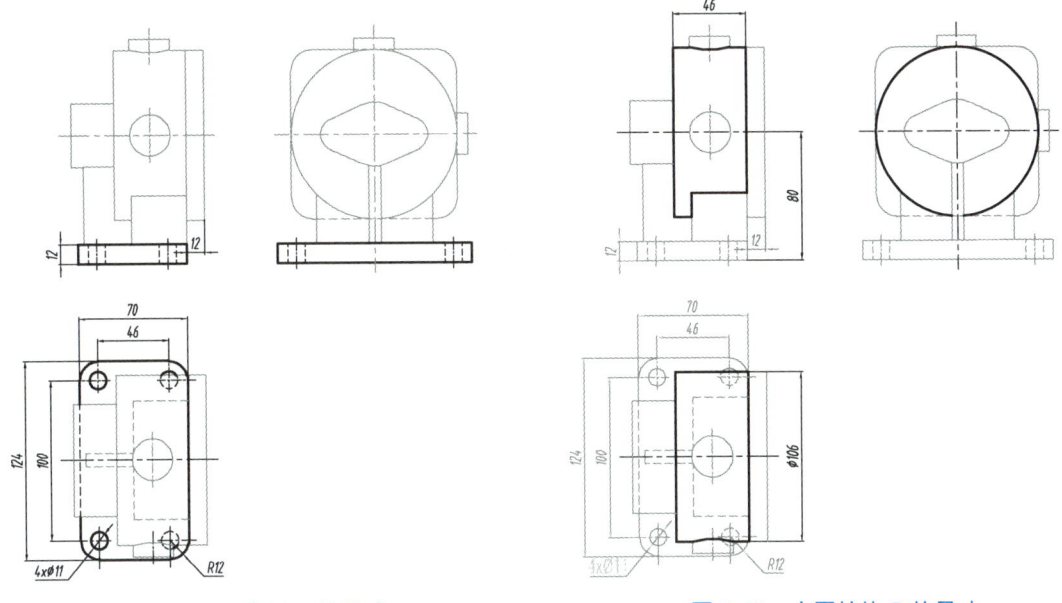

图 3-44 底板 A 的尺寸　　　　　　　图 3-45 大圆柱体 D 的尺寸

（3）标注正方形板 F 的尺寸

图 3-46 所示为正方形板 F 的定形尺寸，包含相切几何约束。106×106 也可标注为□106。

由于 F 右端面与长度基准重合，F 与 D 在宽度和高度方向的定位面（过 D 轴线的正平面和水平面）重合，因此无须标注任何定位尺寸。

（4）标注梭形板 C 的尺寸

图 3-47 所示为梭形板 C 的定形尺寸和定位尺寸，包含定位相切几何约束。

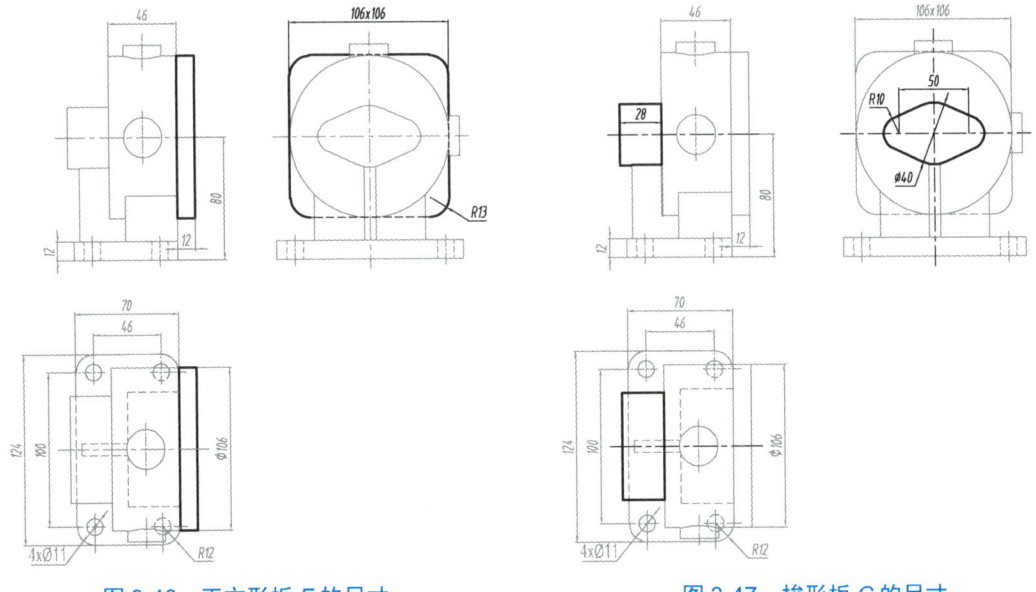

图 3-46 正方形板 F 的尺寸　　　　　　图 3-47 梭形板 C 的尺寸

C 右端面与 D 左端面重合，在宽度和高度方向的定位面与 D、F 的定位面均重合，因此 C 本身无须标注定位尺寸。50 为 C 前后两个圆柱面的定位尺寸，包含对称几何约束。

· 77 ·

(5) 标注支撑板 B 的尺寸

如图 3-48 所示，与上述分析类似，支撑板无须标注定位尺寸，只标注四个定形尺寸。

(6) 标注小圆柱凸台 E、G 的尺寸

图 3-49 所示为小圆柱凸台 E、G 的定形尺寸和定位尺寸。

35 为 E、G 的长度定位尺寸，140 为 E 的高度定位尺寸，60 为 G 的宽度定位尺寸。E 在宽度方向、G 在高度方向无须标注定位尺寸。

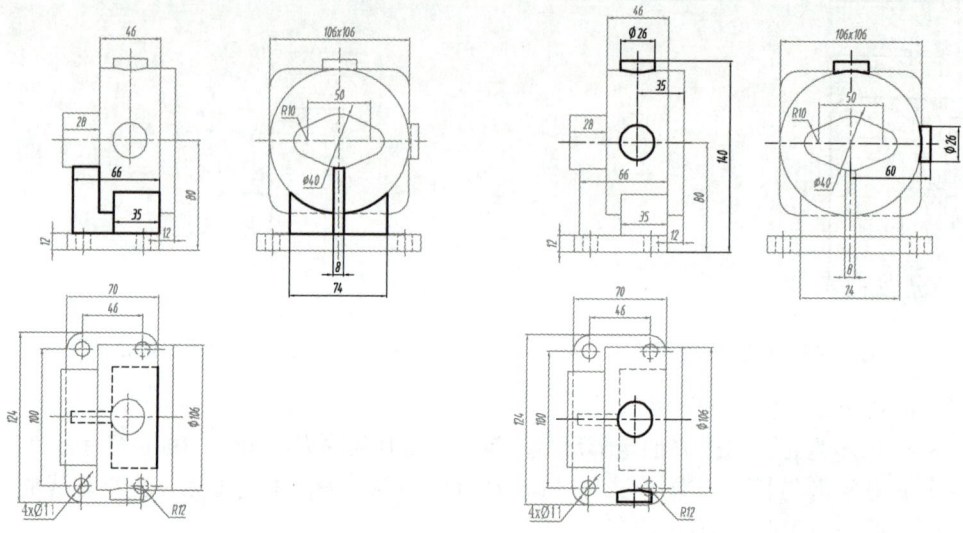

图 3-48 支撑板 B 的尺寸　　　　　　图 3-49 小圆柱凸台 E、G 的尺寸

(7) 标注泵体的总体尺寸

如图 3-50 所示，86 为总长尺寸，与尺寸 28、46 和 12 形成了封闭尺寸链，应去掉一个尺寸（28）；124 为总宽尺寸，与底板定形尺寸相同；140 为总高尺寸，与 E 的定位尺寸相同。

泵体的完整尺寸如图 3-51 所示。

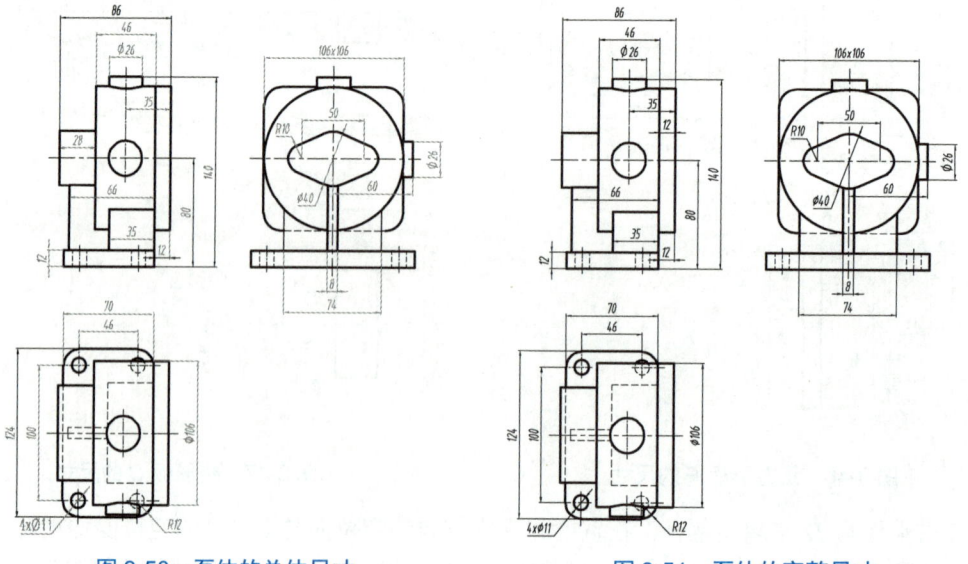

图 3-50 泵体的总体尺寸　　　　　　图 3-51 泵体的完整尺寸

第四节 组合体的构型设计

构型设计可以表达设计者的构思创意，其本质是设计创新。将基本型体按照一定的构型方法组合成新的几何型体是创造型体的重要手段，也是设计者初步建立设计意识的方法。

一、基于基本型体的组合体构型设计

1. 基于视图的多样化构型

（1）由一个视图进行构型设计

根据一个基本视图，通过改变封闭线框所表达的形状，以及相邻线框不同的位置关系，就可构思出不同的组合体。如图 3-52 所示，由同一个主视图，可以构型产生不同的组合体。

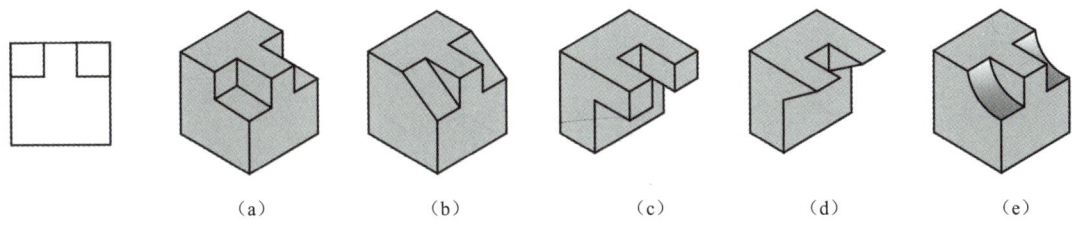

图 3-52　由一个视图构型

（2）由两个视图进行组合体构型设计

两个视图也是如此。如图 3-53 所示，由同一个主视图和俯视图，不同的构型方式可以得到不同的组合体。

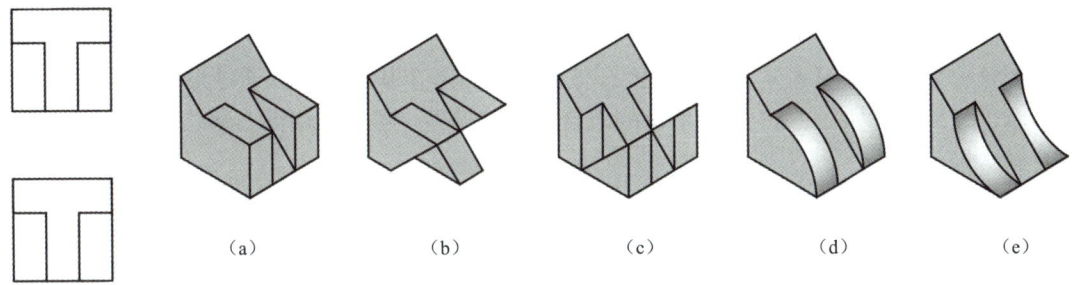

图 3-53　由两个视图构型

2. 基于型体的拓展构型

通过给定的几个基本型体进行组合体构型时，可以通过改变基本型体之间的组合方式、相对位置、相邻表面的连接关系等构成不同的组合体，如图 3-54 所示。

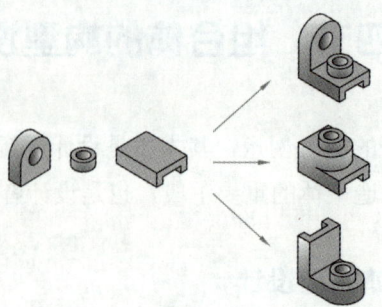

图 3-54　基本型体构成组合体

3. 构型注意事项

当两个型体组合时，不能出现点接触、线接触和单面连接，如图 3-55（a）所示，也尽量不要出现封闭内腔的造型，如图 3-55（b）所示，因为传统的加工制造工艺很难实现封闭内腔的加工。

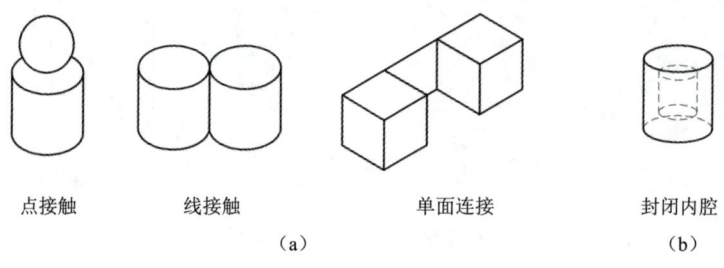

图 3-55　错误构型

二、组合体构型设计的基本类型

1. 变异构型

变异构型是指根据需要，对构成组合体的一个或多个基本型体，通过形状、位置及数量的改变进行构型。如图 3-56（a）所示的组合体的支撑板，可以采用图 3-56（b）～（d）所示的变异结构。

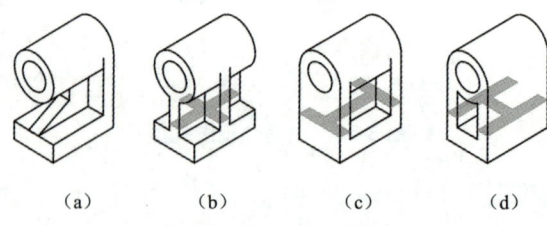

图 3-56　支撑板的变异构型

2. 反转构型

经过反转构型的两个型体拼合后恰好为一基本体。如图 3-57（a）和（b）所示的立体拼合后就构成如图 3-56（c）所示的圆柱体。反转构型在工程中应用广泛，如铸造加工中所用的凸模和凹模的设计。

第三章 组合体的构型与视图

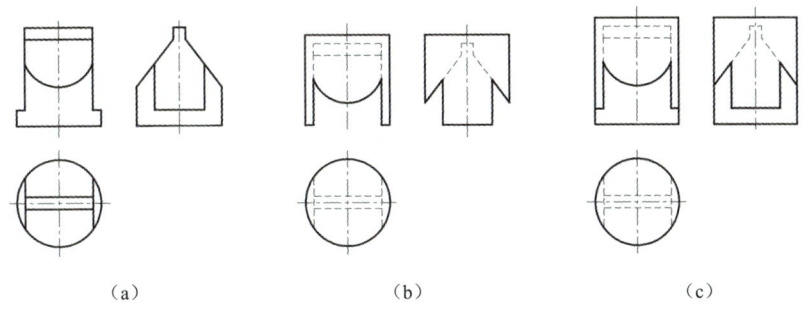

图 3-57 反转构型

3．功能构型

功能构型是指在构型时从功能需求出发，考虑构成组合体的基本型体的数量、结构形状及其相对位置关系。如图 3-58（a）所示，要求根据给定的轴和动滑轮设计安装架。根据功能需求，安装架应由三部分构成，即工作部分、安装部分及连接支撑部分。由轴和动滑轮的外形尺寸可以确定安装架工作部分的形状及三部分的相对位置，连接部分的具体形状主要由工作载荷决定，安装部分的结构形状与实际安装要求有关。图 3-58（b）所示为一种构型结果。

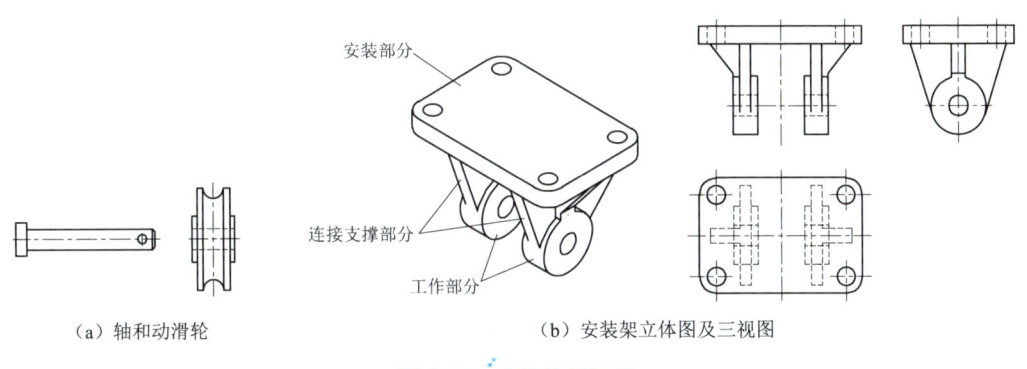

（a）轴和动滑轮　　　　　　　（b）安装架立体图及三视图

图 3-58 功能构型示例

仿生设计：鱼和齐柏林飞艇

仿生设计是一种借鉴自然界生物、生态系统和生命进化过程中的智慧来解决人类工程技术、产品设计等领域中的问题的设计方法。人们通过观察和模仿大自然中的成功案例，来获得设计灵感。自然界的生物和植物经过数百万年甚至更长时间的进化，已经发展出高效、可持续的生存机制，仿生设计的核心就是借鉴这些自然功能。20 世纪初，随着航空航天技术的突破，仿生设计的思路开始被更多地应用于航空航天领域。

下图中左图为鹦鹉螺的壳及其螺旋形，出自达西·汤普森的《生长和形态》(1971)，就像人们在一些壳和角上能够看到的那样，动物中同样存在因为相同单元的添加而出现生长图案的情况。如有花植物叶序的比例大约是 1.62，鹦鹉螺的壳的宽与开口的宽的比例是 0.76。

下图中右图为奥地利人弗兰兹·埃克塞瓦·卢茨在 1993 年作的釉面彩绘《鱼和齐柏林飞艇的体积》，卢茨兼通工科与艺术，作品中带有拉乌尔·弗兰采和恩斯特·海克尔的传统风格,卢茨曾这样形容这幅作品:"远在科技出现之前,自然便已经对理想形态有所认知,鱼和齐柏林飞艇都需要利用自己的理想形态来尽量减少流体的阻力。"

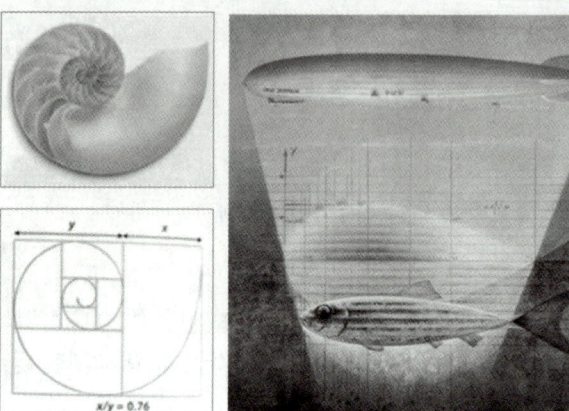

本章知识图谱

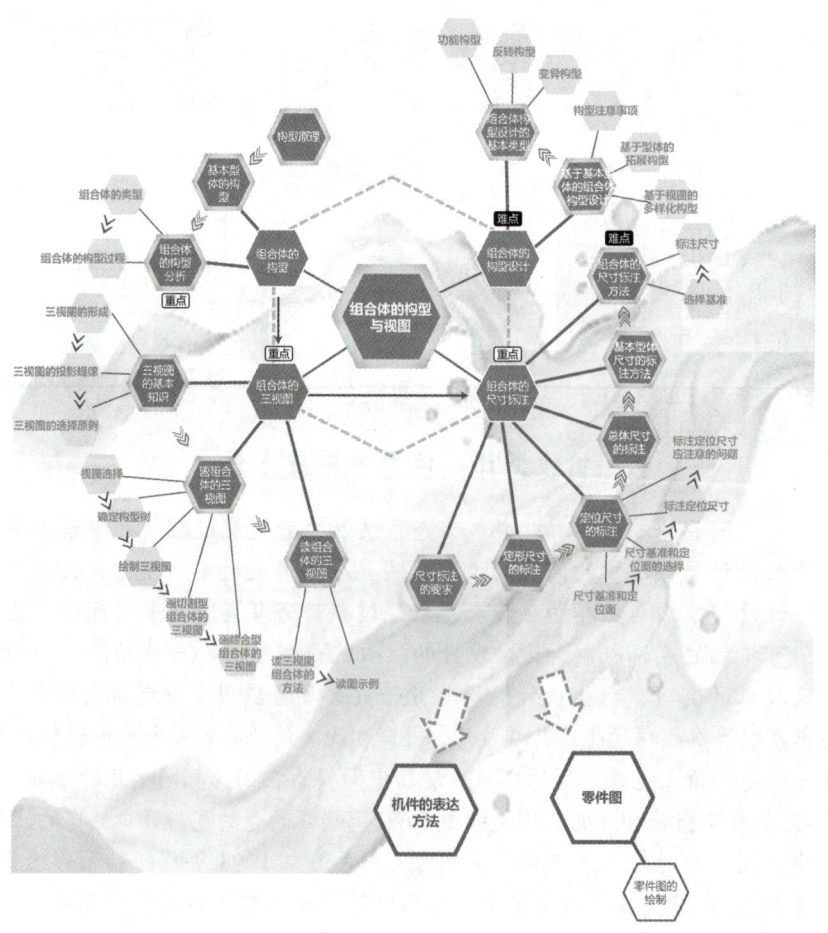

第四章　机件的表达方法

为了更加清晰、简洁地表达机件的结构形状，在三视图的基础上国家标准还规定了多种表达方法，包括视图、剖视图、断面图和简化画法及其他规定画法等。

第一节　视图（GB/T 17451—1998）

视图主要用于表达机件的外部形状，一般只画出可见部分，只有在必要时才用虚线画出不可见部分。视图包括基本视图、向视图、局部视图和斜视图等。

一、基本视图（GB/T 14692—2008）

除了上一章已介绍的主视图、俯视图和左视图三个基本视图，在投影体系中还可以从机件的右方、下方和后方进行投影得到另外三个基本视图。如图 4-1（a）所示，自右向左投影，得到右视图；自下向上投影，得到仰视图；自后向前投影，得到后视图。六个基本视图的展开如图 4-1（b）所示，所有视图均展开到主视图所在的平面，其中后视图随左视图向右展开。

扫码看知识点视频：
基本视图

扫码看三维模型

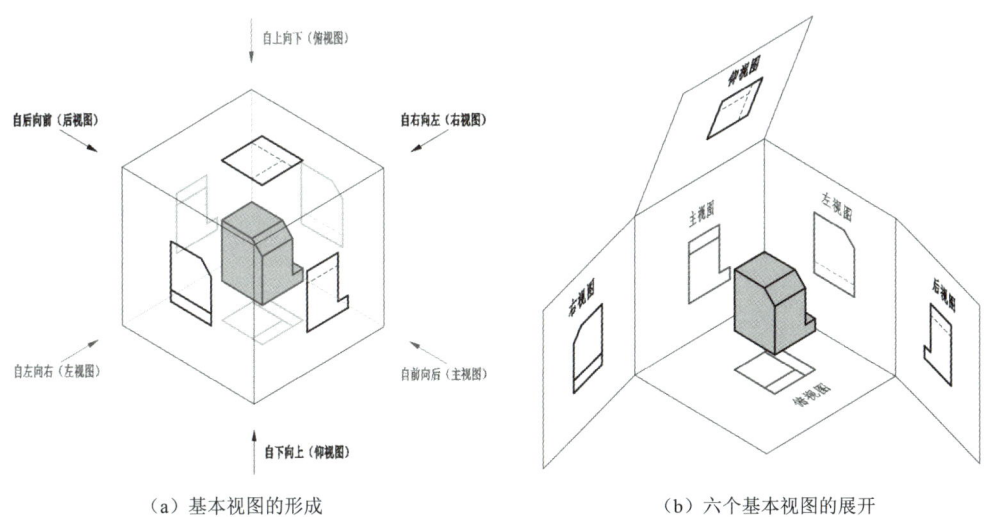

(a) 基本视图的形成　　　　(b) 六个基本视图的展开

图 4-1　基本视图的形成及其展开方法

如图 4-2 所示，展开后得到的六个基本视图与前面所讲的三视图具有相同的投影规律。

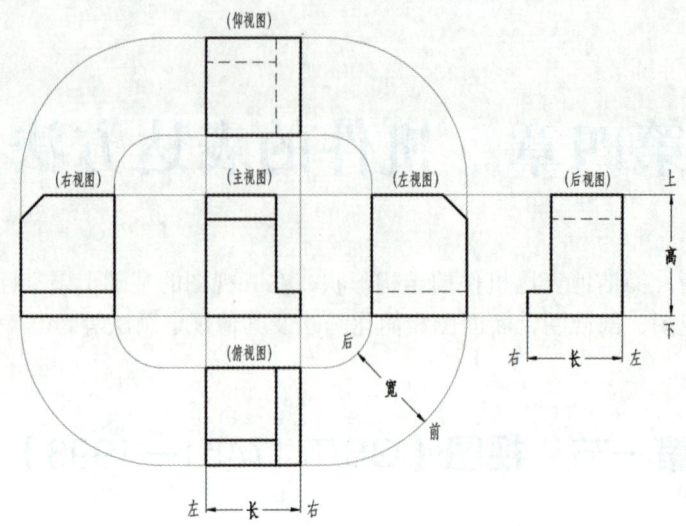

图 4-2　六个基本视图的投影规律

（1）相等规律。

主视图、俯视图、仰视图和后视图同时反映组合体的左右长度，即长对正；需要特别注意的是，后视图的左右位置关系与其他三个视图相反。

主视图、左视图、右视图和后视图同时反映组合体的上下高度，即高平齐；

俯视图、左视图、仰视图和右视图同时反映组合体的前后宽度，即宽相等。

（2）远近规律。

对于反映前后位置的四个基本视图，靠近主视图的一侧为后，远离主视图的一侧为前。

二、向视图（GB/T 14692—2008）

未按投影关系（投影展开位置）配置的视图称为向视图。

向视图需在图形上方中间位置标注视图名称（如"×"，"×"为大写字母），并在其他视图附近用箭头指明投影方向，并注上相同的字母。字母应按水平方向书写，箭头尽可能配置在主视图上。向视图根据需要可以配置在任意位置。

如图 4-3 所示，为了合理利用图纸空间，将图 4-2 中的右视图和仰视图进行了重新配置，得到了向视图 A 和向视图 B。

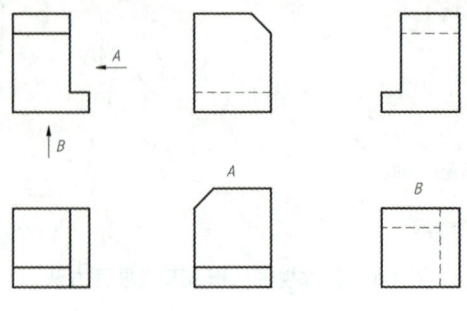

图 4-3　向视图

三、局部视图（GB/T 17451—1998）

局部视图是将物体的局部向基本投影面投影所得的视图。当机件在某一方向只有部分外形需要表达，或不便于画出完整基本视图的情况下，通常采用局部视图。

如图 4-4 所示，局部视图的断裂边界用波浪线（或双折线）表示，波浪线用细实线绘制，且不应超出机件的外轮廓线，也不能画在机件的中空处；当局部结构外形轮廓封闭时，波浪线可省略不画。

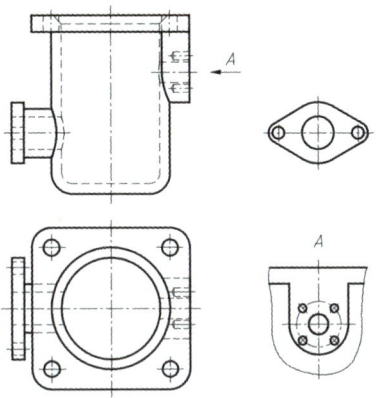

扫码看三维模型

图 4-4　局部视图的画法与标注

局部视图可按基本视图的形式配置（局部视图和基本视图之间不能有其他视图），也可按向视图的形式配置。图 4-4 中的局部视图 A 就是按照向视图进行配置的。

四、斜视图（GB/T 17451—1998）

当机件上具有倾斜结构时，在基本视图上不能反映该部分的实形。为此，可将该倾斜结构向平行于其所在面的平面进行投影，即可得到反映其实形的视图。这种将物体向不平行于基本投影面的平面投影所得的视图称为斜视图。

斜视图只需要画出倾斜结构的局部形状，画法与局部视图类似，断裂边界用波浪线或双折线表示，如图 4-5（a）所示；当倾斜部分结构完整且外形轮廓线封闭时，波浪线可省略不画，如图 4-5（b）所示。

扫码看知识点视频：
局部视图和斜视图

扫码看三维模型

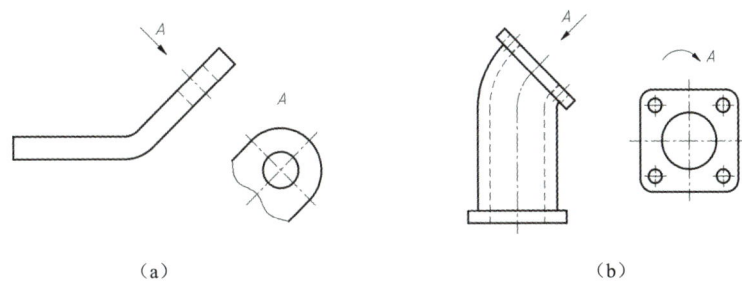

（a）　　　　　　　　　　　（b）

图 4-5　斜视图的画法与标注

如图 4-5（a）所示，斜视图可以按投影关系配置，且必须注明视图名称和投影方向；名称字母必须水平书写，投影方向的箭头应垂直于要表达的倾斜结构。

斜视图可以进行旋转配置，如图 4-5（b）所示，用旋转符号"⌒"和"⌒"分别表示顺时针和逆时针方向旋转，表示视图名称的字母应靠近旋转符号的箭头端，也可以将旋转角度标注在字母之后。通常将斜视图旋转到方便画图和读图的水平或竖直位置，旋转角度不超过 90°。

第二节　剖视图（GB/T 17452—1998、GB/T 4458.6—2002）

一、剖视图的概念与画法

为了清晰表达机件的内部结构，尽量避免图中出现虚线，国家标准规定了用于表达内部结构的剖视图表达方法。

扫码看知识点视频：剖视图的概念

地动仪：一个剖视图缺失引发的千古谜团

"地动机发，龙即吐丸，蟾蜍张口受丸，声乃振扬。"

——《后汉书·张衡列传》

地动仪是中国东汉时期的科学家张衡创造的传世杰作，张衡初造地动仪的时间不详，复造于汉顺帝阳嘉元年（公元 132 年），是世界上第一架地震仪，也是有史以来人类第一次运用科学手段来测定地震方向的器具。

目前，人们从历史文献中新发掘出了一些关于张衡和他的地动仪的文字记载，地动仪的史书记载：南朝范晔（398 年—445 年）的《后汉书·张衡列传》记载地动仪共 196 字，晋袁宏（328 年—376 年）的《后汉纪·顺帝纪》记载地动仪，西晋司马彪（XX—306 年）《续汉书》记载地动仪。但是尚未有文献对地动仪的内部结构及其工作原理进行详细记载，这成了历史中的"千古谜团"。历代中外研究者为复原张衡地动仪做了很多努力，但至今仍未完全成功复原，这也引发了 2017 年初中历史教材中的"地动仪去留之争"。

目前关于地动仪的结构，流行的有两个版本：王振铎模型采用直立杆工作原理，即在仪器中间竖立一根长长的细杆，代表史料所述"中有都柱，傍行八道"的"都柱"，并以它的倾倒来验震；另一种模型由冯锐提出，即"都柱"是悬垂摆，摆下方有一个小球，球位于"米"字形滑道交会处（《后汉书·张衡列传》中所说的"关"），地震时，"都柱"拨动小球，小球击发控制龙口的机关，使龙口张开。

第四章　机件的表达方法

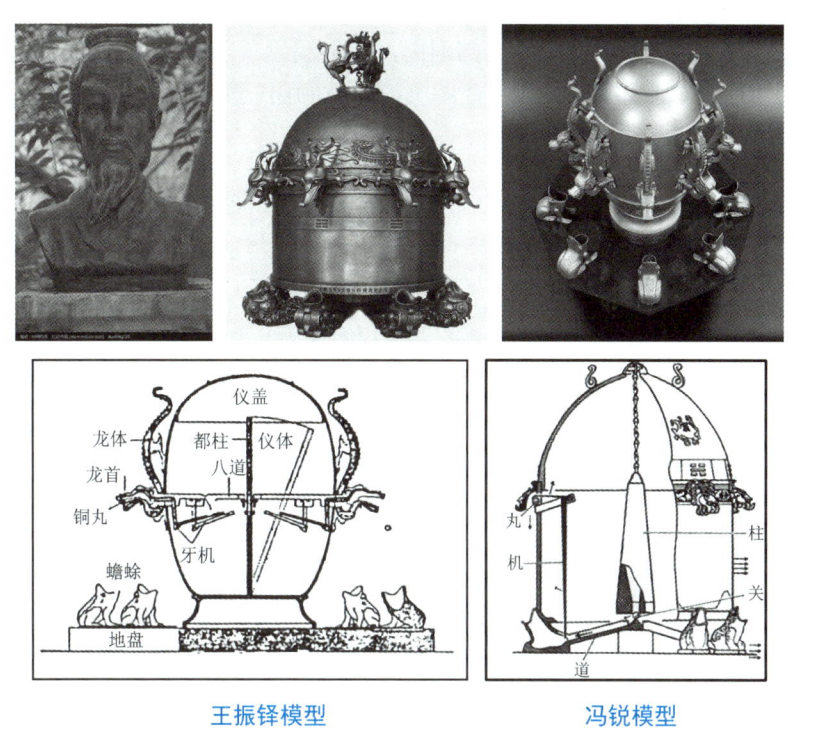

1. 剖视图的概念

用假想的剖切平面在适当的位置剖开机件，移去观察者和剖切平面之间的部分，将剖切平面后面的部分进行投影，并在切断面区域画出表示机件材料对应的剖面符号，即得到剖视图。

如图 4-6 所示，采用机件的前后对称面作为剖切平面，假想将其剖开；移去前半部分，从而使其内部的孔、槽等不可见结构变为可见；将后半部分向正投影面进行投影，并在切断面上绘制剖面符号，得到零件的剖视图。

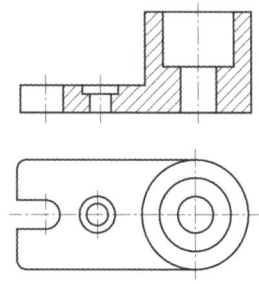

扫码看三维模型

图 4-6　剖视图的概念和画法

2. 剖视图的画法

1）确定剖切平面的位置

用平面剖切机件时，一般应通过机件内部孔、槽等的对称面或轴线，并且剖切平面平行或垂直于某一投影面，使剖切后的内部孔、槽结构的投影反映其实形。

剖视图一般应遵循基本视图配置的规定，必要时也允许配置在其他适当的位置。剖切平面后面的可见轮廓线都必须用粗实线全部画出，不能漏画；剖视图中一般不画虚线。另外，当零件的一个视图画成剖视图后，其他视图仍应完整画出，如图 4-7 所示。

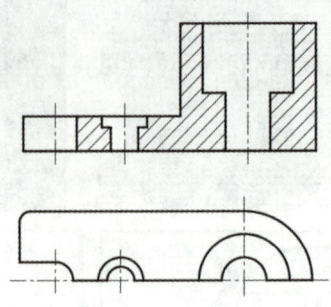

图 4-7　错误画法

2）绘制剖面符号（GB/T 4458.6—2002，GB/T 17453—2005）

在剖视图及下一节将介绍的断面图中，一般采用剖面符号填充剖面区域。对于不同的材料，国家标准规定了不同的剖面符号，如表 4-1 所示。

表 4-1　剖面符号

材料	剖面符号	材料	剖面符号
金属材料		胶合板	
线圈绕组元件		基础周围混凝土	
转子、电枢、变压器、电抗器的叠钢片		混凝土	
非金属材料		钢筋混凝土	
型砂、填砂、粉末冶金、砂轮、陶瓷刀片、硬质合金刀片等		砖	
玻璃		筛网、过滤网等	
木材　纵剖面		液体	

如图 4-8 所示，零件的材料为金属。金属零件的剖面线应画成间隔相等、方向相同且为 ±45° 的平行细实线。当一个零件有多个剖视图时，各剖视图中的剖面线应保持一致，如

图 4-8 所示。但是,当存在剖面线与剖视图中的主要轮廓线平行或垂直的情况时,该剖视图中的剖面线可画成±30°或±60°。如图 4-8 所示,主视图中的剖面线角度为30°。

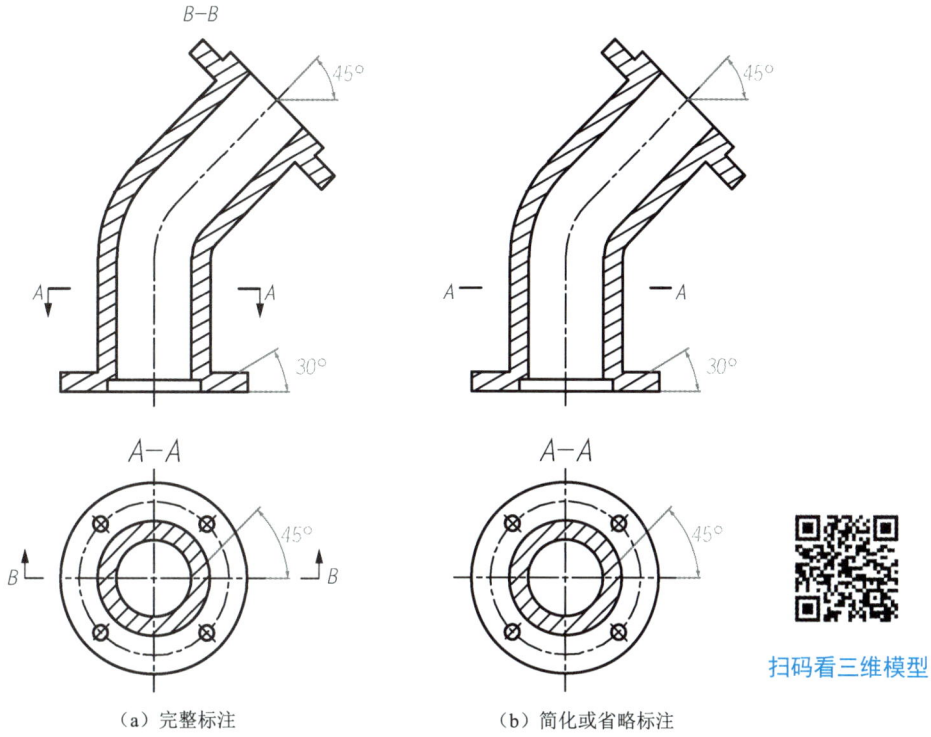

图 4-8 剖面线角度及剖视图的标注

3. 剖视图的标注与配置

如图 4-8（a）所示,剖视图的标注主要包括:剖切位置、投影方向和剖视图的名称。剖切位置用短粗实线表示；投影方向用箭头表示,绘制在剖切位置两端；剖视图的名称用大写字母"×—×"表示,在剖视图的上方水平标出,且在剖切位置两端标注上同样的字母。

当剖视图按投影关系配置,中间没有其他图形隔开时,可省略箭头。显然,图 4-8（b）中的箭头可以省略。

当通过零件的对称面剖切时,如果剖视图按投影关系配置且中间没有其他图形隔开,可完全省略标注。如图 4-8（b）中的主视图（剖视图）就没有进行标注。

二、剖视图的分类（GB/T 17452—1998）

通常,剖视图按照剖切范围的大小可分为全剖视图、半剖视图和局部剖视图。

1. 全剖视图

将零件完全剖开后,在某一投影方向投影,将整个视图都绘制成剖视图的表达称为全剖视图。图 4-6 和图 4-8 中的主视图均为全剖视图。全剖视图主要用来表达零件的孔、槽和空腔等内部结构。图 4-9 用了一个俯视图和三个全剖视图对零件的外部形状、内部结构进行了完整表达。

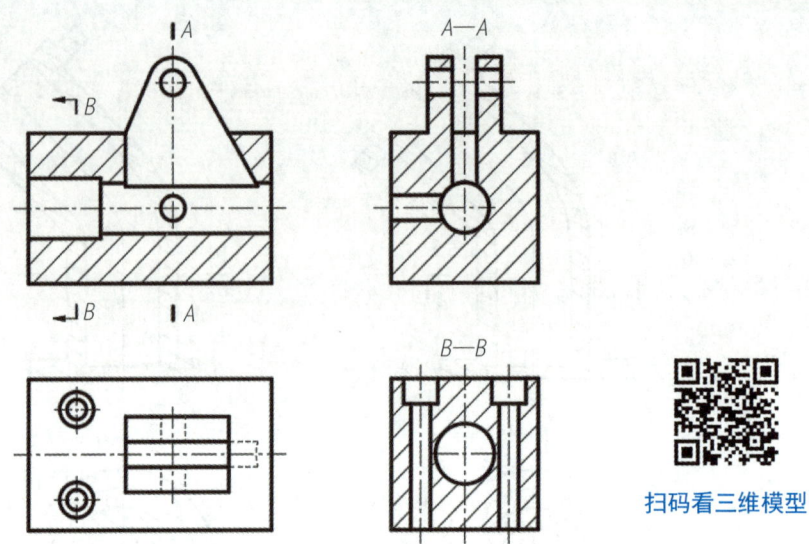

图 4-9　全剖视图

2. 半剖视图

半剖视图指的是，当机件具有对称面时，将视图沿与对称面垂直的方向剖开，向垂直于对称面的投影面进行投影，以对称中心线为分界线，整个视图一半绘制成剖视图，另一半绘制成外形视图。半剖视图适用于要同时表达对称机件的内部结构和外部形状的情况。如图 4-10 所示，主视图和俯视图均为半剖视图。

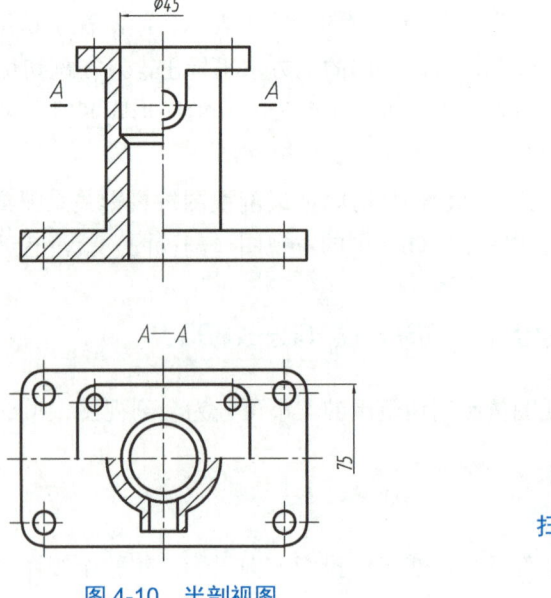

图 4-10　半剖视图

第四章　机件的表达方法

半剖视图的标注方法与全剖视图相同。如图 4-10 所示，俯视图标注省略了投影方向（箭头），主视图标注完全省略。

在半剖视图中标注尺寸，如果尺寸的一端能引出尺寸界限而另一端无法引出时，只需在能引出的一端绘制尺寸界线、尺寸线和箭头，并将尺寸线超越对称中心线一小段，尺寸数值应完整标出，而不应标注一半。如图 4-10 中标出的两个尺寸。

3．局部剖视图

局部剖视图指的是，视图的一部分绘制成剖视图，剩余部分绘制成外形视图，两者分界线为波浪线。局部剖视图适用于要同时表达不对称机件的内部结构和外形形状的情况，如图 4-11 所示。

局部剖视图中的剖切位置和剖切范围可根据实际需要灵活确定，通常不需要进行标注。同一视图中的剖切位置不宜过多；剖切范围以波浪线为界，每个局部剖切范围不宜过大，在表达清楚内部结构的基础上应保留尽可能多的外形。波浪线不能超出视图轮廓之外（如图 4-11 中的主视图），不能画在中空处（如图 4-11 中的俯视图），也不能省略。图 4-12 所示为错误画法。

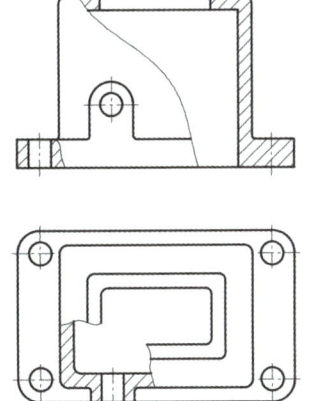

图 4-11　局部剖视图

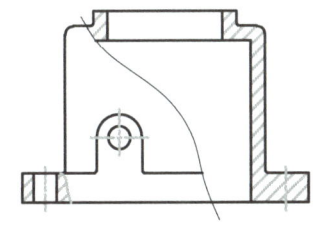

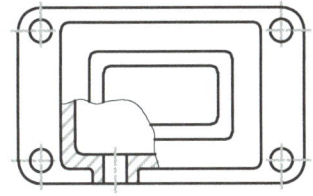

图 4-12　波浪线的错误画法

扫码看三维模型

三、剖切平面的种类（GB/T 17452—1998）

全剖视图、半剖视图和局部剖视图既可以由一个剖切平面剖切得到，也可以由几个平行或相交的剖切平面剖切得到。

扫码看知识点视频：
剖切方法

1．单一剖切平面

单一剖切平面，即剖视图采用一个剖切平面剖开机件。

在图 4-13 中，主视图为局部剖视图、俯视图为全剖视图，它们同图 4-6～图 4-11 所示的剖视图一样均为单一剖切平面剖切所得到的剖视图，且剖切平面均与基本投影面平行。图 4-13 中的 *B—B* 剖视图也为利用单一剖切平面剖切所得到的剖视图，但剖切平面垂直于基本投影面，其投影方法与斜视图类似，这种剖视图称为斜剖视图。

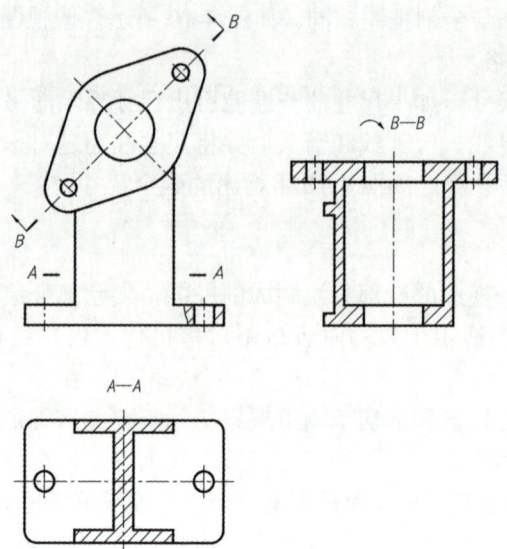

扫码看三维模型

图 4-13　单一剖切平面剖视图

斜剖视图必须进行完整标注，不可省略；其配置方法与斜视图类似，也可旋转配置。如图 4-13 所示，$B—B$ 剖视图进行了顺时针旋转配置，名称在旋转符号的箭头一侧。

需要说明的是，斜剖视图可以采用全剖、半剖和局部剖，也可以由如下所述的多个剖切平面得到。

2. 几个平行的剖切平面

当机件多个内部结构（如孔、槽）的轴线或中心平面位于互相平行的多个平面上，而且在垂直于这些平面的同一方向上投影无重叠时，可用这些相互平行的平面来剖切机件，所得的剖视图称为阶梯剖视图，如图 4-14 所示。

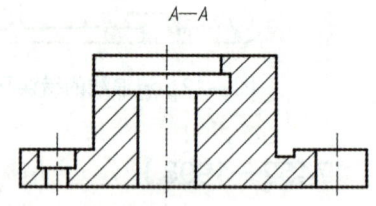

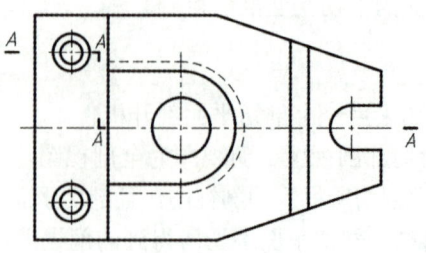

扫码看三维模型

图 4-14　阶梯剖视图

第四章　机件的表达方法

画阶梯剖视图必须进行标注，相邻两剖切平面转折处的标注符号应为直角且转折线对齐。如图 4-14 中的俯视图所示。

阶梯剖视图中不应出现不完整的结构要素，如图 4-15（a）所示；假想转折处不能画线，如图 4-15（b）所示；剖切符号和转折线不能与轮廓线重合或相交。如图 4-15（c）所示。

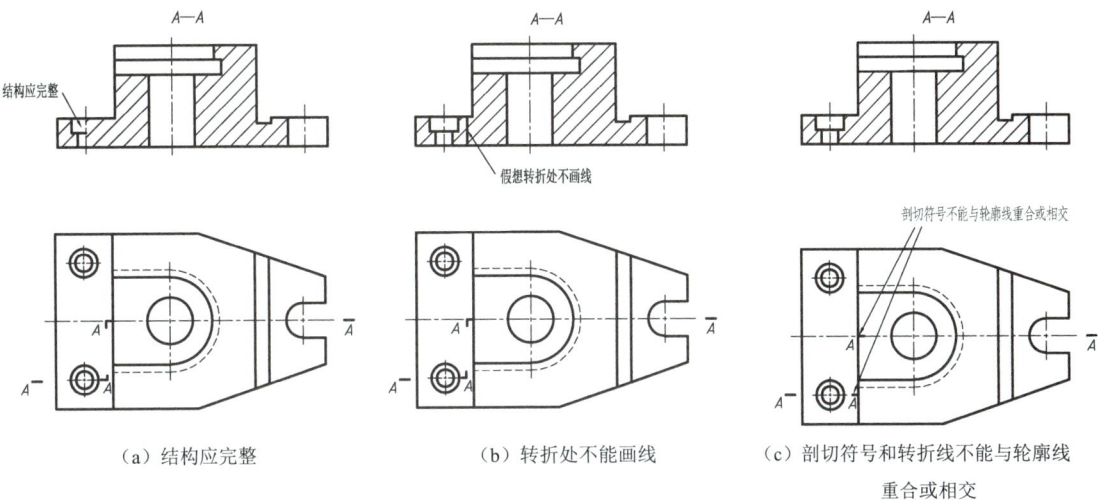

（a）结构应完整　　　　　（b）转折处不能画线　　　　　（c）剖切符号和转折线不能与轮廓线
　　　　　　　　　　　　　　　　　　　　　　　　　　　　　　　　　重合或相交

图 4-15　阶梯剖视图画图错误

3．几个相交的剖切平面

当用一个剖切平面不能通过机件的各内部结构，而机件在整体上又具有回转轴（一个或多个）时，可先用几个相交的剖切平面剖切机件，然后将剖面的倾斜部分旋转到与基本投影面平行，再进行投影，这样得到的剖视图称为旋转剖视图。

旋转剖必须进行完整标注，剖切符号相交于回转轴。具体标注形式如图 4-16 所示，旋转剖的标注不能简化或省略。

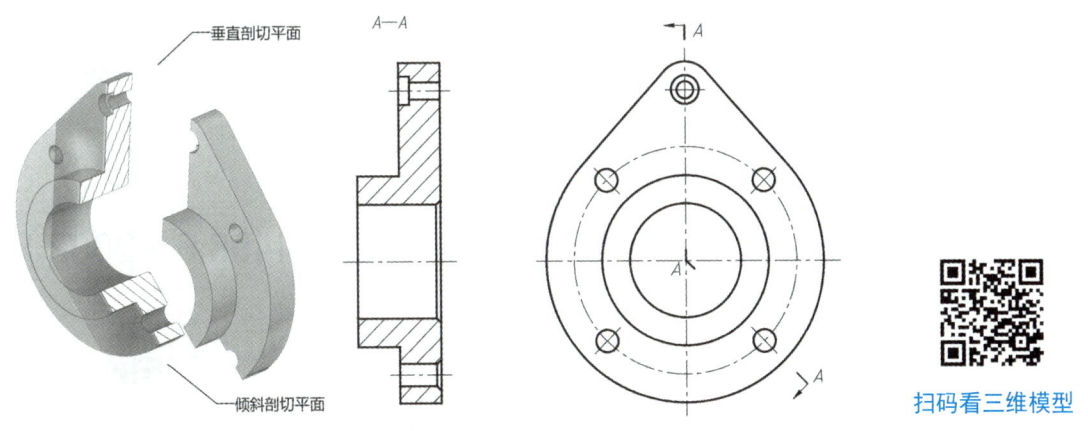

扫码看三维模型

图 4-16　旋转剖视图

画旋转剖视图应按照先剖切，再旋转，最后投影的过程形成剖视图。位于剖切平面后面的其他结构在旋转时仍按原来位置投影，如图 4-17 中倾斜的小孔。

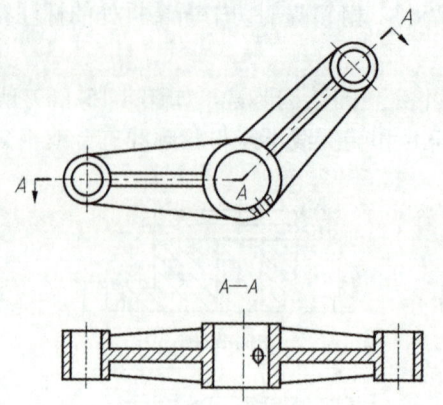

扫码看三维模型

图 4-17　旋转剖中其他结构仍按照原来位置投影

对于一些结构较为复杂的零件，可以采用几个平行平面和几个相交平面进行组合剖切，所得到的剖视图称为组合剖视图。组合剖视图必须进行完整标注。在图 4-18 所示的机件中，用了一次阶梯剖和一次旋转剖进行组合剖切。

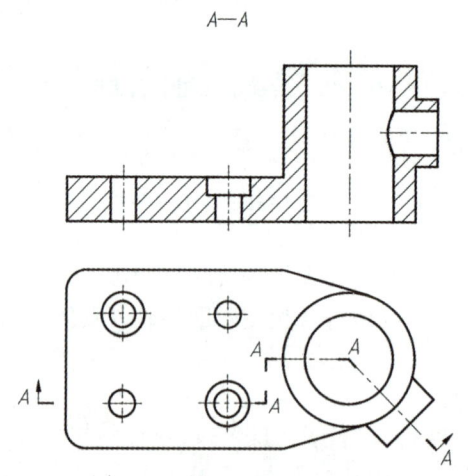

扫码看三维模型

图 4-18　组合剖视图

第三节　断面图（GB/T 17452—1998、GB/T 4458.6—2002）

假想用剖切平面将机件的某处切断，仅画出断面的图形称为断面图。根据断面图是否与视图重合，其可分为移出断面图和重合断面图。断面图主要用于表达机件某处的切断面形状，如轴上的键槽和孔的深度，以及机件上的肋板、轮辐等结构的断面形状等。

如图 4-19（a）所示，假想用垂直于轴线的剖切平面通过键槽将轴剖开，画出剖切断面的形状，并加上剖面符号，这样绘制的断面图可更

扫码看知识点视频：
断面图

加清楚和简洁地表达键槽的深度。图 4-19（b）所示为同一剖切平面对应的断面图与剖视图的区别。

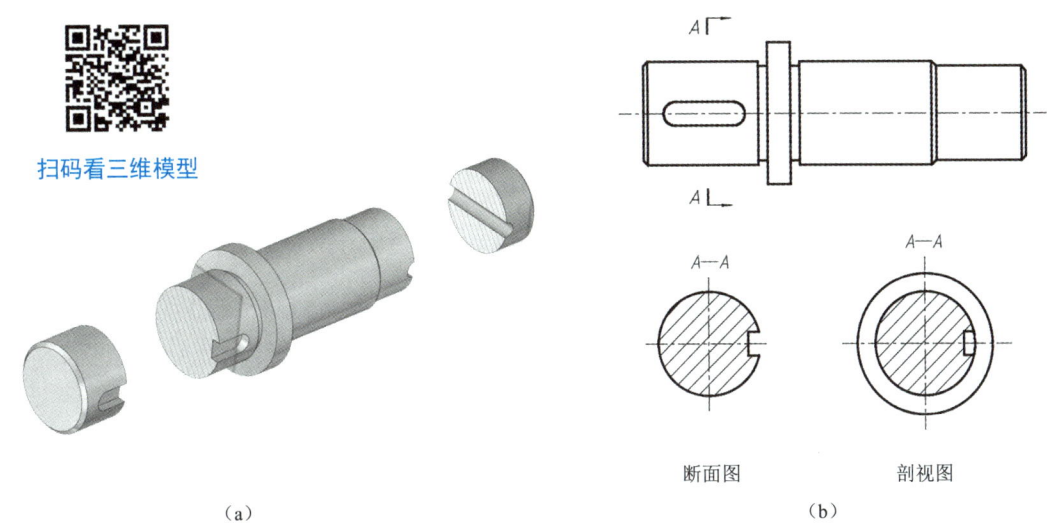

图 4-19　立体图及断面图与剖视图的区别

一、移出断面图

画在视图外的断面图称为移出断面图。移出断面图的轮廓线用粗实线绘制，并且配置在剖切线的延长线上或其他适当的位置，如图 4-20 所示。移出断面图一般应用剖切符号表示剖切位置，用箭头表示投影方向并标注字母，在移出断面图的上方应用同样的字母标注相应的名称"×—×"；经过旋转的移出断面图，还要标注旋转符号。配置在剖切符号延长线上的不对称移出断面图，由于剖切位置已很明确，可省略字母，如图 4-20（b）左端键槽处的移出断面图；未配置在剖切符号延长线上的对称移出断面图（如图 4-20 中的 B—B）可省略箭头；配置在剖切符号延长线上的对称移出断面图可不必标注。移出断面图必要时可进行旋转配置，如图 4-21 所示。

当剖切平面通过回转面形成的孔或凹坑的轴线时，这些结构的断面图应按剖视图绘制，如图 4-20 中的 B—B 移出断面图。当剖切平面剖切非圆形的沟槽，导致形成完全分离的两个断面时，这些结构的断面图也应按剖视图绘制，如图 4-21 所示。

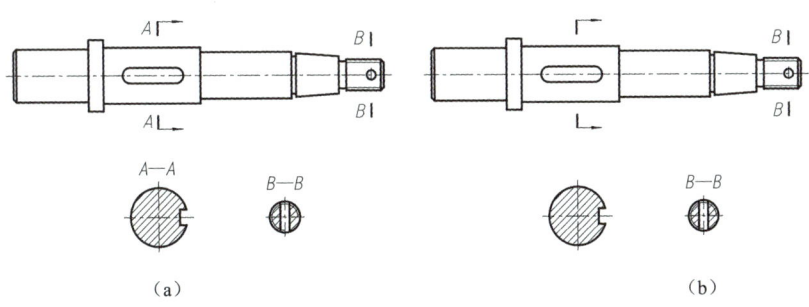

图 4-20　移出断面图

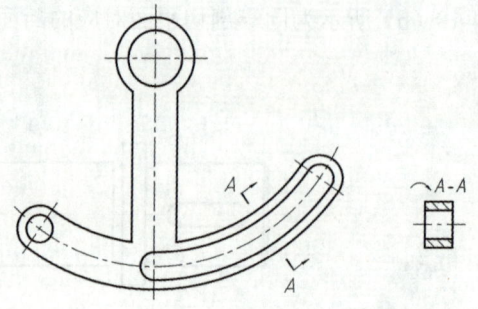

扫码看三维模型

图 4-21　旋转配置的移出断面图

　　移出断面图对称时也可画在视图的中断处，如图 4-22 所示。将两个或多个相交的剖切平面剖切得到的移出断面图画在一起时，移出断面图之间应断开，如图 4-23 所示。

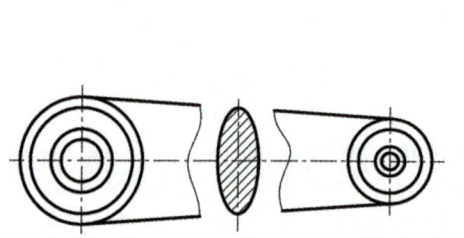
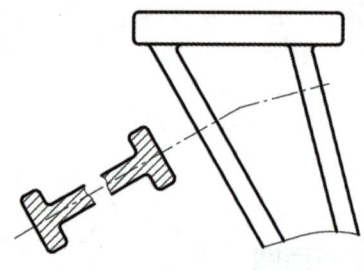

图 4-22　配置在视图中断处的移出断面图　　　　图 4-23　断开的移出断面图

二、重合断面图

　　在不影响图形清晰度的情况下可将断面图画在视图内，此断面图称为重合断面图。重合断面图的轮廓线用细实线绘制。当视图中的轮廓线与重合断面图重叠时，视图中的轮廓线仍应连续画出。如图 4-24（a）所示，中间连接板和肋板的断面形状采用了两个重合断面图来表达，肋板只需表达端部形状，通常省略波浪线。

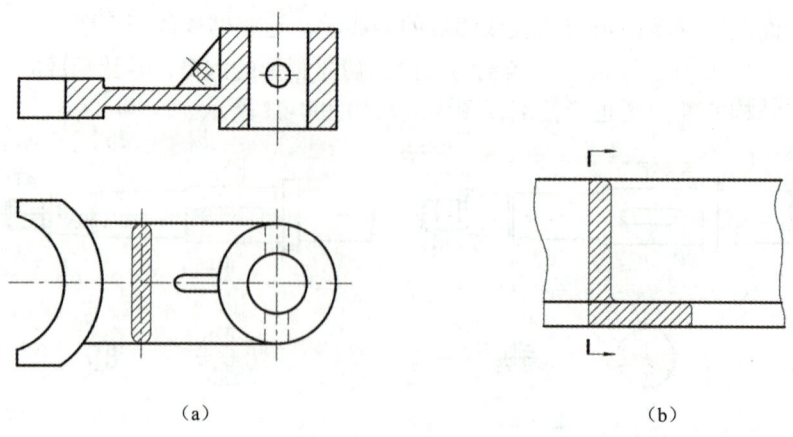

(a)　　　　　　　　　　　　　　(b)

图 4-24　重合断面图的画法

对称的重合断面可以不标注，如图 4-24（a）所示；不对称的重合断面只标出剖切符号与箭头即可，如图 4-24（b）所示。

第四节 简化画法及其他规定画法（GB/T 4458.1—2002、GB/T 16675.1—2012）

为了满足机件表达的需要，国家标准还制定了一些简化画法及其他规定方法。

扫码看知识点视频：简化画法及其他规定画法

一、肋板的规定画法

当剖切平面纵向剖切零件上的肋板、轮辐及薄壁等结构时，这些结构在剖视图上都不画剖面符号，只用粗实线将其与邻接结构分开，如图 4-25 所示。

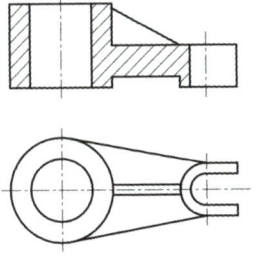

扫码看三维模型

图 4-25 肋板的规定画法

二、均布结构的规定画法

对于回转件上均匀分布的肋板、轮辐和孔等结构，可将其旋转到剖切平面上对称画出，如图 4-26 中对称画出的孔和肋板。

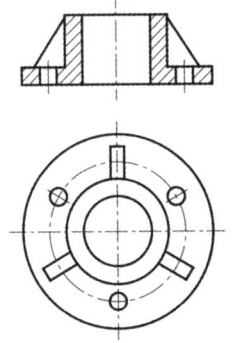

扫码看三维模型

图 4-26 均布结构的规定画法

三、局部放大图（GB/T 4458.1—2002）

局部放大图就是将机件的部分结构用大于原视图的比例进行表达，主要用以表达零件上的一些细小结构。局部放大图可以采用任意表达方法进行表达，与原视图的表达方式无关，局部放大图应尽量配置在放大部位的附近，如图4-27中轴上的两处局部放大图。

绘制局部放大图时，除螺纹牙型、齿轮和链轮的齿形外，应用细实线圆圈出被放大的部位。当同一零件上有几个被放大的部位时，用罗马数字依次标明被放大的部位，并在局部放大图的上方标注出相应的罗马数字和所采用的比例，中间用横线隔开。局部放大图上标注的比例是指该图形与零件实际大小之比，而不是与原视图之比。

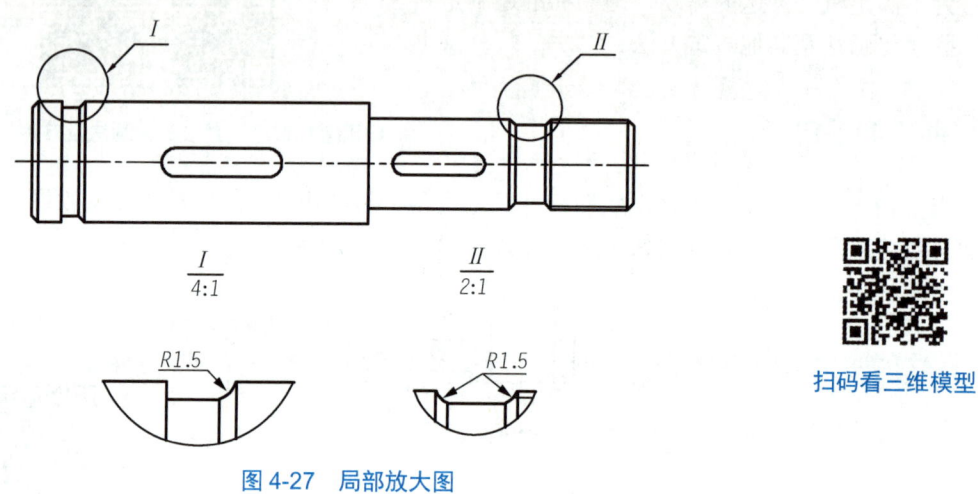

图4-27 局部放大图

四、简化画法（GB/T 16675.1—2012）

（1）在投影图上与投影面的倾角小于或等于30°的圆或圆弧，其投影可用圆或圆弧代替。如图4-28所示，零件倾斜的顶端上外轮廓端面圆和四个小孔的端面圆在俯视图上按圆绘制，并且各圆的中心位置需按投影位置确定。

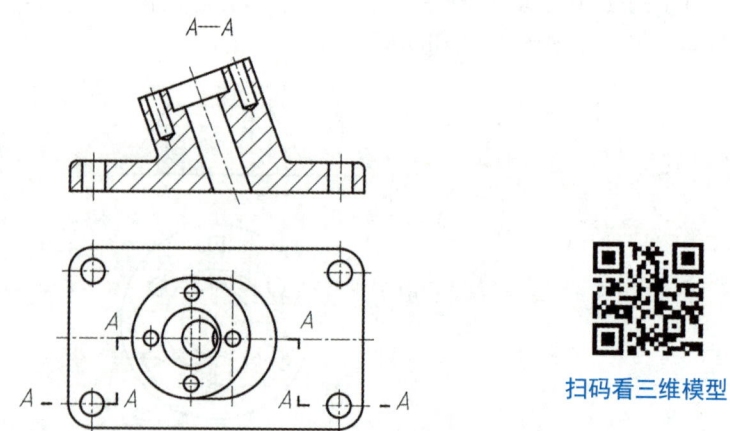

图4-28 与投影面倾角小于或等于30°的圆或圆弧的简化画法

(2) 为了表达回转体零件上的平面，一般用两条相交的细实线表示这些平面，如图4-29所示。

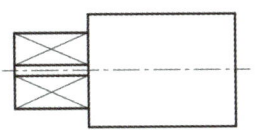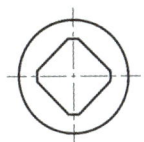

扫码看三维模型

图4-29　回转体上平面的简化画法

(3) 若有数量较多的直径相同且成规律分布的孔，可以仅画出一个或少量几个，其余只需用细点画线表示其中心位置，如图4-30所示。

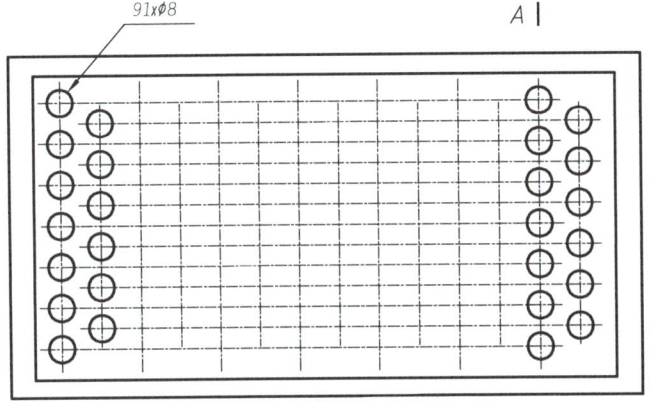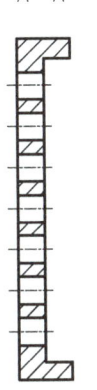

扫码看三维模型

图4-30　规律分布孔的简化画法

(4) 在不致引起误解时，对于对称机件[见图4-31（a）]的视图可只画一半或四分之一，并在对称中心线的两端画出两条与其垂直的平行细实线，如图4-31（b）、（c）所示。

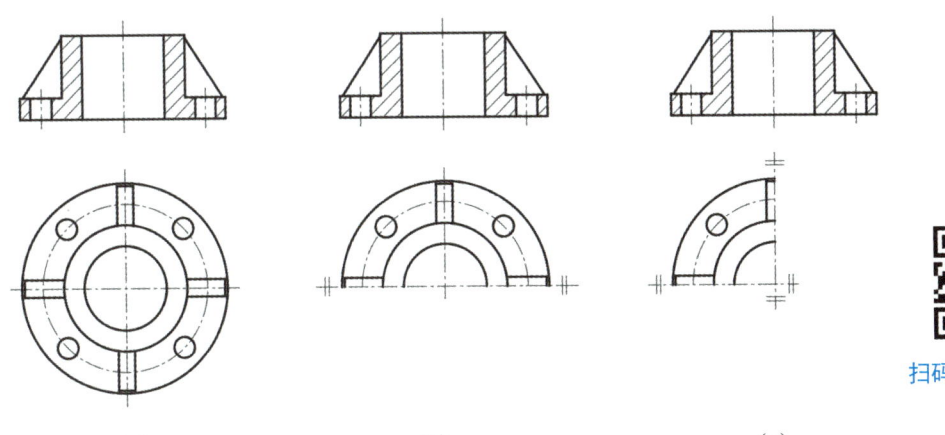

扫码看三维模型

（a）　　　　　　　　（b）　　　　　　　　（c）

图4-31　对称零件的简化画法

(5) 较长的机件如轴、杆、型材、连杆等，沿长度方向的形状一致或按一定规律变化时，可断开后缩短绘制，如图 4-32 所示。

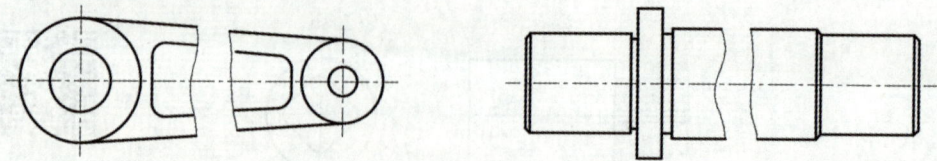

图 4-32　较长零件的断开简化画法

（6）圆柱形法兰和类似零件上均匀分布（均布）的孔可按图 4-33 所示的方法表示，其投影方向一般为由机件外部向内部进行投影。

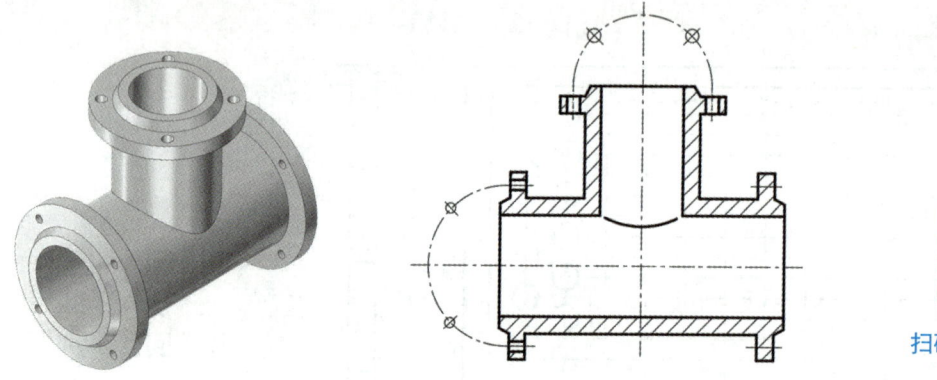

扫码看三维模型

图 4-33　法兰端面均匀分布的孔的简化画法

（7）机件上斜度和锥度等较小的结构，如在一个视图中已表达清楚，其他视图可按其小端画出，如图 4-34（a）所示。当机件中的较小结构已有视图表达清楚时，其图形中的交线允许简化，如图 4-34（b）中的孔和键槽上的相贯线用直线简化画出。

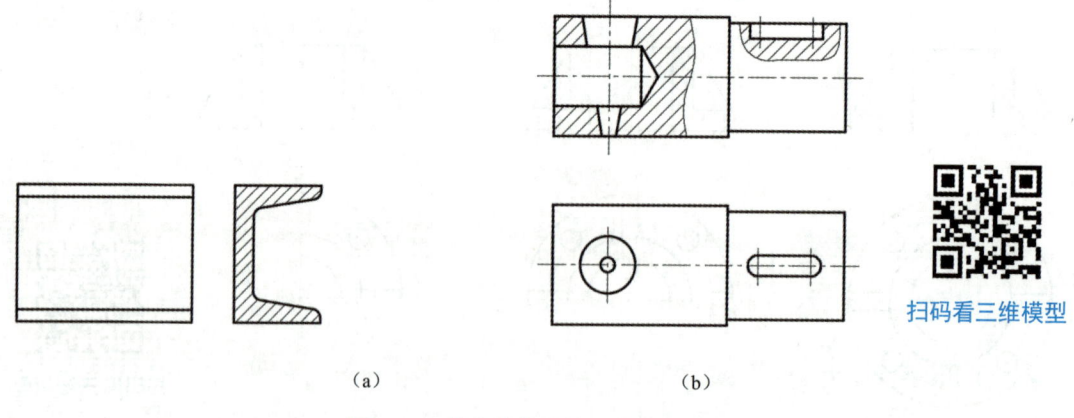

扫码看三维模型

(a)　　　　　　　　　　(b)

图 4-34　较小结构的简化或省略画法

（8）零件上的滚花结构，一般在轮廓线附近用细实线局部画出的方法表示，也可省略不画，而在零件上或技术要求中注明其具体要求，如图 4-35 所示。

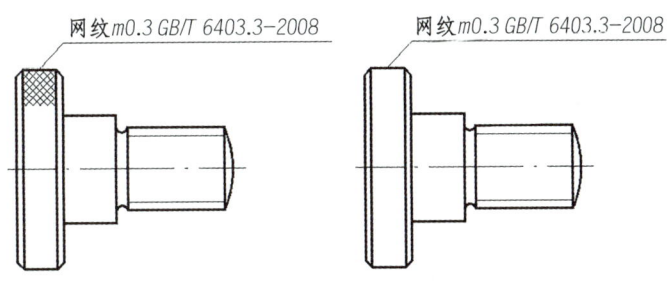

图 4-35 滚花的简化画法

（9）在不致引起误解时，零件图中的小圆角、锐边的小倒圆或 45°小倒角允许省略不画，但必须注明尺寸或在技术要求中加以说明，如图 4-36 所示。

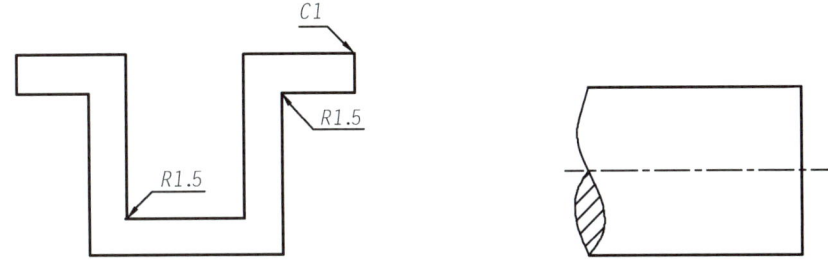

图 4-36 小圆角及小倒角等的省略画法

第五节 综合表达举例

在利用工程图样对机件进行表达时，应根据机件的具体结构，综合运用本章所讲的视图、剖视图、断面图及其他规定画法、简化画法进行完整表达。在完整表达的情况下，尽量避免同一结构形状在不同图形中重复表达，视图数量要尽可能少。确定机件表达方案的原则主要有以下几条。

（1）主视图反映机件的特征要突出。
（2）其他各个视图的表达重点要明确，不重复。
（3）各视图表达方法的选择要恰当，尽量减少视图数量。
（4）要便于视图的绘制和阅读。

一、斜支架的表达

1. 分析零件形状结构

如图 4-37 所示，该零件为支架类零件，其主要结构符合典型支架类零件的结构，由底座、工作部分、中间连接部分组成。底座为一端带圆角的长方体板，上面有四个安装孔；工作部分为处于倾斜位置的空心圆柱，右上部还有一个带孔的圆柱凸台与其连接；中间连接部分由相互连接的直立薄板、倾斜薄板和两个肋板构成。

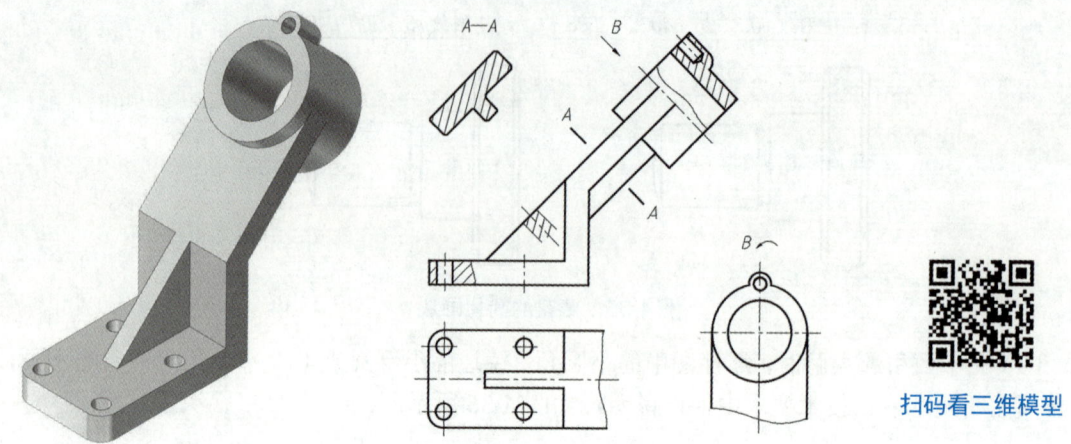

图 4-37 斜支架的表达

2. 主视图及其表达方法

斜支架的主视图如图 4-37 所示,既能表达支架的倾斜特征,又能表达清楚三个主要构成部分的相对位置和连接关系。主视图采用局部剖的方法,表达底座和工作部分的孔结构。

3. 其他视图的选择

在图 4-37 中,俯视图为局部视图,重点表达底座的外形及四个安装孔的位置,同时辅助表达了中间连接部分肋板的部分形状。

B 向斜视图重点表达了工作部分的端面形状,以及其与相连的薄板的连接关系(相切)和相对位置(对称)。

A—A 断面图表达了连接部分肋板形状与相对位置(对称)。

此外,图 4-37 还用一个重合断面图表达了上部肋板的断面形状。

二、箱体表达方案比较

箱体的结构如图 4-38 所示。箱体的内部为长方体空腔,顶部为带有方孔的矩形凸台,前端左下部有一个带孔的 U 形凸台,右侧壁中下部有一个带方槽的孔,底座有四个安装孔。

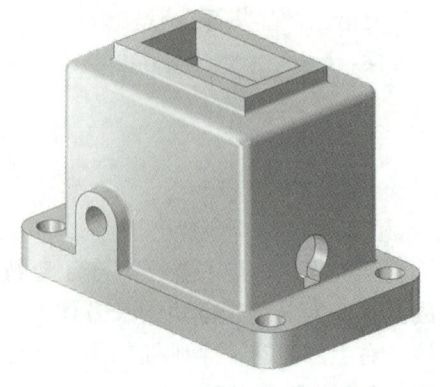

图 4-38 箱体的结构

图 4-39 所示为箱体的三种不同表达方案，下面分别加以比较说明。

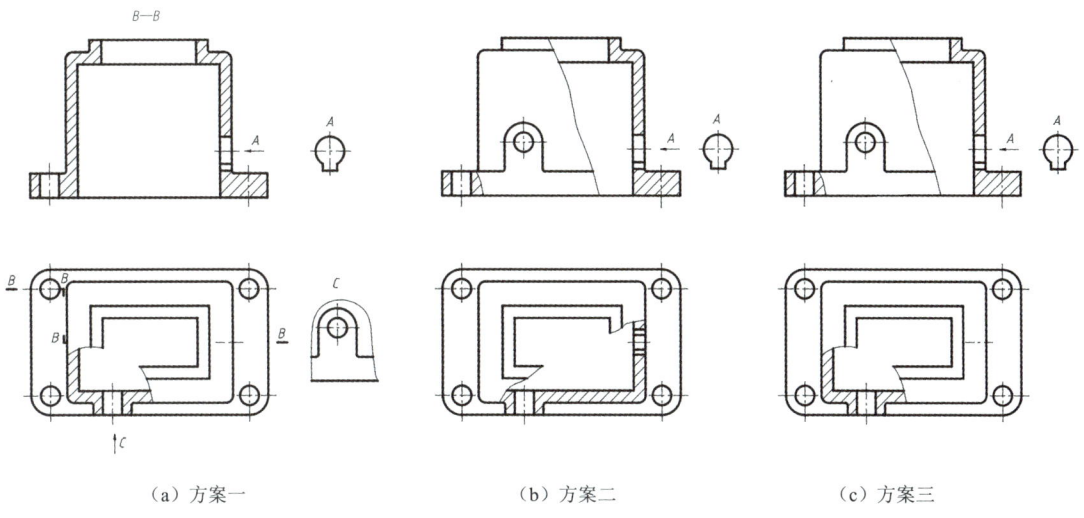

(a) 方案一   (b) 方案二   (c) 方案三

图 4-39　箱体表达方案比较

1. 主视图的方案比较

方案二和方案三的主视图相同，采用了局部剖的方案，同时表达了箱体上带孔的 U 形凸台外形、箱体内腔、顶部凸台及右侧壁上的孔结构，能够突出反映箱体的内外结构特征。方案一采用了全剖视图，相对于方案二和方案三，不仅没能表达更多的内部结构反而无法同时表达外形，导致带孔的 U 形凸台需要外加一个 C 向局部视图进行表达。显然，主视图采用局部剖方案更加合理。

2. 其他视图的方案比较

三个方案的俯视图均采用了局部剖，所表达的外形内容相同，主要为箱体下部底板形状及其上四个小孔的位置、箱体的主体及顶部凸台形状。对于内部结构的表达，方案一和方案三相同，同时表达了 U 形凸台上孔的深度（通孔）及箱体内部空腔的形状（方形），而方案二同时对右侧的孔再次进行了剖切，造成了重复表达（主视图已表达）。因此，方案一和方案三的俯视图表达更加合理。需要说明的是，箱体右侧孔的前后位置在方案一和方案三中是用孔的中心线来表达的。

箱体右侧孔的外形在三个方案中均采用了 A 向局部视图进行表达。

综合上述对比分析，显然方案三为最佳方案。

三、座体表达方案比较

座体的结构如图 4-40 所示，其内外结构较为复杂，孔较多且分布在多个投影方向上；外形结构主要包括上部方形板、底部圆形板和左侧菱形板，以及前部 U 形凸台的形状及其上孔的分布，另外还有肋板结构。这些都是确定方案时要表达的重点。

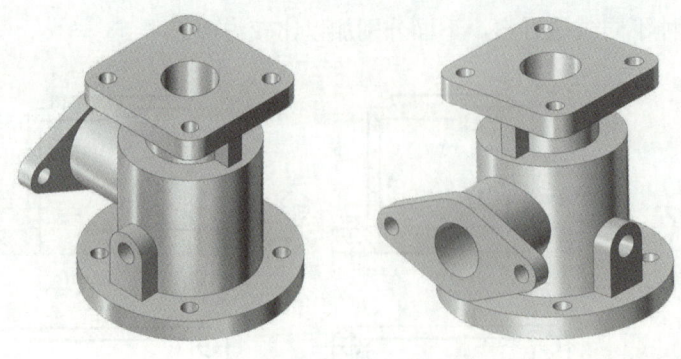

图 4-40 座体的结构

图 4-41 所示为座体的两种表达方案,下面分别加以比较说明。

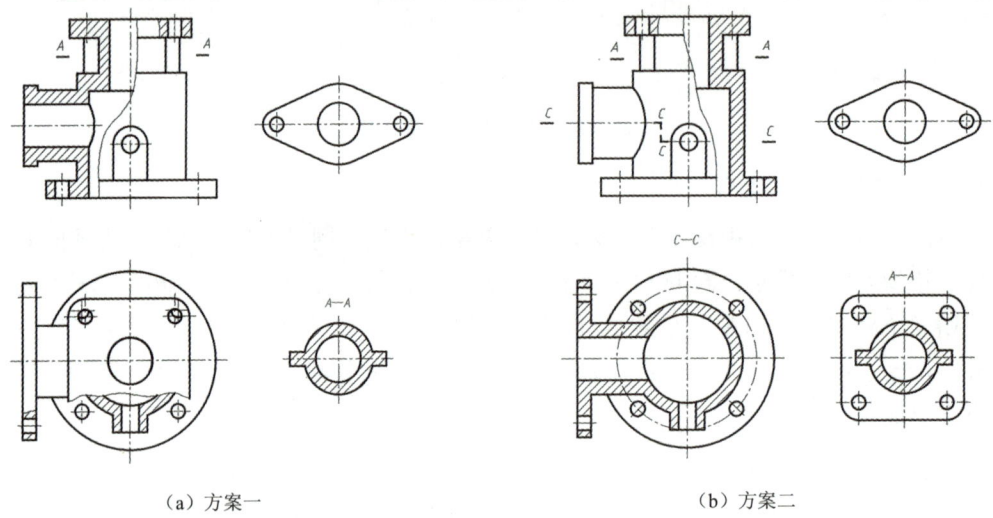

(a) 方案一   (b) 方案二

图 4-41 座体表达方案比较

1. 主视图的方案比较

该零件在主视图方向既有外形(主要是 U 形凸台)需要表达,又有较多的内部结构(各种孔)需要表达。两个方案的主视图均采用了两处局部剖,只是剖切范围大小不同,都保留了 U 形凸台的外形。两个方案的表达都是合理的。

2. 其他视图的方案比较

方案一俯视图采用了局部剖视图,除了表达两个孔的贯通情况,重点表达底部圆形板和顶部方形板的形状及孔的分布。显然,由于上述需要表达的内外结构在俯视图投影方向存在遮挡或重叠关系,导致无法同时清晰表达上下两块板结构的外形和孔的分布,也不便于读图,所以肋板的外形用 $A—A$ 断面图单独进行了表达。

方案二俯视图采用阶梯的全剖表达方案,既表达了主视图中未剖到的孔,又清晰表达了圆形底板的形状及孔的分布。顶部方形板及筋板的外形运用 $A—A$ 全剖视图进行了集中表达。

两个方案对座体左侧梭形板的外形表达方法相同,均采用了局部视图。

综合上述对比分析,方案二更加合理。

第六节　MBD 中的图样表达与尺寸标注

一、MBD 概述

基于模型定义（Model Based Definition，MBD）的工程数字化图样，用三维模型+产品制造信息（Product Manufacturing Information，PMI）贯穿设计、仿真、工艺、制造、检验等环节，它是制造业数字化和智能化转型的重要支撑。在 MBD 文件中，大多数 PMI 是依附三维模型和二维图样而存在的，因此其中的模型与视图表达是 MBD 文件的基础和逻辑主线。图 4-42 所示为叶片泵泵盖（本结构为第七章装配体中的一个零件）的 MBD 三维模型及 3D PDF 图样。本节主要介绍 MBD 图样的常用表达方法、规定及其尺寸标注。

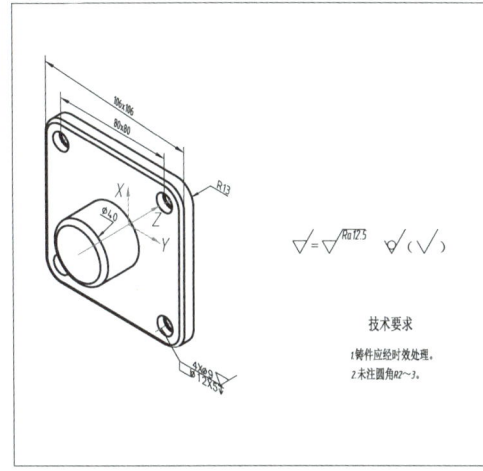

（a）MBD 三维模型

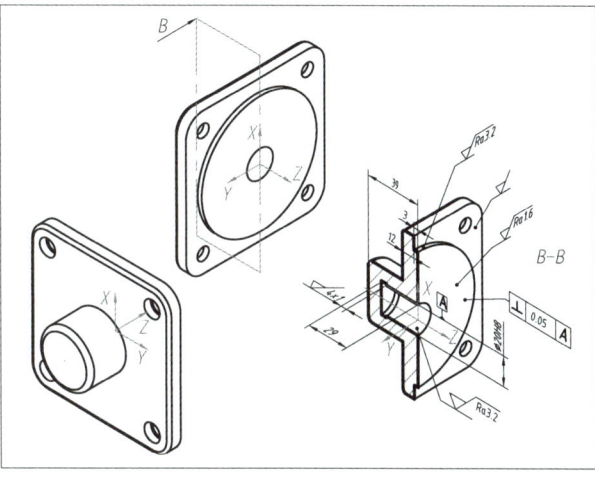

（b）3D PDF 图样

图 4-42　泵盖的 MBD 三维模型及 3D PDF 图样

二、MBD 的图样表达

在 MBD 图样中对于零件构型的表达比较自由，用户可以根据需要选择不同视角的三维模型和二维图样表达方案作为保存视图（Saved View）进行内外形的表达。其中二维图样表达方案在之前章节中已经讨论过，基于三维模型的内外形表达需要参考 GB/T 24734 系列标准和 ASME Y14.41-2019 和 ISO 16792：2021，主要遵循以下原则。

MBD 图样的发展历程

1997 年，美国机械工程师协会在波音公司的协助下进行了三维标注技术及其标准化的研究，并于 2003 年形成了美国国家标准 ASME Y14.41-2003《数字化产品定义数据实施规程》。2006 年，ISO 借鉴 ASME Y14.41-2003 制定了 ISO 标准草案 ISO 16792：2006《技术产品文件 数字产品定义数据通则》，为欧洲及亚洲等地区的用户提供了支持。2009

年，我国的"全国技术产品文件标准化技术委员会"以 ISO 16792：2006 标准为蓝本，制定了 GB/T 24734 系列标准。经过多年迭代，目前最新的 MBD 工程标准是 ASME Y14.41-2019 和 ISO 16792：2021。

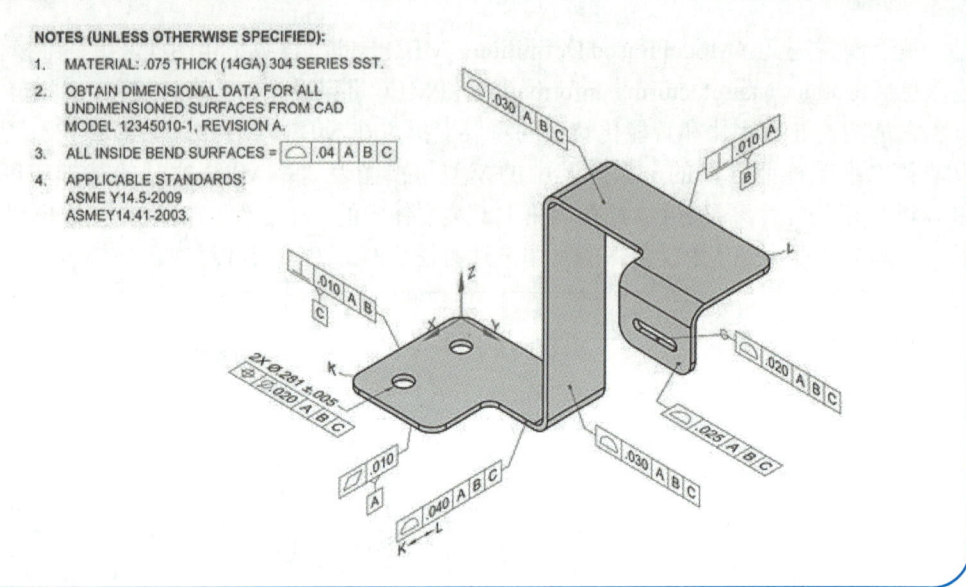

1. MBD 外形表达——设计模型

在 MBD 图样中，一般需要一个以外形表达为主的三维模型作为其他视图表达的主要参考模型，通常称之为设计模型，设计模型应按照 1：1 的比例建模。

设计模型的保存视图应有利于模型及其标注的表达。保存视图应带有标识符，并且应包含所需的、用于指明相对于模型的视图方向坐标系，也可包含标注面、标注选择集和几何选择集中的一项或多项内容，如图 4-43 所示。

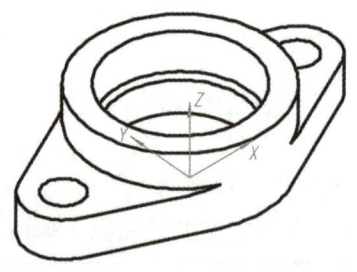

图 4-43　设计模型

2. MBD 内形表达

三维模型的保存视图同样也可以采用剖视图或断面图等表达方法，辅以尺寸等标注信息来表达模型内部的特征。所有的剖视图应与设计模型比例相同，此外在三维模型的内形表达过程中还应注意以下几点。

（1）需要在模型中用剖切平面指示剖切的位置和方向（一般在设计模型上标注），剖切的

第四章 机件的表达方法

边界采用细线或点画线画出，用箭头标明查看剖切的方向，并用大写字母标识剖切平面的名称，如图 4-44 所示。

（2）断面可以采用去除材料的剖切视图表示，如图 4-44 所示，或者采用重叠于模型的断面轮廓线表示，如图 4-45 所示。局部的断面形状在图形中的显示方法与此相同。

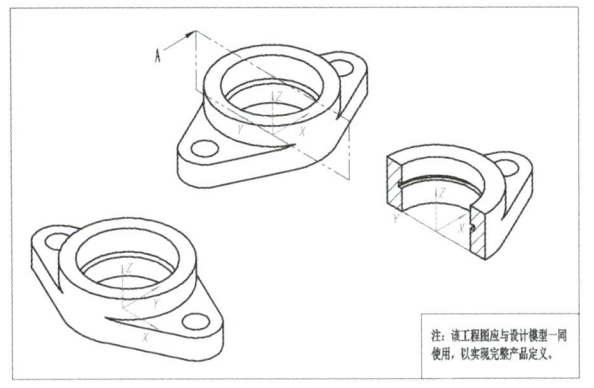

图 4-44 剖切的位置和方向

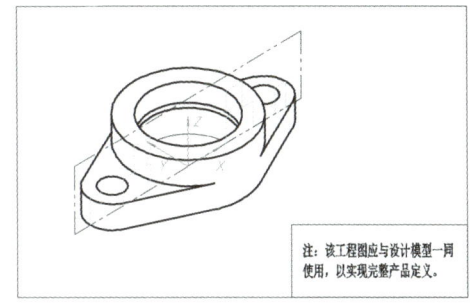

图 4-45 断面轮廓的显示

（3）允许使用几个相互平行的剖切平面进行剖切，如图 4-46 所示。

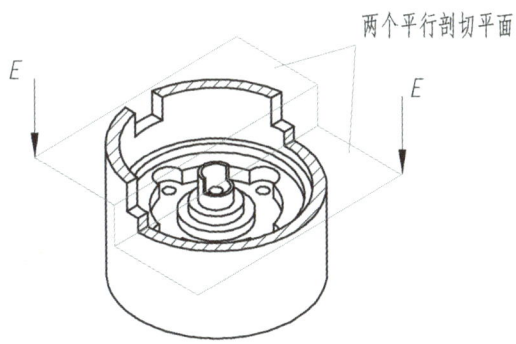

图 4-46 使用几个相互平行的剖切平面进行剖切

（4）当在设计模型上表达剖视图时，应保持原剖切平面的位置，不允许对剖切平面进行移出、旋转、展开操作。

（5）在设计模型上不应使用特征的透视、对齐和旋转来表达剖视图。

（6）剖视图应从设计模型派生而来，当设计模型变化时，剖视图应该有相应更新。

三、MBD 的尺寸标注

MBD 数据集应该包含完整的产品定义，除了设计模型，还应该包含标注和相关文档，本部分主要介绍 MBD 的尺寸标注的相关要求。

1. 基本要求

MBD 中带标注的模型和工程图应该满足以下要求。

（1）从模型中应可获得所有的模型值和尺寸，尺寸需要标注在标注面上。（标注面：标注所在的概念性平面，注意标注面宜与模型特征相交或重合，该平面是"概念性"的，并非模型上的真实几何。）

（2）在垂直于标注面查看模型时，标注面上的标注不应相互重叠，标注面中的标注文本不应遮挡设计模型。

（3）在模型中，所有的标注应该在一个或多个标注面上，选用能实现始终保持标注面与模型定向关系的 CAD 软件，当模型旋转时，相关标注应随之旋转。为了确保标注的可读性，应做到以下几点。

① 模型旋转后，标注面的阅读方向也能相应更新。

② 模型的每个标注面上应确定正确的阅读方向。

③ 保存视图时，应能确保模型朝向符合设定的视图方向。

（4）关联组。

以深度标注为例，如图 4-47 所示，当特征深度由厚度公差驱动时，深度尺寸公差和厚度尺寸公差应在一个关联组内。

（5）可在不剖切的情况下标注内部要素的尺寸和公差，如图 4-47 所示。

理论正确尺寸的放置与标注如图 4-48 所示。

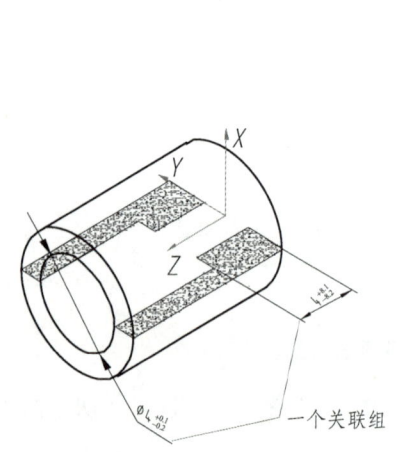

图 4-47　内部特征尺寸和公差的注法（关联组）

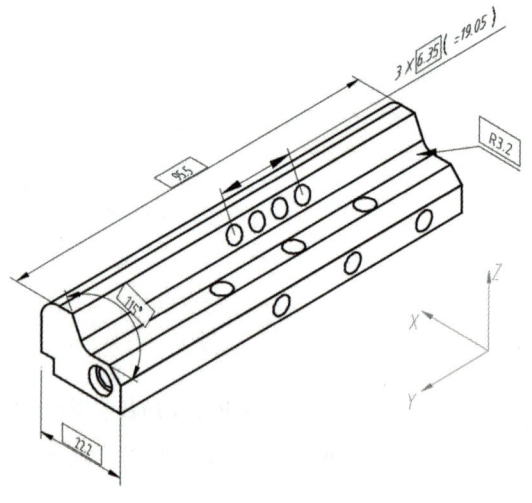

图 4-48　理论正确尺寸的放置与标注

2. MBD 尺寸标注示例

（1）如图 4-48 所示，尺寸标注应位于与坐标系某一平面平行的标注面中，图中 3×6.35（≈19.05）尺寸是例外的情况；标注曲面曲率的尺寸（如倒角等）时，用指引线直接指向要素表面；表示线性距离或角度关系的理论正确尺寸应采用尺寸线及其延长线表示。

（2）如图 4-49 所示，球面、圆柱面和两反向平行平面尺寸数值的布置和标注方法如下。

① 球面：尺寸和指引线应置于包含球心点的标注面内。

② 圆柱面：尺寸和指引线应置于垂直特征轴或包含特征轴的标注面内。

③ 两反向平行平面：尺寸和指引线应置于垂直（或包含）于模型中心面的标注面内，且应明确标注出两平面的间距。

第四章 机件的表达方法

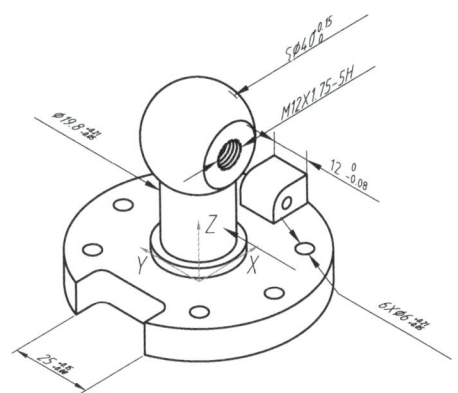

图 4-49 线性尺寸布置与依附

本章知识图谱

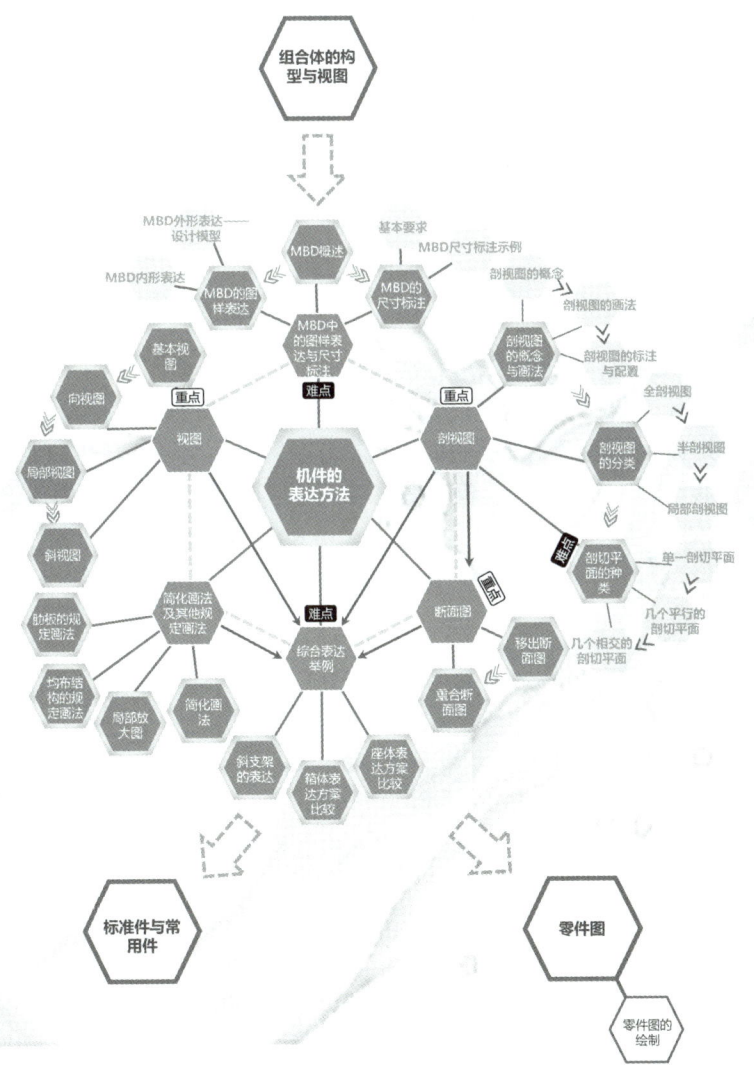

第五章 标准件与常用件

在各种机器设备上，一般会使用螺纹紧固件、键、销、滚动轴承等。这些零件应用广泛，需求量大，国家标准对其结构型号、尺寸精度、表达方法等进行了标准化规定，称其为标准件。此外，还有一些零件如齿轮、弹簧等应用也很广泛，国家标准对其部分结构、参数也进行了标准化，称其为常用件。本章将介绍标准件与常用件的有关基本知识、规定画法和标记。

第一节 螺纹及其规定画法和标注

螺纹有外螺纹和内螺纹两种，一般成对使用，螺纹在机器设备中通常起连接作用或传动作用。

一、螺纹的形成及要素

1. 螺纹的形成

对于尺寸较大的螺纹，可用车床进行加工，图 5-1 所示为车削内、外螺纹的情况，工件安装在卡盘上进行周向回转运动，刀具切入工件一定深度并沿轴向等速移动即能加工出螺纹。对于尺寸较小的内螺纹，可以先用钻头钻孔再用丝锥攻丝的方法加工，常用钻头的顶角通常为 118°，因此盲孔底端锥顶角应画成 120°，如图 5-2 所示。

扫码观看知识点视频：螺纹的概述

扫码看三维模型

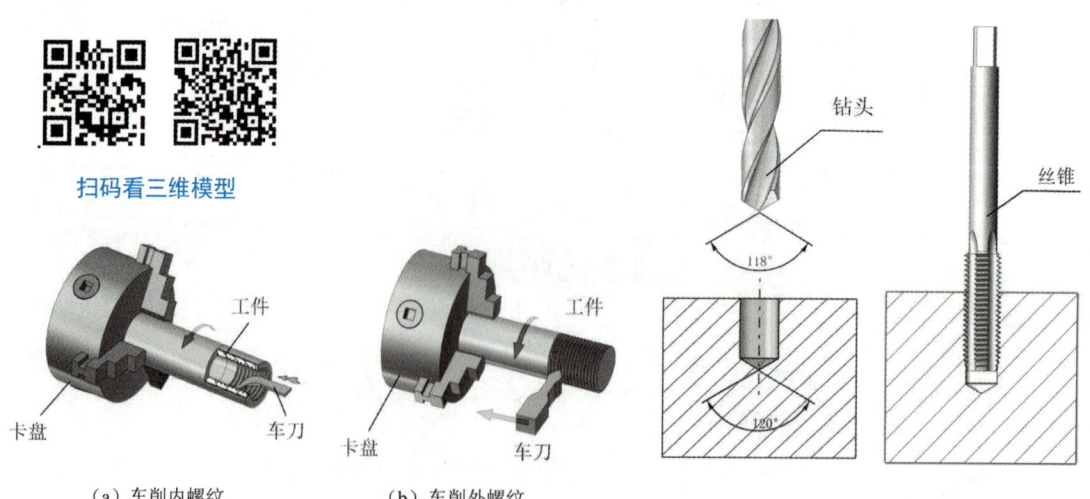

（a）车削内螺纹　　（b）车削外螺纹

图 5-1 车削内、外螺纹的情况　　图 5-2 尺寸较小的内螺纹的加工方法

2. 螺纹的要素

螺纹通常由牙型、直径、线数、螺距与导程、旋向这几个要素确定。国家标准中规定了一些标准的牙型、公称直径和螺距，凡是这些要素都符合国家标准的称为标准螺纹；牙型符合标准，但公称直径和螺距不符合标准的称为特殊螺纹；牙型、公称直径和螺距都不符合标准的称为非标准螺纹。

1) 牙型

在通过螺纹轴线的剖面上，螺纹的轮廓形状称为螺纹牙型。常用的牙型有三角形、梯形、锯齿形和方形等，不同的螺纹牙型有不同的用途，并由不同的代号表示，如图 5-3 所示。

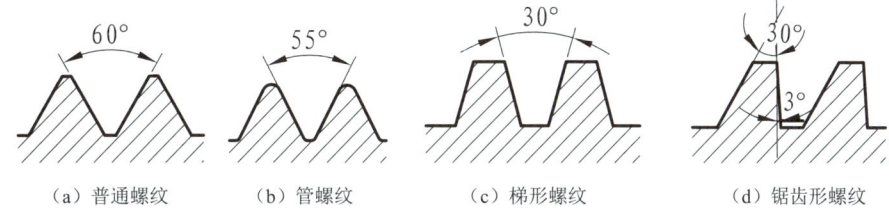

（a）普通螺纹　　（b）管螺纹　　（c）梯形螺纹　　（d）锯齿形螺纹

图 5-3　常见的螺纹牙型

（1）普通螺纹。

普通螺纹通常为连接螺纹，螺纹特征代号为 M，其牙型为三角形，牙型角为 60°。普通螺纹又分为粗牙和细牙两种，其代号相同，当螺纹的大径相同时，细牙螺纹的螺距和牙型高度比粗牙螺纹小，因此细牙螺纹适用于薄壁零件的连接。

（2）管螺纹。

管螺纹主要用于管路连接，牙型为三角形，牙型角为 55°。管螺纹主要有非密封和密封两类。一类是非密封管螺纹，螺纹特征代号为 G，其内、外螺纹均为圆柱螺纹，常用于电线管等不需要密封的管路系统中的连接。另一类是密封管螺纹，这类螺纹分为三种，即圆锥内螺纹（锥度为 1∶16），特征代号为 R_c；圆柱内螺纹，特征代号为 R_p；圆锥外螺纹，特征代号为 R_1 或 R_2，R_1 表示与圆柱内螺纹相旋合的圆锥外螺纹；R_2 表示与圆锥内螺纹相旋合的圆锥外螺纹。密封管螺纹的内、外螺纹旋合后有密封能力，常用于日常生活中用的水管、煤气管、润滑油管等。

（3）梯形螺纹和锯齿形螺纹。

梯形螺纹和锯齿形螺纹为常用的传动螺纹。其中，梯形螺纹的特征代号为 Tr，其牙型为等腰梯形，牙型角为 30°，常用于机床的丝杠，双向传递运动；锯齿形螺纹的特征代号为 B，牙型为不等腰梯形，一侧边牙型角为 30°，另一侧边牙型角为 3°，可以单向传递动力。

2) 直径

螺纹的直径有大径（d 或 D）、小径（d_1 或 D_1）、中径（d_2 或 D_2）之分，如图 5-4 所示，普通螺纹和梯形螺纹的大径又称公称直径。螺纹的顶径是与外螺纹或内螺纹牙顶相切的假想圆柱或圆锥的直径，即外螺纹的大径或内螺纹的小径；螺纹的底径是与外螺纹或内螺纹牙底相切的假想圆柱或圆锥的直径，即外螺纹的小径或内螺纹的大径。

3) 线数

线数是在工件上形成螺纹时的螺旋线条数（见图 5-5），线数用 n 表示，沿一条螺旋线形成的螺纹称为单线螺纹；沿两条以上螺旋线形成的螺纹称为多线螺纹。连接螺纹大多为单线螺纹。

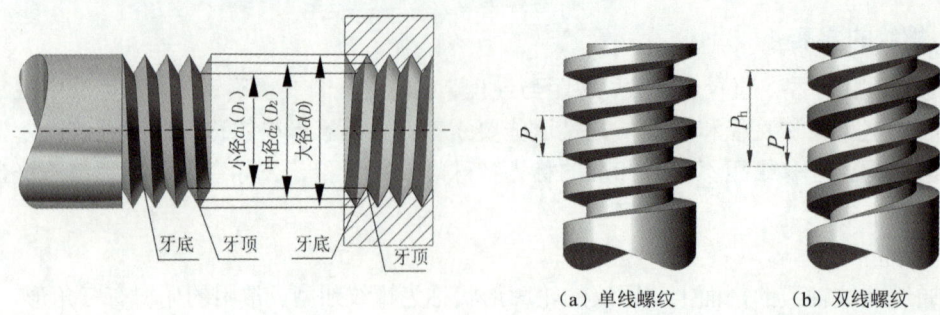

图 5-4 螺纹的直径　　　图 5-5 螺纹线数、螺距与导程

4）螺距与导程

螺纹相邻两牙在中径线上对应两点间的轴向距离称为螺距，用 P 表示。沿同一条螺旋线转一周，轴向移动的距离称为导程，用 P_h 表示，如图 5-5 所示。单线螺纹的螺距等于导程，多线螺纹的导程等于螺距乘线数，即 $P_h = n \times P$。

5）旋向

螺纹有右旋和左旋之分，如图 5-6 所示。逆时针旋转时旋入的螺纹称为左旋螺纹；顺时针旋转时旋入的螺纹称为右旋螺纹，工程上常用右旋螺纹。简单判断螺纹旋向的方法是：将带有螺纹的工件竖直放置观察，左边高为左旋，右边高为右旋。

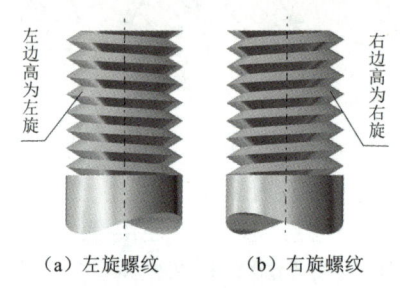

图 5-6 螺纹的旋向

二、螺纹的规定画法（GB/T 4459.1—1995）

在实际生产中，为了便于绘图，国家标准对螺纹和螺纹紧固件的画法都给出了明确规定。

1. 外螺纹

外螺纹的规定画法如图 5-7 所示。

扫码看知识点视频：
螺纹的规定画法

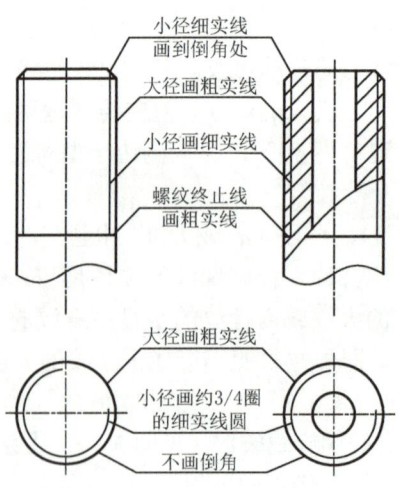

图 5-7 外螺纹的规定画法

(1) 在投影为非圆的视图中，螺纹大径采用粗实线，小径采用细实线并画到倒角处，终止线采用粗实线。

(2) 在投影为圆的视图中，大径为粗实线圆，小径为约 3/4 圈的细实线圆，倒角省略。

外螺纹小径的直径数值一般取大径直径数值的 0.85 倍。在投影为非圆的剖视图中，外螺纹的终止线仅画出大径和小径之间的一段粗实线，剖面线画到粗实线（大径）为止。

2．内螺纹

内螺纹的规定画法如图 5-8 所示。

(1) 在投影为非圆的视图中，若未采用剖视画法，大径、小径和螺纹终止线等均画细虚线。

(2) 在采用剖视画法时，在投影为非圆的视图中，内螺纹的小径、终止线用粗实线画，大径用细实线画，剖面线画到粗实线（大径）为止。

(3) 在投影为圆的视图中，内螺纹的小径绘制成粗实线圆，大径绘制成约 3/4 圈的细实线圆，倒角省略。

内螺纹的钻孔深度一般比螺纹深度要长约 $0.5d$，$120°$ 的锥角也要画出，但一般不需要标注。

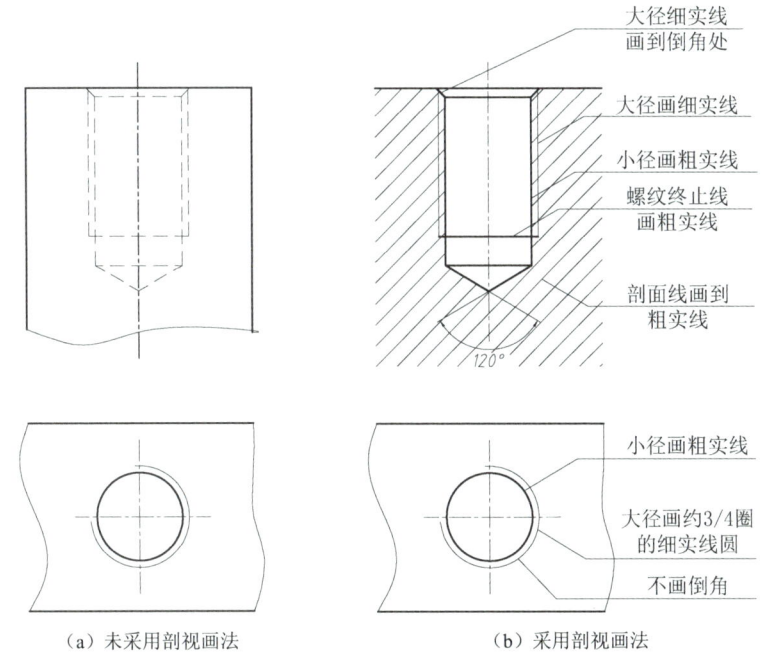

（a）未采用剖视画法　　　　（b）采用剖视画法

图 5-8　内螺纹的规定画法

3．内、外螺纹连接画法

内、外螺纹连接的规定画法如图 5-9 所示，由于内、外螺纹连接时，它们彼此的 n 个要素（牙型、直径、线数、螺距与导程、旋向）必须分别相同，因此在连接的画法中，内、外螺纹的大径或小径的粗、细实线必须对齐。具体要求如下。

(1) 在投影为非圆的视图中，若未采用剖视画法，则内、外螺纹的旋合部分，内螺纹的大、小径及钻孔均画成细虚线。

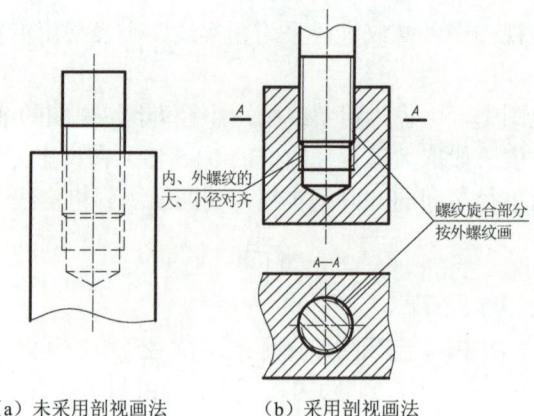

(a) 未采用剖视画法　　　(b) 采用剖视画法

图 5-9　内、外螺纹连接的规定画法

（2）在采用剖视画法时，螺纹旋合部分按外螺纹画，未旋合部分仍按各自的规定画法画。

三、螺纹的标注

同种类的螺纹及其连接的画法一致，但考虑到螺纹的用途各不相同，如普通螺纹主要用于连接零件；梯形螺纹用于传递动力；管螺纹用于管件的连接和密封等，因此为了便于区分不同种类和规格的螺纹，还必须在螺纹图样上进行标注。螺纹特征代号与标注如表 5-1 所示。

扫码看知识点视频：
螺纹的标注

1. 普通螺纹

普通螺纹的标注形式和尺寸标注形式类似，从大径引出尺寸界线，在尺寸线上标注的内容及顺序如下。

| 螺纹特征代号 | 公称直径 × 螺距 | P_h 导程 P 螺距 | 公差带代号 | 旋合长度代号 | 旋向代号 |

2. 梯形螺纹

梯形螺纹的标注形式也和尺寸标注形式类似，从大径引出尺寸界线，在尺寸线上标注的内容及顺序如下。

| 螺纹特征代号 | 公称直径 × 螺距／导程（P 螺距） | 旋向代号 | 公差带代号 | 旋合长度代号 |

表 5-1　螺纹特征代号与标注

螺纹类型		外形图	螺纹代号	螺纹标注	标注示例	备注
连接螺纹	粗牙普通螺纹	60°	M	M12-6h-S 短旋合长度代号／外螺纹中径和顶径（大径）公差带代号／公称直径（大径）／螺纹特征代号		用于零件之间的紧固连接。粗牙普通螺纹不标注螺距。细牙普通螺纹标注螺距
	细牙普通螺纹			M20×2-6H-LH 左旋／内螺纹中径和顶径（小径）公差带代号／螺距／公称直径／螺纹特征代号		

续表

螺纹类型		外形图	螺纹代号	螺纹标注	标注示例	备注
管螺纹	非密封管螺纹	55°	G	G1A —外螺纹公差等级代号 —尺寸代号 —螺纹特征代号	G1 G1A	用于不需要密封的管路
	螺纹密封管螺纹	1:16 55°	R_c R_p R_1 R_2	R1 1/2 —尺寸代号 —螺纹特征代号	R_c1/2 R_c1/2	圆锥内螺纹代号 R_c。圆柱内螺纹代号 R_p。圆锥外螺纹代号 R_1 或 R_2
	60°圆锥密封管螺纹	1:16 60°	NPT	NPT3/4 —尺寸代号 —螺纹特征代号	NPT 3/4	用于高、中压的液压或气压管路中
传动螺纹	梯形螺纹	30°	Tr	Tr22×10(P5)/-7e-L —长旋合长度代号 —外螺纹中径公差带代号 —螺距 —导程 —公称直径（大径） —螺纹特征代号	Tr22×10(P5)/-7e-L	用于传动，螺距或导程需标注

3. 管螺纹

管螺纹的标记必须采用从大径轮廓线上引出的标注方法（旁注法），其标注内容及顺序如下。

螺纹特征代号　尺寸代号　旋向代号—公差等级代号

螺纹标注中的各项内容如下。

1）公称直径或尺寸代号

普通螺纹、梯形螺纹和锯齿形螺纹的公称直径均为其大径，管螺纹的尺寸代号都不是螺纹的大径，而近似等于管的孔径。

2）螺距

普通粗牙螺纹和管螺纹不标注螺距。普通细牙螺纹、单线梯形螺纹必须标注螺距，多线普通螺纹应标注"P_h 导程 P 螺距"，多线梯形螺纹应标注"导程（P 螺距）"。

3）旋向

右旋螺纹不标旋向，左旋螺纹需标注代号"LH"。对于左旋的 55° 非密封管螺纹的外螺纹，应在公差等级代号后加注"LH"，其余的左旋管螺纹均应在尺寸代号后加注"LH"。

4）公差带代号

螺纹的公差带代号指中径和顶径公差带代号，由公差等级和基本偏差组成，大、小写字母分别表示内、外螺纹的公差带代号。标注时中径的公差带代号在前，顶径的公差带代号在后，如外螺纹的公差带代号为5g6g；当中径和顶径的公差带代号相同时，只需标注一个公差带代号，如内螺纹的公差带代号为5H，而同为中等精度的螺纹不标注公差带代号6g及6H。

5）旋合长度

旋合长度是指两个相互旋合的螺纹在轴线方向上旋合部分的长度。普通螺纹的旋合长度分短、中、长三个等级，分别用S、N、L表示，梯形螺纹和锯齿形螺纹只有中等和长旋合长度，一般情况下均采用中等旋合长度，中等旋合长度代号N不必标注。

第二节　螺纹紧固件及其画法

常用的螺纹紧固件有螺栓、螺柱、螺母、螺钉和垫圈等，如图5-10所示，其结构型式和尺寸均已标准化，可按要求根据有关标准选用。

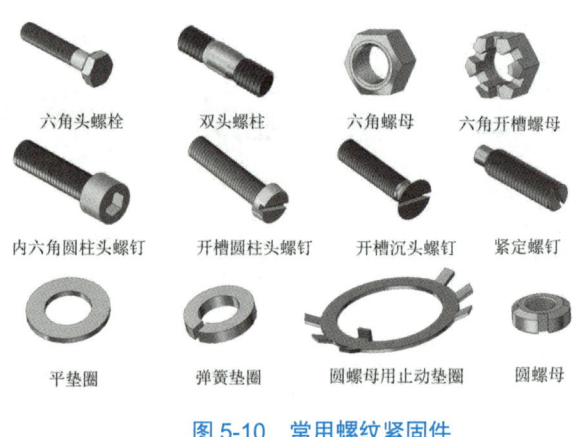

图5-10　常用螺纹紧固件

扫码看三维模型：六角头螺栓、双头螺柱、六角螺母、六角开槽螺母、内六角圆头螺钉、开槽圆头螺钉、开槽沉头螺钉、紧定螺钉、平垫圈、弹簧垫圈、圆螺母止动垫圈、圆螺母

一、螺纹紧固件的标记与画法
（GB/T 5782—2016、GB/T 6170—2015、GB/T 97.1—2002、GB/T 97.2—2002）

1. 螺纹紧固件的标记

螺纹紧固件均有规定标记，其完整标记由名称、标准编号、形式与尺寸、性能等级或材料等级、表面处理组成。一般主要标记前三项。表5-2中列出了常用螺纹紧固件的图例及标记。

扫码看知识点视频：螺纹紧固件的标记与画法

表5-2　常用螺纹紧固件的图例及标记

名称及标准编号	图例	标注
六角头螺栓 GB/T 5782—2016 GB/T 5783—2016	M12，60	螺栓 GB/T 5782 M12×60 A级六角头螺栓 螺纹规格 d=M12 公称长度 l=60mm

第五章 标准件与常用件

续表

名称及标准编号	图例	标注
双头螺柱 GB 897—1988 GB 898—1988 GB 899—1988 GB 900—1988		螺柱 GB/T 898 M12×50 B 型双头螺柱 两端均为粗牙普通螺纹 螺纹规格 d=M12 公称长度 l=50mm
沉头螺钉 GB/T 68—2016		螺钉 GB/T 68 M10×60 开槽沉头螺钉 螺纹规格 d=M10 公称长度 l=60mm
六角螺母 GB/T 6170—2015		螺母 GB/T 6170 M12 A 级 1 型六角螺母 螺纹规格 D=M12
平垫圈 GB/T 97.1—2002 GB/T 97.2—2002		垫圈 GB 97.1 12-140HV A 级平垫圈 公称尺寸（螺纹规格）d=12mm 性能等级为 140HV 级
弹簧垫圈 GB 93—1987		垫圈 GB/T 93 20 标准型弹簧垫圈 规格（螺纹大径）为 20mm

2. 螺纹紧固件的画法

在零件图上的螺纹紧固件通常采用比例画法，即按与螺纹大径成一定比例来确定其他各部分的尺寸，如表 5-3 所示。

表 5-3 螺栓、螺母、垫圈的比例画法

名称	比例画法	比例尺寸
六角头螺栓		D 为螺纹大径 l 由结构确定 $b=2d(l≤2d$ 时 $b=e)$ $e=zd$ $k=0.7d$ $c=0.15d$ $d=0.85d$

续表

名称	比例画法	比例尺寸
六角螺母		$e=2d$ $m=0.8d$
平垫圈		$d_2=2.2d$ $h=0.15d$ $d_1=1.1d$

二、螺纹紧固件的连接画法

螺纹紧固件连接的基本形式有螺栓连接、双头螺柱连接、螺钉连接，如图 5-11 所示。画连接图时，相邻两被连接件的接触面只画一条粗实线，未接触面必须画两条粗实线；相邻两金属被连接件的剖面线方向应相反，或者方向相同而间距不等；在剖视图中，当剖切平面通过标准件的轴线时，这些零件均按不剖绘制。

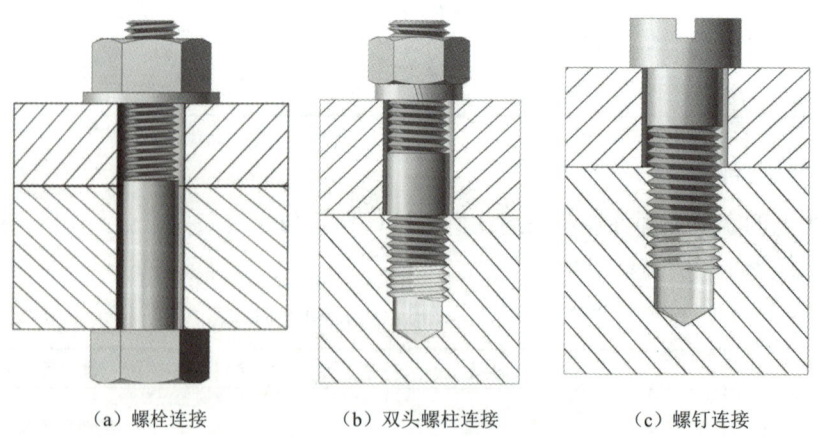

（a）螺栓连接　　　（b）双头螺柱连接　　　（c）螺钉连接

图 5-11　螺纹紧固件的连接

1. 螺栓连接（GB/T 5782—2016、GB/T 5783—2016）

螺栓连接中一般包含螺栓、螺母、垫圈等，其用于被连接件都不太厚，能加工成光孔（光孔直径比螺栓大径略大），并且要求连接力较大的场合。连接时先将螺栓穿入两被连接件的孔内，然后套上垫圈，拧紧螺母，即可将两被连接件连接起来。

扫码看知识点视频
螺栓连接

第五章　标准件与常用件

绘制螺栓的连接图时一般采用比例画法，除被连接件厚度 δ_1、δ_2 及螺栓直径 d 外，其他所有尺寸都可取与大径 d 成一定的比例关系来画，其画法和近似比例如图 5-12 所示。

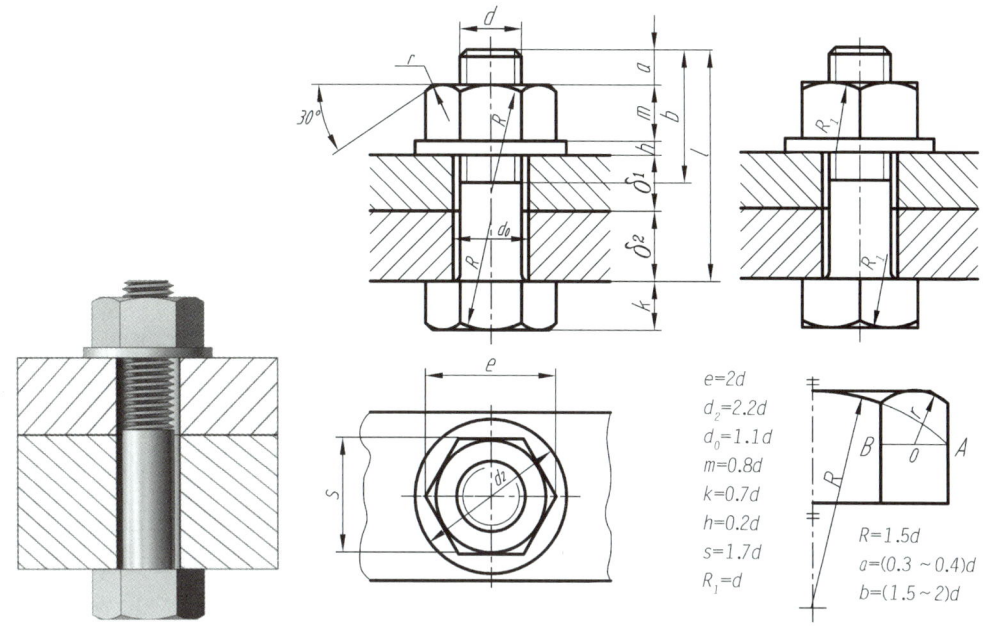

图 5-12　螺栓连接的画法

螺栓的公称长度 L 应根据被连接两被连接件的厚度 δ_1、δ_2，以及查出的螺母厚度 m、垫圈厚度 h 等值来确定，$L=\delta_1+\delta_2+h+m+a$（一般取 $a=0.3d$），计算得出 L 值后，再查表选取接近的 L 值。螺栓连接图中画法的注意事项如图 5-13 所示。

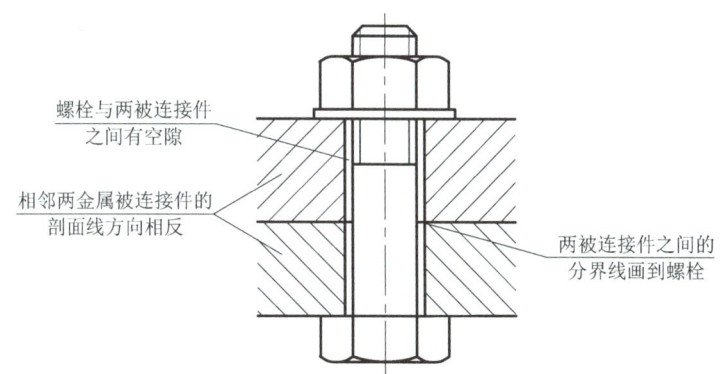

图 5-13　螺栓连接图中画法的注意事项

2．双头螺柱连接（GB 897—1988、GB 898—1988、GB 899—1988、GB 900—1988）

双头螺柱连接中一般包含双头螺柱、螺母、垫圈等，如图 5-14 所示，其一般用于被连接件之一较厚，或由于结构上的限制不宜用螺栓连接的情况，通常在较厚的被连接件上加工内螺纹孔，在另一较薄的被连接件上加工光孔。连接时，先将双头螺柱的旋入端完全旋入被连接件中，另一端穿过另一被连接件的光孔，然后套上垫圈拧紧螺母，即可将两被连接件连接起来。

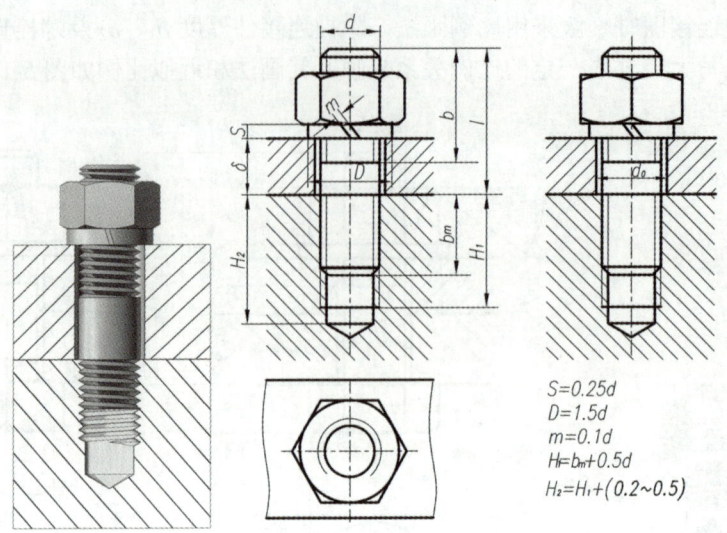

图 5-14 双头螺柱连接的画法

绘制双头螺柱的连接图时，一般采用比例画法，其画法与螺栓连接的画法基本相同，除被连接件的厚度 δ、螺柱旋入端长度 b_m 及螺柱公称直径 d 外，其他所有尺寸都取与大径 d 的比例关系来画，如图 5-14 所示。画双头螺柱连接图时，注意旋入端的螺纹终止线必须与两被连接件的接触面平齐。

紧固端的有效长度 L 可按 $L=\delta+S+m+0.3d$ 计算（其中 δ 为钻充孔被连接件的厚度，m 为螺母厚度，S 为垫圈厚度）。计算得出 L 值后，再查表选取接近的 L 值，即螺柱的公称长度。双头螺柱的旋入端长度 b_m，是由带螺孔的被连接件的材料所决定的，根据国标规定有四种长度，如表 5-4 所示。

表 5-4 双头螺柱旋入端长度参考值

被旋入零件的材料	旋入端长度 b_m	国标
钢、青铜	$b_m=d$	GB 897—1988
铸铁	$b_m=1.25d$ 或 $b_m=1.5d$	GB 898—1988 GB 899—1988
铝	$b_m=2d$	GB 900—1988

3. 螺钉连接（GB/T 65—2016、GB/T 67—2016、GB/T 68—2016）

常用的螺钉有内六角螺钉、开槽圆柱头螺钉、开槽沉头螺钉、一字槽盘头螺钉及紧定螺钉等，其结构尺寸应查表获得并按需选用。

螺钉连接适用于连接受力不大并且不经常拆装的零件，螺钉连接中圆柱头和沉头螺钉连接的画法如图 5-15 所示，其中一被连接件上加工内螺纹孔，另一被连接件上加工光孔，连接时将螺钉穿过光孔旋入被连接件的螺孔中，即可将两被连接件连接起来。

扫码看知识点视频：
双头螺柱连接和螺钉连接

为了方便作图，螺纹紧固件连接也可以按照简化画法进行绘制，主要将螺母及螺栓头主视图中的倒角进行了简化，如图 5-16 所示。

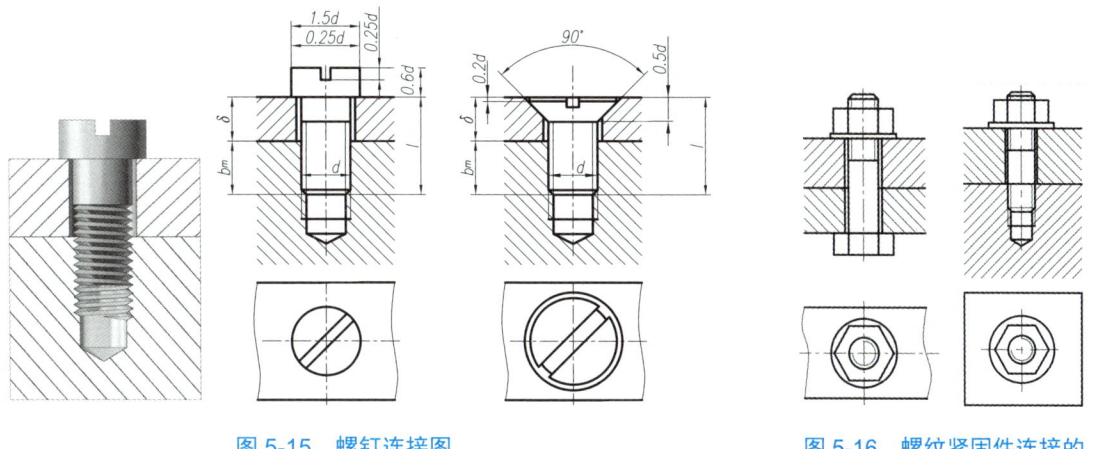

图 5-15 螺钉连接图　　　　　　　　　　　图 5-16 螺纹紧固件连接的简化画法

第三节　键、销及其连接画法

一、键连接及其画法（GB/T 1095—2003、GB/T 1096—2003）

键用于连接轴与轴上传动件（如齿轮、带轮等），使轴与传动件一起转动从而传递扭矩。常用的键有普通平键、半圆键、钩头楔键等，如图 5-17 所示，其中普通平键十分常见，键也是标准件。

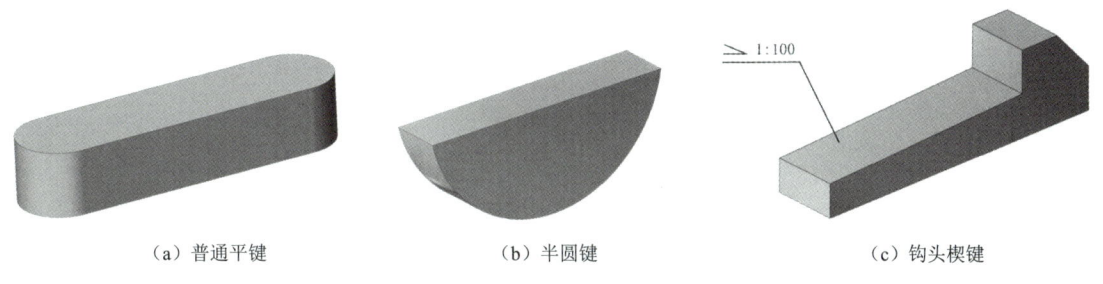

(a) 普通平键　　　　　　(b) 半圆键　　　　　　(c) 钩头楔键

图 5-17 常用键

扫码看三维模型：普通平键、半圆键、钩头楔键

表 5-5 所示为键的标准编号、画法和标记示例。（注意：在装配图中，键上的倒角、倒圆是省略不画的。）

表 5-5　键的标准编号、画法和标记示例

名称	编号	图例	标注
普通平键	GB/T 1095—2003 GB/T 1096—2003		普通平键： GB/T1096 键 18×11×100 b=18mm，h=11mm，L=100mm。 A 型普通平键可不标出 A B 型或 C 型普通平键则必须在规格尺寸前标出 B 或 C
半圆键	GB/T 1099.1—2003		半圆键： GB/T1099 键 6×10×25 b=6mm，h=10mm，d_1=25mm， L=24.5mm
钩头楔键	GB/T 1565—2003		钩头楔键： GB/T1565 键 18×100 b=18mm，h=11mm，L=100mm

普通平键连接画法如图 5-18 所示，图 5-18（c）表示了普通平键连接的装配画法。

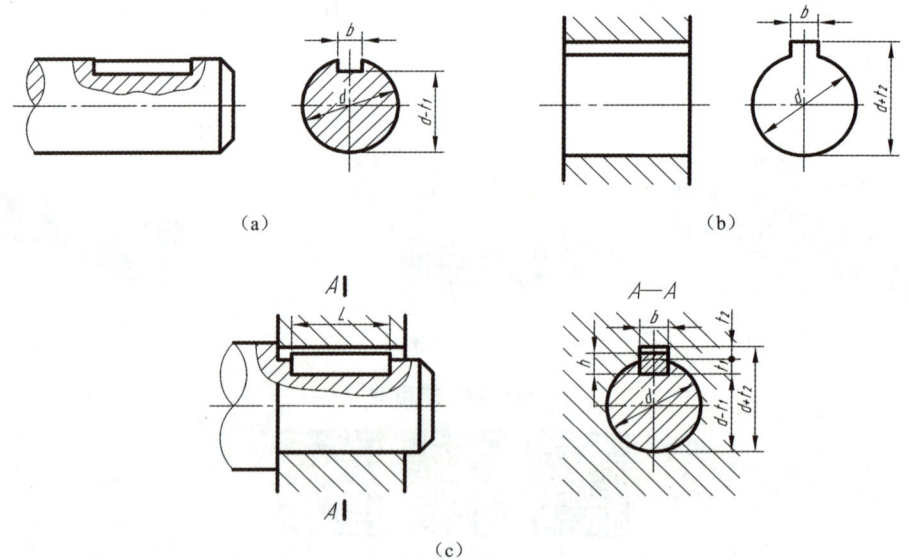

图 5-18　普通平键连接画法

在画键槽及键连接图时应注意：键为标准件，其剖面尺寸由轴的直径 d 查表获得，其长度按轮毂长度在标准长度系列中选用；当剖切平面通过键所在轴的轴线时，键按不剖画；当剖切平面垂直于键所在轴的轴线时，键和轴都要画剖面线。

半圆键及勾头楔键的连接画法如图 5-19 所示。

第五章　标准件与常用件

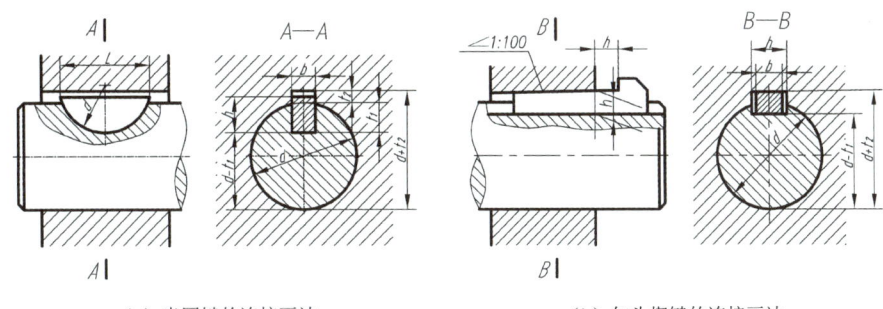

(a) 半圆键的连接画法　　　　　　　(b) 勾头楔键的连接画法

图 5-19　半圆键及勾头楔键的连接画法

钩头楔键的顶面有 1∶100 的斜度，装配后其顶面与底面为接触面，画成一条线，两侧面不接触，画为两条线。

二、销连接及其画法（GB/T 117—2000、GB/T 119.1—2000、GB/T 119.2—2000、GB/T 91—2000）

扫码看知识点视频：
键连接与销连接

常用的销有圆锥销、圆柱销、开口销等，如图 5-20 所示，圆锥销和圆柱销通常用于零件间的连接与定位，开口销通常与槽型螺母配合使用起防松作用。

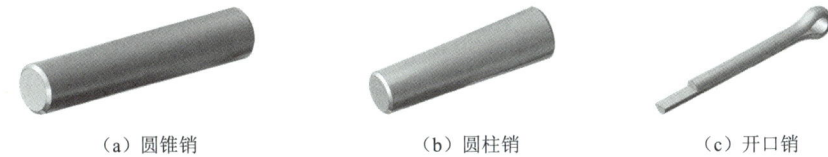

(a) 圆锥销　　　　　　(b) 圆柱销　　　　　　(c) 开口销

图 5-20　常用销

销也是标准件，使用时应按有关标准选用，标准摘录见附录 D。表 5-6 所示为销的标准编号、画法和标记，其他类型的销可参阅有关标准。

表 5-6　销的标准编号、画法和标记

名称	标准编号	图例	标注
圆锥销	GB/T 117—2000	A 型	圆锥销： 销 GB/T 117 10×60 公称直径 $d=10$ mm。 公称长度 $l=60$ mm。 材料 35 钢。 热处理硬度为 HRC28 到 HRC38。 表面氧化处理
圆柱销	GB/T 119.1—2000	直径公差 m6,h8	圆柱销： 销 GB/T 119.1 10m6×30 公称直径 $d=10$ mm。 长度 $l=30$ mm。 材料 35 钢。 不经淬火。 不经表面处理

续表

名称	标准编号	图例	标注
开口销	GB/T 91—2000		开口销： 销 GB/T 91 5×50 公称直径 d=5mm。 长度 l=50mm。 低碳钢。 不经表面处理

图 5-21（a）所示为圆柱销孔及圆锥销孔的加工方法，图 5-21（b）所示为销孔的尺寸注法，图 5-21（c）所示为圆柱销和圆锥销的连接画法及其标记。

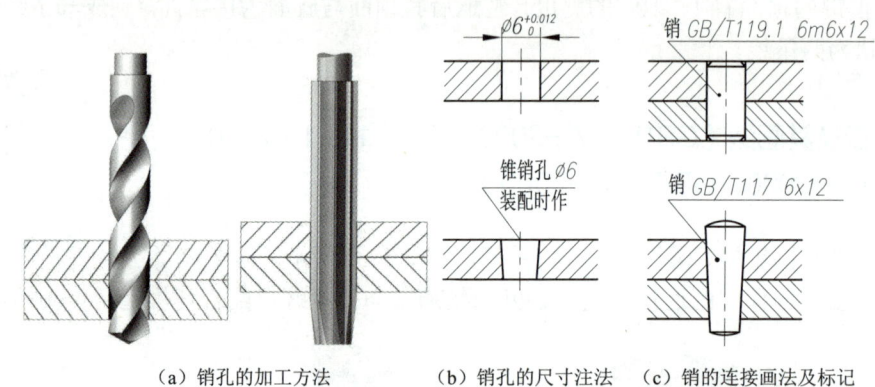

（a）销孔的加工方法　　（b）销孔的尺寸注法　　（c）销的连接画法及标记

图 5-21　销孔的加工方法、尺寸注法和销的连接画法及标记

第四节　齿轮及其画法

齿轮是常用的传动零件，其主要用于传递动力、实现变速和换向等，齿轮的部分参数是标准化的。图 5-22 所示为常见齿轮传动。

扫码看知识点视频：齿轮

（a）直齿圆柱齿轮　　　　（b）锥齿轮　　　　（c）蜗轮蜗杆

图 5-22　常见齿轮传动

齿轮分为标准齿轮和非标准齿轮，具有标准齿的齿轮称为标准齿轮，下面主要介绍齿廓曲线为渐开线的直齿圆柱齿轮。

一、齿轮的基本参数和基本尺寸间的关系

直齿圆柱齿轮的外形为圆柱形，齿向与齿轮轴线平行，其基本参数如图 5-23 所示。

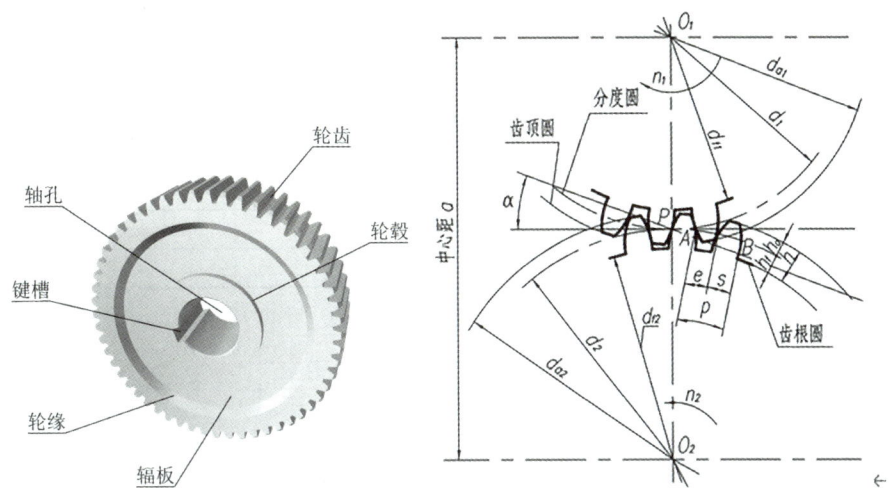

图 5-23 直齿圆柱齿轮的基本参数

（1）齿顶圆直径 d_a，轮齿顶部的圆周直径。

（2）齿根圆直径 d_f，轮齿根部的圆周直径。

（3）分度圆直径 d 和节圆直径 d'，分度圆直径是齿顶圆和齿根圆之间的一个圆的直径，标准齿轮在该圆的圆周上齿厚（s）和齿槽宽（e）相等，且当齿轮正确啮合时有 $d=d'$。

（4）齿距 p，分度圆上相邻两齿对应点间的弧长称为齿距。

（5）模数 m，模数是齿距 p 与 π 的比值，即 $m=p/\pi$，两啮合齿轮的模数应相等，为了便于设计和加工，直齿渐开线圆柱齿轮应采用如表 5-7 所示的标准模数。

表 5-7 标准模数

第一系列/mm	1	1.25	1.5	2	2.5	3	4	5	6	8	10	12	16	20	25	32	40	50
第二系列/mm	1.125	1.375	1.75	2.25	2.75	3.5	4.5	5.5	(6.5)	7	9	14	18	22	28	36	45	

注：在选用模数时，应优先选用第一系列；其次选用第二系列；括号内的模数尽可能不选用。

（6）齿高 h，从齿顶到齿根的径向距离，$h=h_a+h_f$，齿顶高 h_a 是从齿顶圆到分度圆的径向距离，齿根高 h_f 是从分度圆到齿根圆的径向距离。

（7）齿形角 α，两齿轮轮齿啮合点，即节点 P 处两齿廓间作用力方向（齿廓曲线的公法线方向）与 P 点瞬时速度方向（P 点处两节圆公切线 AB 的方向）之间的夹角称为齿形角，我国标准规定齿形角为 20°。

（8）传动比 i，主动齿轮转速 n_1（r/min）与从动齿轮转速 n_2（r/min）之比称为传动比，即 $i=n_1/n_2$。

（9）中心距 a，两直齿圆柱齿轮轴线之间的最短距离。

标准直齿圆柱齿轮的主要尺寸计算公式如表 5-8 所示。

表 5-8 标准直齿圆柱齿轮的主要尺寸计算公式

名称及代号	公 式	名称及代号	公 式
模数 m	$m=p/\pi$	齿根圆直径 d_f	$df_1=m(z_1-2.5); df_2=m(z_2-2.5)$
角 α	$\alpha=20°$	齿距 p	$p=\pi m$
分度圆直径 d	$d_1=mz_1; d_2=mz_2$	齿厚 s	$s=p/2$
齿顶高 h_a	$h_a=m$	槽宽 e	$e=p/2$
齿根高 h_f	$h_f=1.25m$	中心距 a	$a=(d_1+d_2)/2=m(z_1+z_2)/2$
全齿高 h	$h=h_a+h_f=2.25m$	传动比 i	$i=n_1/n_2=z_2/z_1$
齿顶圆直径 d_a	$d_{a1}=m(z_1+2); d_{a2}=m(z_2+2)$	—	—

注：以上 d_a, d_f, a 的计算公式仅适用于外啮合直齿圆柱齿轮传动

二、齿轮的规定画法（GB/T 4459.2—2003）

1. 直齿圆柱齿轮的画法

单个直齿圆柱齿轮的画法如图 5-24 所示。轮齿部分应按下列规定绘制：在投影为圆的视图上，分度圆用细点画线画出，齿顶圆用粗实线画出，齿根圆用细实线或省略；在投影为非圆的视图上，齿顶线用粗实线表示，分度线用细点画线表示，取剖视时齿根线为粗实线，不剖时可省略。

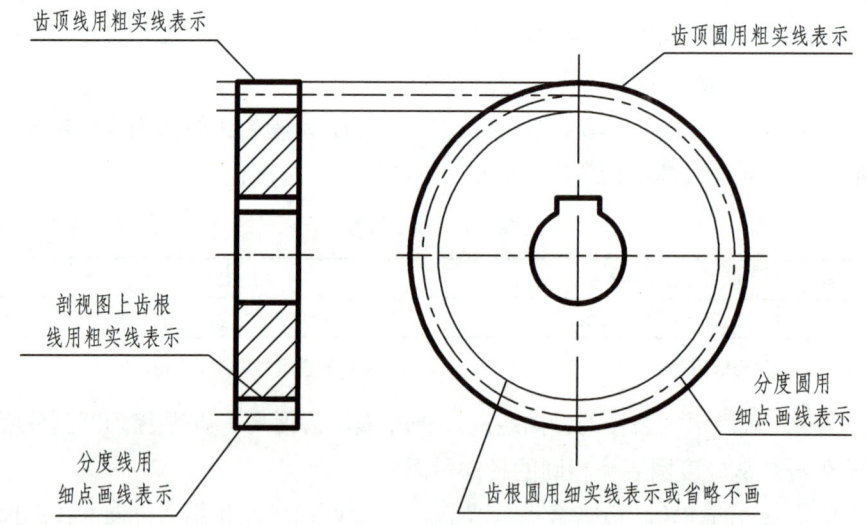

图 5-24 单个直齿圆柱齿轮的画法

在齿轮零件图中，分度圆的直径及有关齿轮的公称尺寸必须直接在图形中标出（有特殊规定的除外），齿根圆直径不标注，此外还需在图纸右上角的参数表中标注出齿轮的模数、齿数等基本参数，如图 5-25 所示。

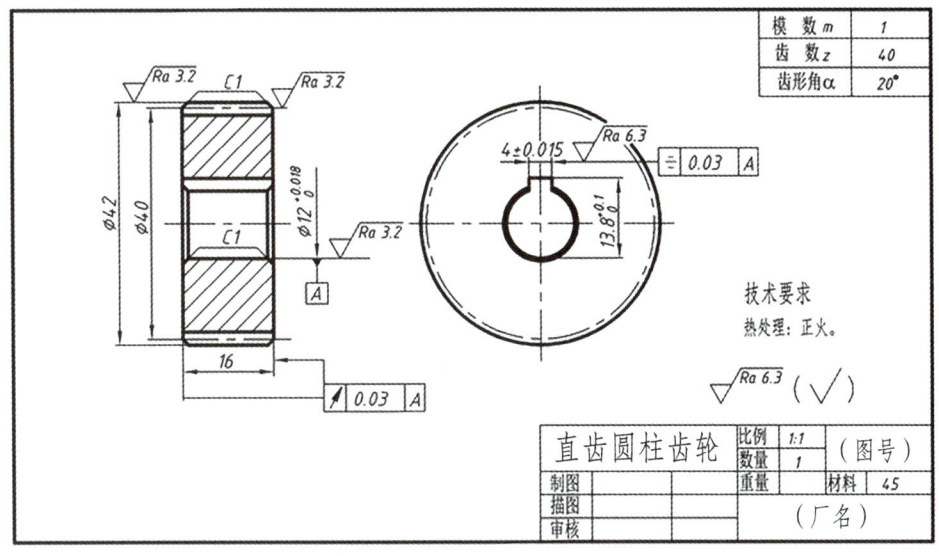

图 5-25　直齿圆柱齿轮零件图示例

直齿圆柱齿轮的啮合画法如图 5-26 所示：在投影为圆的视图上，两齿轮啮合时，其节圆相切，用细点画线绘制；啮合区内的齿顶圆均用粗实线绘制；齿根圆均用细实线绘制或省略不画。在投影为非圆的视图上，当取剖视时两轮齿的啮合部分的分度线重合，用细点画线画，齿根线均画成粗实线，齿顶线的画法为一个齿轮的齿顶线画粗实线，另一个齿轮的齿顶线画细虚线；取外形视图时，啮合区内的齿顶线和齿根线不必画出，分度线用粗实线表示。

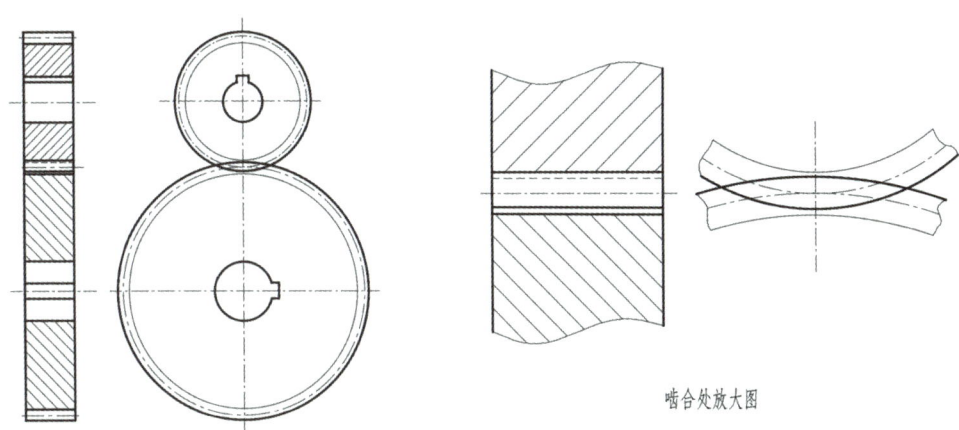

图 5-26　直齿圆柱齿轮的啮合画法

2. 斜齿圆柱齿轮的画法

斜齿圆柱齿轮的画法如图 5-27 所示。斜齿圆柱齿轮的画法基本上与直齿圆柱齿轮的画法相同。投影为非圆的视图常采用半剖视图或局部剖视图，当需要表示齿线的形状时，可用三条与齿线方向一致的细实线表示。

斜齿圆柱齿轮的啮合画法为相互外啮合的一对斜齿轮，旋向应该相反（如一为右旋，则另一为左旋），但模数、螺旋角应分别相等。其啮合部分的画法也与直齿圆柱齿轮相同。

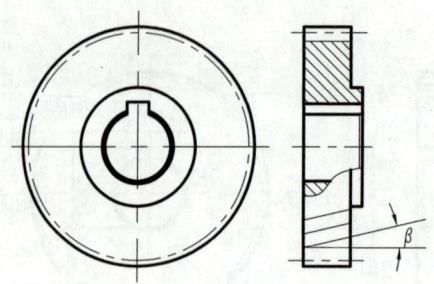

图 5-27 斜齿圆柱齿轮的画法

第五节 滚动轴承与弹簧

滚动轴承用于支撑轴,其具有摩擦小、结构紧凑的优点,种类众多,一般由外圈、内圈、滚动体和保持架等组成,滚动轴承也是标准件。

一、滚动轴承的结构、画法及代号(GB/T 4459.7—2017、GB/T 276—2013、GB/T 297—2015、GB/T 301—2015)

1. 滚动轴承的结构、画法

安装滚动轴承时,一般情况下,外圈装在机器的孔内,固定不动,内圈套在轴上,随轴转动。常用的滚动轴承如表 5-9 所示。

表 5-9 常用的滚动轴承(GB/T 272—2017、GB/T 4459.7—2017)

轴承代号	轴承结构图	简化画法	示意图	备注
深沟球轴承 60000 型				主要承受径向力
推力球轴承 51000 型				主要承受轴向力

续表

轴承代号	轴承结构图	简化画法	示意图	备注
圆锥滚子轴承 30000 型				可同时承受径向力和轴向力

2. 滚动轴承的代号

滚动轴承的代号可以表示其结构形状、尺寸、公差、技术要求等,主要由轴承类型代号、尺寸系列代号、内径代号构成。基本代号一般由5位数字组成,从右到左,其含义为,当10mm≤d≤495mm时,第一、二位数表示轴承的内径;第三、四位数为轴承内径系列代号,其中第三位表示直径系列,第四位表示宽度系列,即在内径相同时,有各种不同的外径和宽度;第五位数表示轴承类型。例如,轴承型号为51105,它所表示的意义如下。

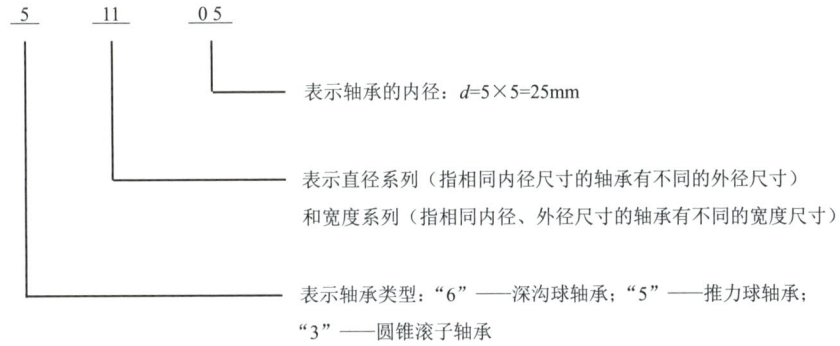

二、圆柱螺旋压缩弹簧的规定画法(GB/T 4459.4—2003)

弹簧是一种储能零件,主要用于减震、预紧、夹紧、承受冲击和测力等,其特点是受力后能产生较大的弹性变形,去除外力后能恢复原状,常用的螺旋弹簧按其用途可分为压缩弹簧、拉伸弹簧和扭力弹簧,如图5-28所示。

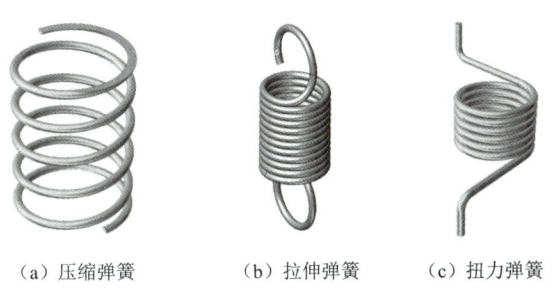

(a)压缩弹簧　　(b)拉伸弹簧　　(c)扭力弹簧

图5-28　常用的螺旋弹簧

圆柱压缩弹簧一般画在位于平行于弹簧轴线的投影面上的视图中，各圈的投影转向轮廓线画成直线，如图5-29所示；有效圈数在四圈以上的弹簧，中间各圈可省略不画，当中间部分省略后，可适当缩短图形的长度，但表示弹簧轴线和钢丝截断面中心线的三条细点画线仍应画出。螺旋弹簧的旋向有左、右之分，但均可画成右旋，对必须保证的旋向要求应在"技术要求"中注明。

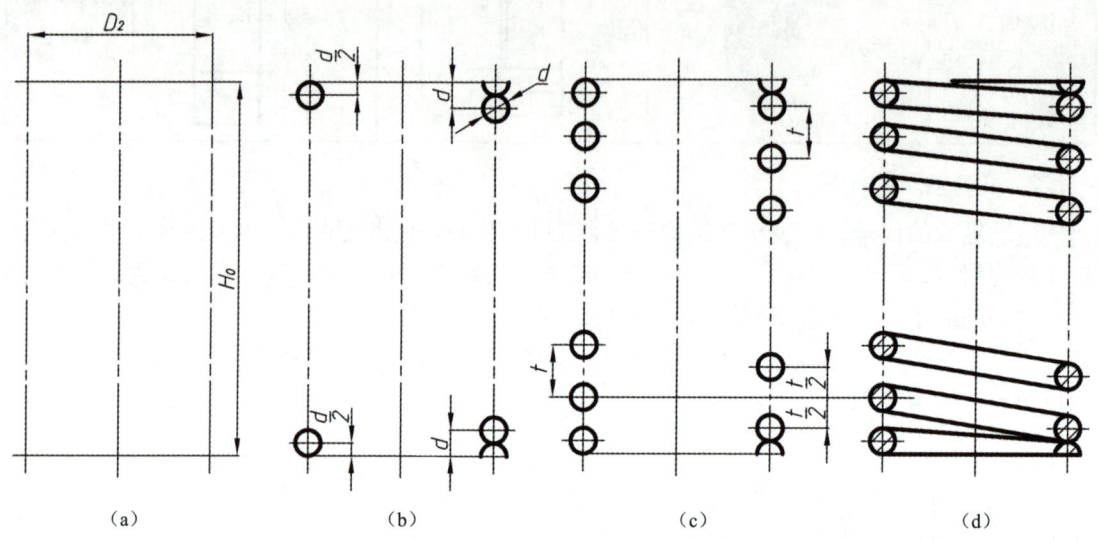

图5-29　螺旋压缩弹簧作图步骤

圆柱螺旋压缩弹簧剖视图的画图步骤（见图5-29）如下。

（1）根据弹簧的自由高度 H_0、弹簧中径 D_2，作出矩形；

（2）画出支撑圈部分，d 为线径；

（3）画出部分有效圈，t 为节距；

（4）按照右旋（或者实际旋向）作相应圆的公切线，画成剖视图。

在装配图中，弹簧被挡住的结构一般不画出，可见部分应从弹簧的外轮廓线或从弹簧钢丝剖面的中心线画起，如图5-30所示；在装配图中，弹簧被剖切时，如弹簧钢丝剖面的直径在图形上等于或小于2mm时，剖面可以涂黑表示，也可用示意画法，如图5-31所示。

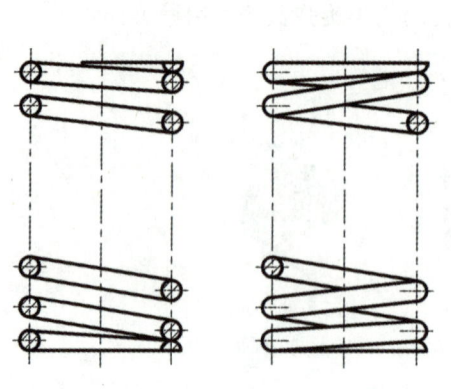

图5-30　螺旋压缩弹簧的画法

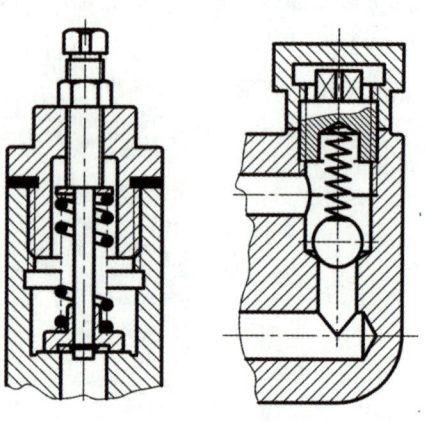

图5-31　装配图中弹簧的画法

本章知识图谱

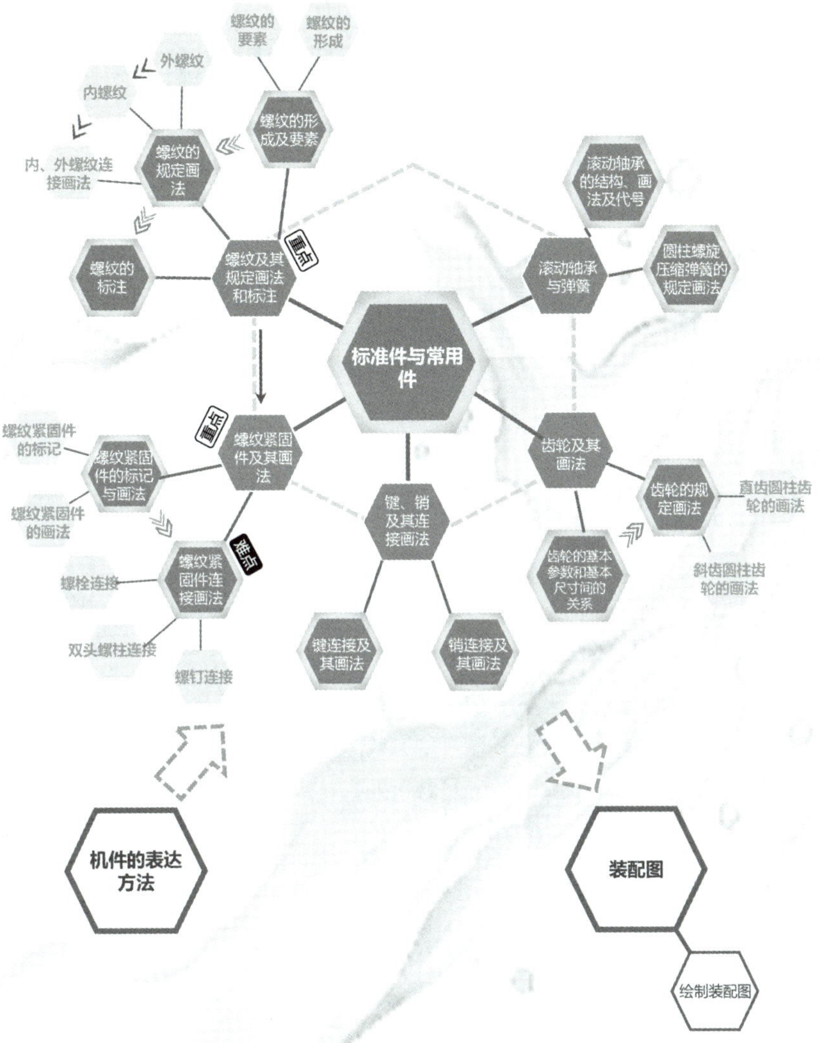
螺纹的要素
螺纹的形成
外螺纹
内螺纹
螺纹的形成及要素
内、外螺纹连接画法
螺纹的规定画法
螺纹的标注
螺纹及其规定画法和标注
重点
滚动轴承的结构、画法及代号
滚动轴承与弹簧
圆柱螺旋压缩弹簧的规定画法
标准件与常用件
螺纹紧固件的标记
螺纹紧固件的标记与画法
螺纹紧固件的画法
重点
螺纹紧固件及其画法
难点
螺纹紧固件连接画法
螺栓连接
双头螺柱连接
螺钉连接
键、销及其连接画法
键连接及其画法
销连接及其画法
齿轮及其画法
齿轮的规定画法
直齿圆柱齿轮的画法
斜齿圆柱齿轮的画法
齿轮的基本参数和基本尺寸间的关系
机件的表达方法
装配图
绘制装配图

第六章　零件图

零件是组成机器或部件的基本单元，如图 6-1 所示的叶片泵由 15 个零件组成。零件图是表达单个零件形状、大小和特征的图样，在生产过程中，一般根据零件图进行生产准备、加工制造及检验。本章主要介绍零件图的内容、技术要求，以及绘制和阅读零件图的方法。

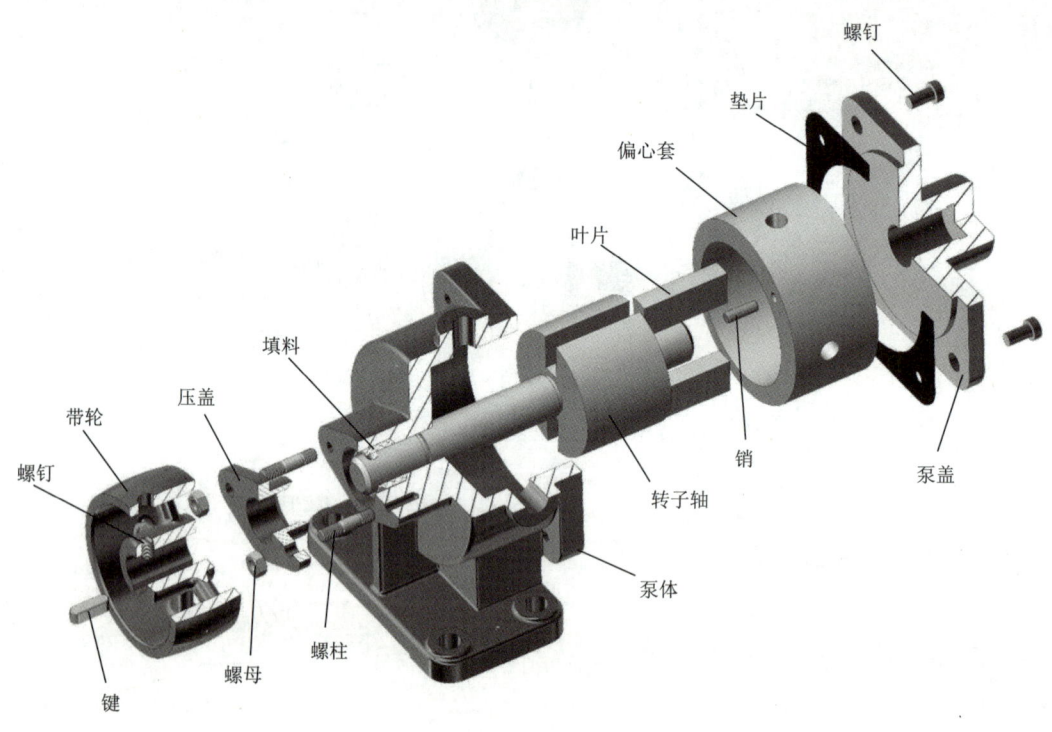

图 6-1　叶片泵的组成

第一节　零件图的内容

零件图一方面表达设计者对零件的设计意图，另一方面作为制造和检验零件的重要图样，零件图不仅要表达零件的结构形状、尺寸大小，还需要对零件的材料、加工、检验、测量等提出必要的技术要求。如图 6-2 所示，一张完整的零件图应包含以下内容。

扫码看知识点视频：零件图概述

一、视图表达

用适当数量的视图、剖视图、断面图等表达方法，把零件的各部分结构形状完整、正确、清晰地表达出来。

二、尺寸标注

在零件图中，应完整、正确、清晰、合理地标注确定零件的定形尺寸、定位尺寸和总体尺寸。

三、技术要求

零件图中用规定的符号、数字和文字来说明零件在制造和检验时应达到的技术指标，包括零件的表面结构、尺寸公差、形位公差、材料及热处理等。

四、标题栏

标题栏在零件图的右下角，标题栏里需要填写零件的名称、材料、件数、比例，以及制图、描图等有关责任人的签名和日期。

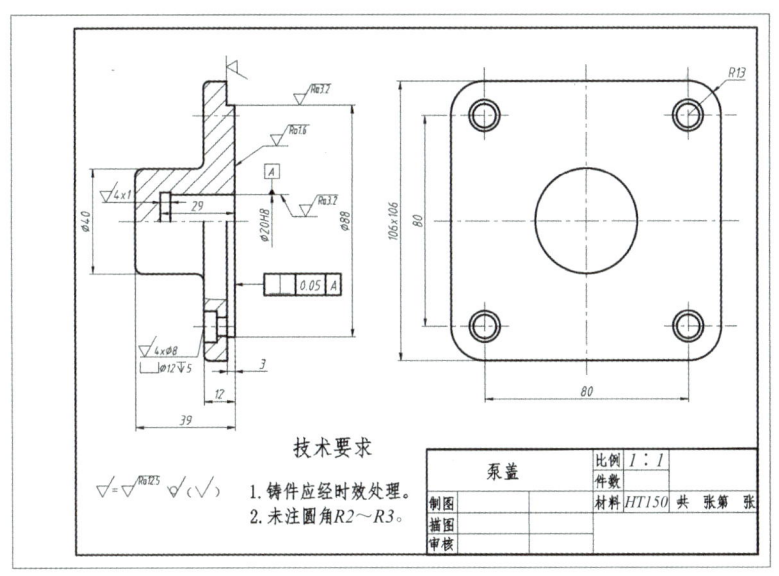

图 6-2 泵盖零件图

第二节 技术要求

零件图的技术要求是保证零件加工制造精度，满足其使用性能的重要指标，通常包括表面结构、尺寸公差、几何公差、材料的热处理及表面处理等。技术要求多数需要用规定的符号直接标注在视图上,其他则以简明的文字、符号、代号注写在图纸的适当位置。

一、表面结构及其标注(GB/T 131—2006、GB/T 1031—2009、GB/T 3505—2009)

表面结构是指零件表面的微观几何形貌,由于加工制造过程受各种因素影响,零件的实际表面都不是绝对光滑的,放大观察可以看到高低不平的几何结构,如图6-3(a)所示。零件表面的实际轮廓是由粗糙度轮廓、波纹度轮廓和形状轮廓综合叠加而成的,如图6-3(b)、(c)所示。表面结构的质量要求不仅影响零件的外观,还与零件的装配和使用性能直接相关。因此,在零件图中,应根据产品的工艺和功能需求,对零件的表面结构提出相应的要求。

扫码看知识点视频:表面结构

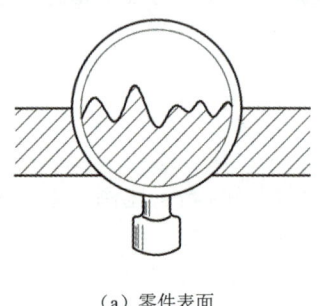

(a)零件表面

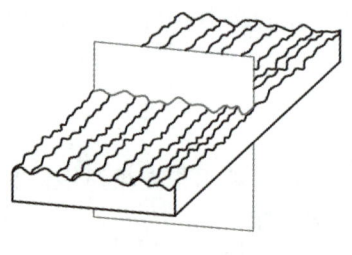

(b)实际轮廓

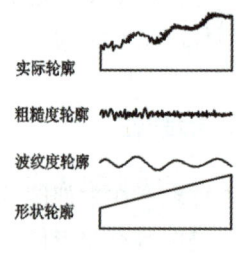

(c)表面结构形成

图6-3 零件表面几何形貌

1. 基本概念及术语

(1)表面粗糙度

表面粗糙度是指加工表面具有的较小间距和微小峰谷的不平度,其波距(两波峰或两波谷之间的距离)在1mm以下,属于微观几何形状误差。表面粗糙度越小,则表面越光滑,它与加工方法、刀刃形状和走刀量等因素有密切关系。表面粗糙度与机械零件的配合性质、耐磨性、疲劳强度、接触刚度、振动和噪声等有密切关系,对机械产品的使用寿命和可靠性有重要影响。

(2)表面波纹度

表面波纹度是指间距大于表面粗糙度但小于表面几何形状误差的表面几何不平度,其波距在1mm到10mm之间,属于微观和宏观之间的几何误差,与机床、零件和刀具系统的振动有关。表面波纹度的存在对零件的机械性能、耐磨性、疲劳强度等有一定的影响。

(3)表面几何形状

表面几何形状的波距大于10mm,主要由加工机床的几何精度、工件安装误差等因素造成。

(4)轮廓参数

为了准确描述和评估工件表面结构的质量,人们制定了一系列标准,目前我国针对该方面的国家标准主要为GB/T 131—2006。该标准规定了评定表面结构的各种参数,其中轮廓参数是目前工程图样中常用的评定参数,它包括粗糙度参数(R参数)、波纹度参数(W参数)和原始轮廓参数(P参数)。粗糙度参数中常用的两项参数为Ra和Rz,如图6-4所示。

① 轮廓算数平均偏差 Ra（μm）。

在一个取样长度 l 内，纵坐标 $Z(x)$ 的绝对值的算术平均值为轮廓算数平均偏差 Ra：

$$Ra = \frac{1}{l}\int_0^l |Z(x)|\,\mathrm{d}x$$

② 轮廓最大高度 Rz（μm）。

在一个取样长度 l 内，最大轮廓峰高与最大轮廓谷深之和为轮廓最大高度 Rz。

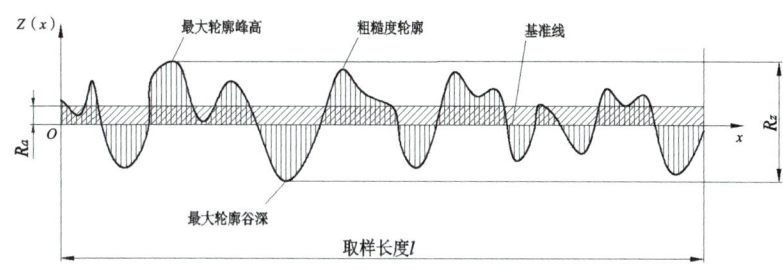

图 6-4　轮廓参数

2．轮廓算数平均偏差 Ra 的选用

轮廓算数平均偏差 Ra 的选用如表 6-1 所示，可根据零件表面的作用、加工工艺和零件表面的外观要求来选定 Ra。正确选用 Ra 的数值的基本原则如下。

（1）工作表面的 Ra 值比非工作表面的 Ra 值要小；接触表面的 Ra 值比非接触表面的 Ra 值要小。

（2）有相对运动的表面的 Ra 值比无相对运动的表面的 Ra 值要小；相对运动速度越高的表面 Ra 值越小。

（3）配合面、密封面、易腐蚀及尺寸和几何公差精度高的表面 Ra 值相对较小。

（4）在满足功用的前提下，尽量选用较大的 Ra 值，以降低生产成本。

表 6-1　轮廓算数平均偏差 Ra 的选用

Ra/μm	表面特征	主要加工方法	应用举例
	毛坯面	铸、锻、轧制等非去除材料加工方法	无须进行进一步加工的表面
100、50	明显可见刀痕	粗车、粗铣、粗刨、钻孔、锯断、粗砂轮加工等	粗糙度最低的加工面，一般很少使用
25	可见刀痕		
12.5	微见刀痕	粗车、刨、立铣、平铣、钻	不接触表面、不重要的接触面，如钻孔、倒角、机座底面等
6.3	可见加工痕迹	精车、精铣、铰、镗、粗磨等	静配合面，如箱和盖、键和键槽等要求紧贴的表面；相对运动速度不高的接触面，如支架孔、衬套、带轮轴孔的工作面
3.2	微见加工痕迹		
1.6	不见加工痕迹		
0.8	可辨加工痕迹方向	金刚石车刀精车、精铰、精拉、精镗、精磨等	要求很好配合的接触面，如与滚动轴承配合的表面、锥销孔；相对运动速度较高的接触面，如滑动轴承的配合面、齿轮轮齿的工作面
0.4	微辨加工痕迹方向		
0.2	不可辨加工痕迹方向		

续表

Ra/μm	表面特征	主要加工方法	应用举例
0.1	暗光泽面	研磨、抛光、超级精细研磨等	精密量具的表面、重要零件的摩擦面，如气缸的内表面、精密机床的主轴颈等
0.05	亮光泽面		
0.025	镜状光泽面		
0.012	雾状镜面		

注：表中所列 Ra 的值，为国家标准规定的数值系列中的一组优先选用系列。

3. 表面结构的代号

表面结构的代号由表面结构符号、参数代号及数值等构成。表面结构符号包括基本符号和扩展图形符号，如图 6-5 和表 6-2 所示。

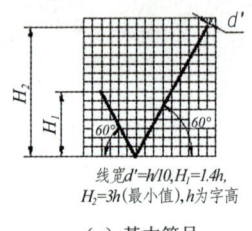

线宽 $d'=h/10, H_1=1.4h,$
$H_2=3h$（最小值），h 为字高

（a）基本符号　　　　　　　　　（b）扩展图形符号

图 6-5　表面结构符号

表 6-2　表面结构基本符号和扩展图形符号及意义

符号	意义
∨	**基本符号**，由两条不等长的与标注表面成 60° 夹角的直线构成，仅用于简化代号标注，没有补充说明时不能单独使用
∀	**要求去除材料的图形符号**，在基本符号上加一短横，表示指定表面是用去除材料的方法获得的，如通过机械加工获得的表面
⌀∨	**不允许去除材料的图形符号**，在基本符号上加一个圆圈，表示指定表面是用不去除材料方法获得的，如铸、锻、冲压等
∨̄ ∀̄ ⌀∨̄	**完整图形符号**，当要求标注表面结构特征的补充信息时，应在上述三个符号的长边上加一横线
○∨̄ ○∀̄ ○⌀∨̄	**工件轮廓各表面的图形符号**，当在图样某个视图上构成封闭轮廓的各表面有相同的表面结构要求时，应在完整图形符号上加一圆圈，标注在图样中零件的封闭轮廓线上
(图：a, b, c, d, e 标注位置)	a 为注写表面结构的单一要求。 b 为注写表面结构的第二个单一要求，如果要注写第三个或更多个表面结构要求，图形符号应在垂直方向扩大，以空出足够的空间。 c 为注写加工方法、表面处理、涂层或其他加工工艺要求等，如车、磨、镀等。 d 为注写表面纹理和方向。 e 为注写加工余量，单位为毫米

4．标注要求

表面结构代号的标注原则如下。

（1）总的原则。

表面结构的注写方向与尺寸的注写和读取方向一致，如图 6-6 所示。

（2）标注在轮廓线或引出线上。

表面结构要求可标注在轮廓线上，其符号应从材料外侧指向内侧。必要时，表面结构符号也可用带箭头的引出线引出标注，如图 6-7 所示。

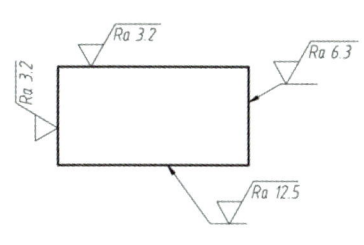

图 6-6　注写和读取方向　　　　图 6-7　标注在轮廓线或引出线上

（3）标注在尺寸线上。

在不致引起误解的前提下，表面结构要求可以标注在表达结构特征尺寸的尺寸线上，如图 6-8 所示。也可以标注在形位公差的框格上，如图 6-9 所示。

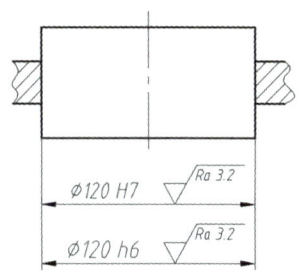 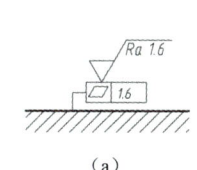 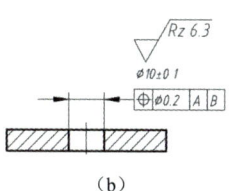

图 6-8　标注在表达结构特征尺寸的尺寸线上　　　图 6-9　标注在形位公差的框格上

（4）直接标注在延长线上。

标注在延长线上如图 6-10 所示。

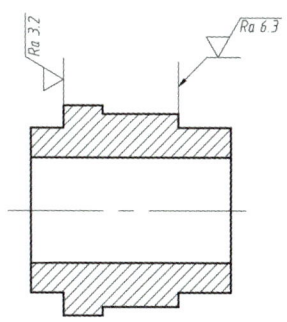

图 6-10　标注在延长线上

（5）表面结构要求的简化注法。

① 有相同表面结构要求的简化注法。

如果零件的多数（包括全部）表面有相同的表面结构要求，则其表面结构要求可统一标注在图样的标题栏附近。此时（除全部表面有相同要求的情况外），表面结构要求的符号后面应有：

第一，在圆括号内给出无任何其他标注的基本符号[见图6-11（a）]；

第二，在圆括号内给出不同的表面结构要求[见图6-11（b）]。

不同的表面结构要求应直接标注在图形中。

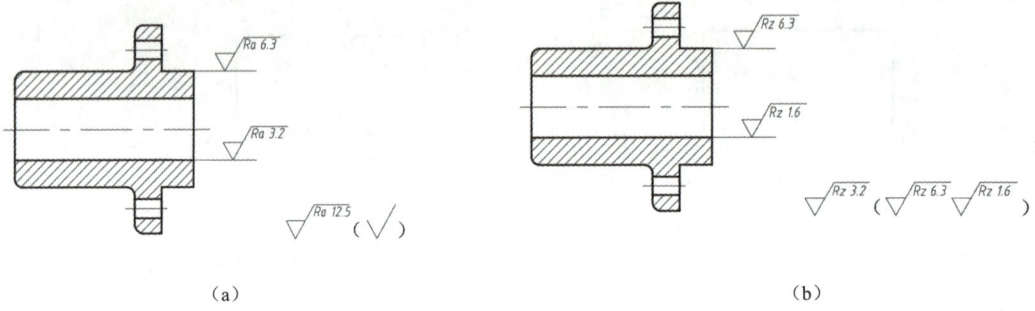

图6-11 有相同表面结构要求

② 多个表面有共同要求的注法。

如图6-12所示，当多个表面具有相同的表面结构要求或图纸空间有限时，可以采用简化注法。

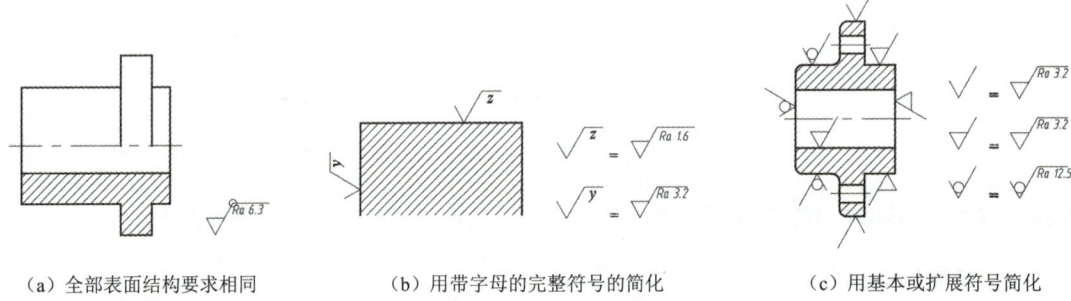

（a）全部表面结构要求相同　　（b）用带字母的完整符号的简化　　（c）用基本或扩展符号简化

图6-12 多个表面有共同要求的简化注法

（6）零件上的连续表面和用细实线连接的、不连续的同一表面，其表面结构符号只标注一次，如图6-13所示。

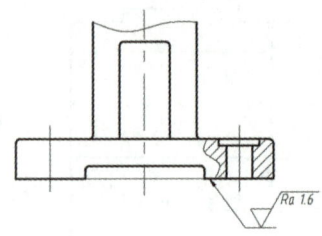

图6-13 用细实线连接的、不连续的同一表面

（7）齿轮、螺纹等工作表面没有画出齿（牙）型时，其工作表面的表面结构标注的要求是，齿轮注在分度线上，螺纹注在尺寸线上。

二、公差与配合（极限与配合）（GB/T 1800.1—2020、GB/T 1800.2—2020）

公差与配合是零件图中一项重要的技术要求，是检验产品质量的技术指标，是保证使用性能和零件互换性的前提。

同一批零件，不经挑选和辅助加工，任取一个就可合适地装到机器上去，并满足机器的性能要求的性质称为互换性。零件的互换性，不仅能适应组织大规模的现代化工业生产，而且可以提高产品质量，降低成本和便于维修。为了保证零件具有互换性，国家标准对零件的公差与配合等分别做了标准化的规定。

扫码看知识点视频:公差与配合

1. 术语和定义

为了既能保证零件的使用精度要求，又能兼顾制造时的经济性，设计者给定零件的结构尺寸往往有最大值和最小值，零件的实际尺寸只要在这个规定范围内就是合格产品。

图 6-14（a）中孔和轴的配合尺寸为 $\phi 30 \dfrac{H8}{f7}$（孔 $\phi 30^{+0.033}_{\ 0}$ mm，轴 $\phi 30^{-0.020}_{-0.041}$ mm），下面以轴的尺寸为例，介绍与公差相关的名词、术语及相互关系。

（1）公称尺寸 $\phi 30$mm：设计零件时给定的尺寸称为公称尺寸，也称基本尺寸。

（2）实际尺寸：零件加工后通过实际测量得到的尺寸。

（3）极限尺寸 $\phi 29.980$mm，$\phi 29.959$mm：实际尺寸被允许的极限值，包含上极限尺寸和下极限尺寸。为了满足要求，实际尺寸位于上、下极限尺寸之间，含极限尺寸。

（4）尺寸偏差：实际尺寸与公称尺寸之差。

（5）极限偏差：上极限尺寸和下极限尺寸减其公称尺寸所得的代数差，分别称为上极限偏差和下极限偏差，统称为极限偏差。

国家标准规定：孔的上、下极限偏差代号分别用 ES、EI 表示；轴的上、下极限偏差代号分别用 es、ei 表示，如图 6-14（a）所示。

孔：上极限偏差（ES）=上极限尺寸-公称尺寸=$\phi 30.033 - \phi 30 = 0.033$mm

　　下极限偏差（EI）=下极限尺寸-公称尺寸=$\phi 30 - \phi 30 = 0$mm

轴：上极限偏差（es）=上极限尺寸-公称尺寸=$\phi 29.980 - \phi 30 = -0.020$mm

　　下极限偏差（ei）=下极限尺寸-公称尺寸=$\phi 29.959 - \phi 30 = -0.041$mm

注：上、下极限偏差是一个带符号的值，其可以是负值、零值或正值。

（6）尺寸公差：零件所允许的尺寸变动量称为尺寸公差，简称公差。

公差=上极限尺寸-下极限尺寸=上极限偏差-下极限偏差，如图 6-14（a）所示。

孔：公差=+0.033-0=0.033mm

轴：公差=-0.020-（-0.041）=0.021mm

（7）零线、公差带和公差带图：公差带包含在上极限尺寸和下极限尺寸之间，由公差大小和相对公称尺寸的位置确定。零线为公差带图中确定偏差的基准直线，即零偏差线（简称零线）。零线以上的偏差值为正，零线以下的偏差值为负。通常以零线表示公称尺寸。将孔、轴公差带与公称尺寸相关联并按放大比例画成的简图称为公差带图，如图 6-14（b）所示。

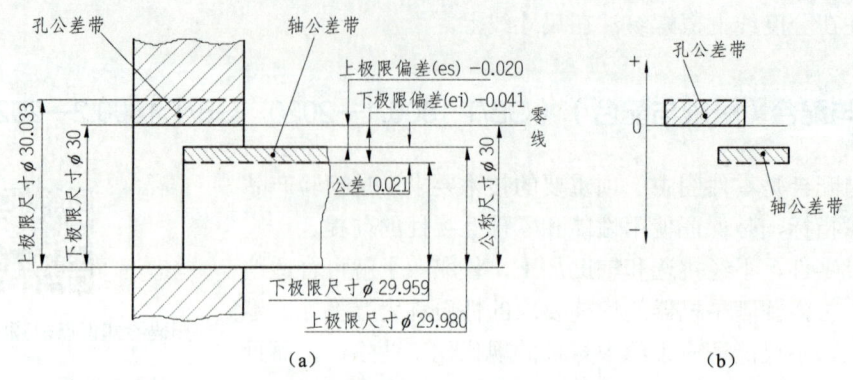

图 6-14　轴、孔的公差带图

2．标准公差和基本偏差

公差带图形象地描述了公差带的大小及其相对于零线的位置，国家标准规定，公差带大小由标准公差确定，公差带的位置由基本偏差确定。

（1）标准公差：国家标准将公差等级分为 20 级，即 IT01、IT0、IT1、IT2、…、IT18。IT 表示标准公差，数字表示公差等级。IT01 级的精确度最高，以下逐级降低。公差等级可以表达同批次零件的尺寸一致程度。在一般的机器配合尺寸中，孔用 1T6～IT12 级，轴用 IT5～IT12 级。在保证质量的条件下，应选用较低的公差等级。

（2）基本偏差：国家标准规定用来确定公差带相对于零线位置的那个极限偏差为基本偏差，它可以是上极限偏差也可以是下极限偏差，一般为靠近零线的那个偏差。当公差带在零线的上方时，基本偏差为下极限偏差；反之，则为上极限偏差。基本偏差代号为拉丁字母，大写为孔，小写为轴，各 28 个，如图 6-15 所示。

为了满足各种配合的需要，国家标准规定了基本偏差系列，并根据不同的公称尺寸和基本偏差代号确定轴和孔的基本偏差数值；图 6-15 只表示公差带中属于基本偏差的一端，表示极限偏差的另一端是开口的，开口的一端取决于公差带的大小，它由设计者选用的标准公差的大小确定。

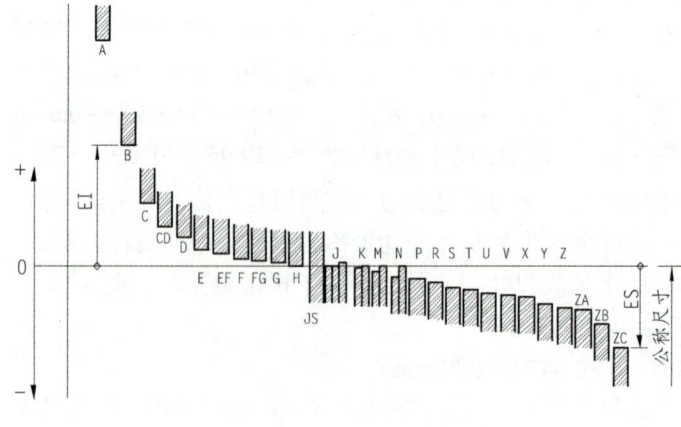

（a）孔

图 6-15　基本偏差示意图

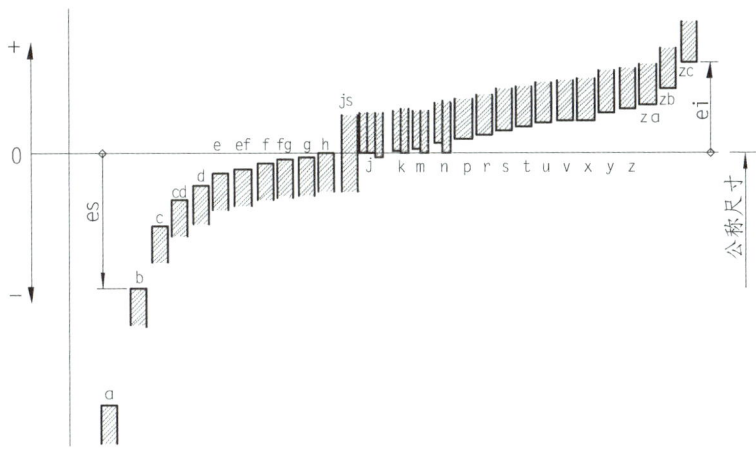

（b）轴

图 6-15　基本偏差示意图（续）

（3）公差带代号：由基本偏差代号和公差等级组合在一起得到的代号被称为公差带代号。例如：

$\phi 30H8$：$\phi 30$ 为公称尺寸，H8 为孔的公差带代号，其中 H 为基本偏差代号，8 为公差等级。

$\phi 30f7$：$\phi 30$ 为公称尺寸，f7 为轴的公差带代号，其中 f 为基本偏差代号，7 为公差等级。

3. 配合

（1）配合种类

公称尺寸相同的孔和轴公差带之间的关系，称为配合。根据使用要求的不同，孔和轴之间的配合可分为三种，即间隙配合、过盈配合和过渡配合。

① 间隙配合。

孔和轴装配时总是存在间隙的配合。此时，孔的下极限尺寸大于或在极端情况下等于轴的上极限尺寸，如图 6-16 所示。

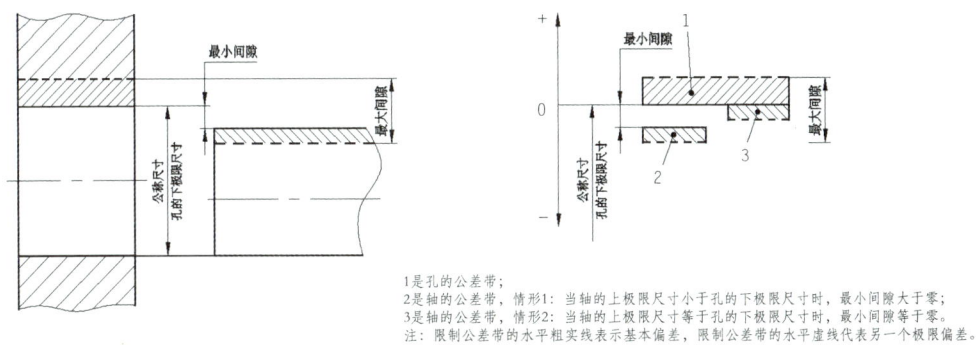

1 是孔的公差带；
2 是轴的公差带，情形1：当轴的上极限尺寸小于孔的下极限尺寸时，最小间隙大于零；
3 是轴的公差带，情形2：当轴的上极限尺寸等于孔的下极限尺寸时，最小间隙等于零。
注：限制公差带的水平粗实线表示基本偏差，限制公差带的水平虚线代表另一个极限偏差。

图 6-16　间隙配合

② 过盈配合。

孔和轴装配时总是存在过盈的配合。此时，孔的上极限尺寸小于或在极端情况下等于轴的下极限尺寸，如图 6-17 所示。

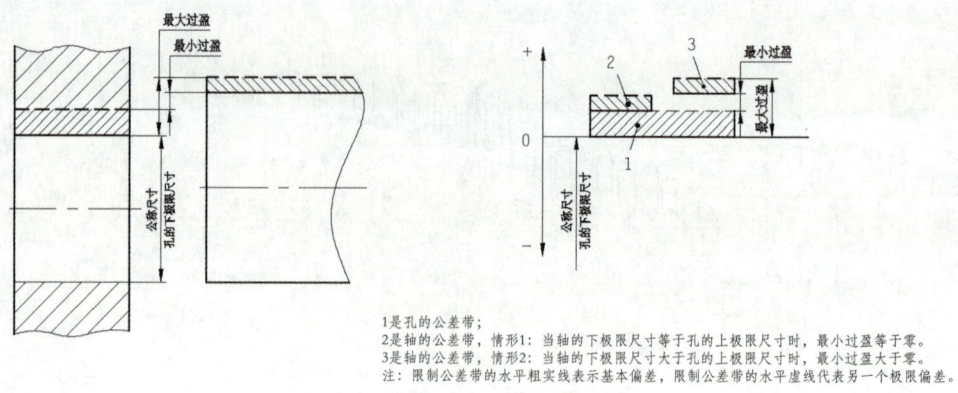

1是孔的公差带；
2是轴的公差带，情形1：当轴的下极限尺寸等于孔的上极限尺寸时，最小过盈等于零。
3是轴的公差带，情形2：当轴的下极限尺寸大于孔的上极限尺寸时，最小过盈大于零。
注：限制公差带的水平粗实线表示基本偏差，限制公差带的水平虚线代表另一个极限偏差。

图 6-17　过盈配合

③ 过渡配合。

孔和轴装配时可能具有间隙或过盈的配合。在过渡配合中，孔和轴的公差带或完全重叠或部分重叠，因此是否形成间隙配合或过盈配合取决于孔和轴的实际尺寸，如图 6-18 所示。

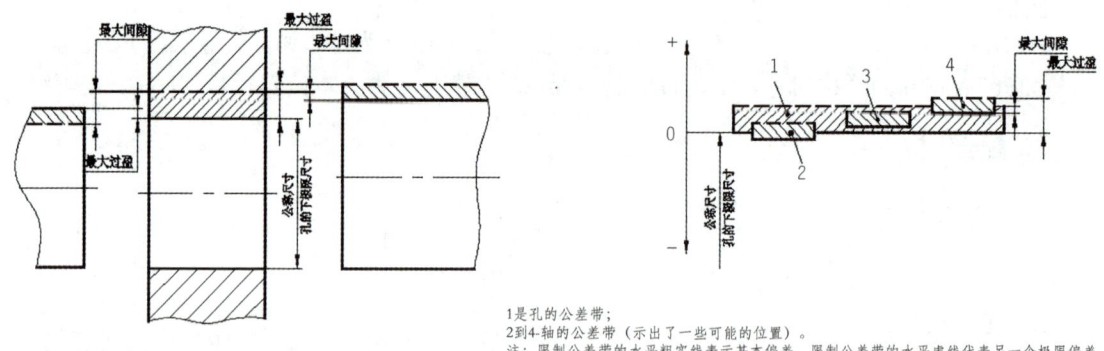

1是孔的公差带；
2到4-轴的公差带（示出了一些可能的位置）。
注：限制公差带的水平粗实线表示基本偏差，限制公差带的水平虚线代表另一个极限偏差。

图 6-18　过渡配合

（2）配合制

制造配合的零件时，使其中一种零件作为基准件，它的基本偏差固定，通过改变另一种非基准件的基本偏差来获得各种不同性质配合的制度称为配合制。国家标准规定了两种基准制：基孔制和基轴制。

① 基孔制。

基孔制中的孔称为基准孔，其基本偏差规定为 H（下极限偏差为零），如图 6-19 所示。

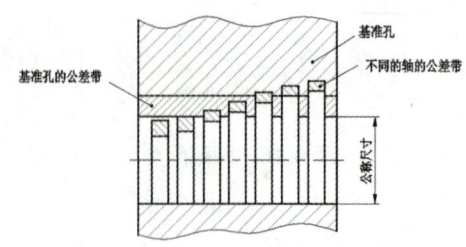

图 6-19　基孔制配合

② 基轴制。

基轴制中的轴称为基准轴，其基本偏差规定为 h（上极限偏差为零），如图 6-20 所示。

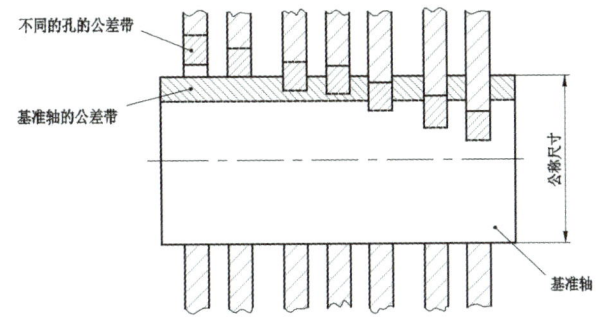

图 6-20 基轴制配合

国家标准规定优先采用基孔制配合，因为孔比轴难加工。采用基孔制可降低加工成本，提高生产效率。但是，对于特殊结构或标准件等有时可采用基轴制，如同一轴上要求几种不同的配合、滚动轴承外径与轴承孔的配合等采用基轴制。

国家标准制定了基孔制和基轴制的优先和常用配合，设计时应尽量选用优先和常用配合。对于优先与常用配合中轴和孔的公差带上、下极限偏差，可直接查阅相关的国家标准。

4．公差与配合的标注

例如，箱体零件上的轴、轴套、孔配合的局部结构图，它们的公差与配合的标注方法，如图 6-21 所示。

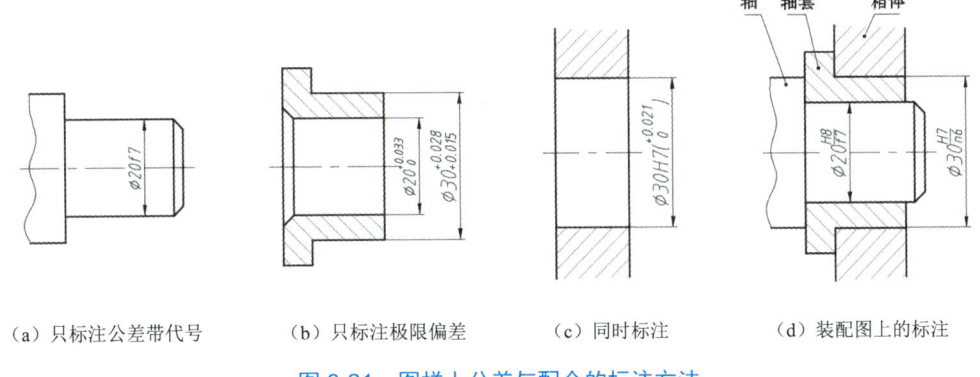

（a）只标注公差带代号　　（b）只标注极限偏差　　（c）同时标注　　（d）装配图上的标注

图 6-21 图样上公差与配合的标注方法

（1）在装配图上的标注

在装配图上标注公差与配合，采用组合式注法，如图 6-21（d）所示，即

$$公称尺寸 \frac{孔的公差带代号}{轴的公差带代号}$$

（2）在零件图上的标注

① 只标注公差带代号：如图 6-21（a）所示，用于大批量生产的零件图。

② 只标注上、下极限偏差数值：如图 6-21（b）所示，用于中、小批量生产的零件图，

上极限偏差注在公称尺寸的右上方，下极限偏差应与公称尺寸注在同一底线上。极限偏差数字字号比公称尺寸数字的字号小一号。当某极限偏差为零时，"0"仍需标注，并与另一极限偏差中的个位数字对齐。当上、下极限偏差的绝对值相等时，"±"号后面的字体高度与公称尺寸的字体高度相同，如 $\phi 30 \pm 0.025$。

（3）公差带代号和上、下极限偏差数值同时标注，如图 6-21（c）所示。

三、几何公差——形状和位置公差（GB/T 1182—2018）

除了尺寸精度和表面结构特性，零件的技术要求还需考虑加工过程中产生的形状误差与位置误差，这两个因素同样对零件的加工品质及其在机械设备中的功能发挥具有显著影响。

图 6-22（a）展示了一个理想的圆柱销形态，而实际加工后的形状可能如图 6-22（b）所示，出现中间粗、两端细的偏差，这种形态上的偏差即形状误差。同样地，图 6-23（a）描绘了一个理想的阶梯轴，但加工结果可能如图 6-23（b）所示，各段圆柱的轴线并未保持在同一条直线上，这种相对位置上的偏差被定义为位置误差。

若零件存在显著的形状和位置误差，将直接削弱机器的工作效能。因此，对于精度要求严格的零件，必须依据实际需求，在图样上明确标注相关要素的形状和位置误差的最大允许限度，即形状公差和位置公差，这两者统称为几何公差。在技术图样中，几何公差应优先采用代号进行标注；若无法以代号表示，则可在技术要求部分以文字形式进行说明。

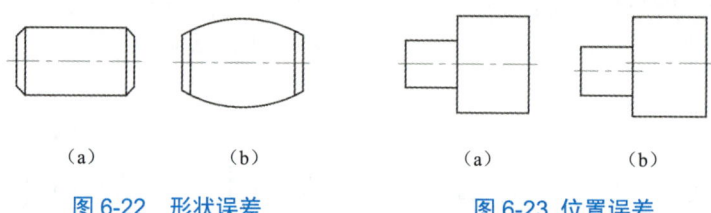

图 6-22 形状误差　　　　　　　　图 6-23 位置误差

1. 形状和位置公差的分类、特征项目和特征项目符号

国家标准采用符号来标注形状和位置公差，表 6-3 为几何公差的特征项目和特征项目符号。

表 6-3　几何公差的特征项目和特征项目符号

分类	特征项目	特征项目符号	分类	特征项目	特征项目符号
形状	直线度	—	定向	平行度	∥
	平面度	▱		垂直度	⊥
	圆度	○		倾斜度	∠
	圆柱度	⌭	位置	位置度	⊕
	线轮廓度	⌒		同轴度	◎
	面轮廓度	⌒		对称度	⌯
			跳动	圆跳动	↗
				全跳动	⌰

在工程图样上利用公差框格和指引线来标注几何公差，如图 6-24（a）所示，公差框格里填写被测要素的公差要求，指引线一端的箭头指向零件图上的被测要素。相对于被测要素的

第六章 零件图

基准，用基准符号表示，基准符号在工程图样的绘制如图 6-24（b）所示。此标注同时适用于二维与三维标注。

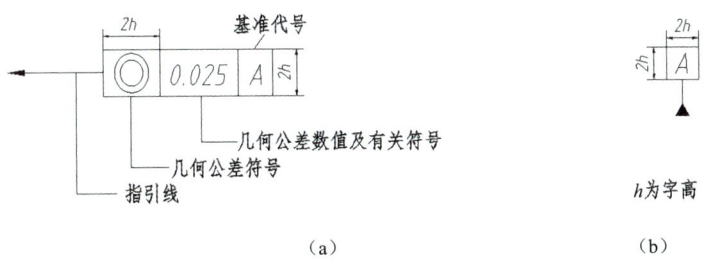

图 6-24 几何公差规范标注

2．几何公差的标注

几何公差应通过指引线连接至被测要素，关于几何公差标注的具体示例，如表 6-4 所示。

表 6-4 几何公差标注的具体示例

二维标注	三维标注	例图说明
		指引线与尺寸线错开，表示圆柱面的任意一条实际素线应限定在距离公差值为 0.01mm 的两平行平面内
		指引线与尺寸线对齐，表示圆柱面的实际轴线应限定在直径等于 $\phi 0.01$ 的圆柱面内
		实际表面应限定在间距等于 0.01mm、平行于基准面 A 的两平行平面之间，指引线与尺寸线错开
		指引线与尺寸线对齐，提取（实际）中心表面应限定在间距等于 0.01mm、对称于基准中心平面 A 的两平行平面之间
		指引线与尺寸线对齐，被测圆柱的提取（实际）中心线应限定在直径等于 $\phi 0.1$、以基准轴线 A 为轴线的圆柱面内

第三节　零件的构型分析与表达

零件的结构是由设计要求和工艺要求所决定的，每个结构都有一定的功用。零件的设计结构取决于该零件在特定装配体中的功用及其与相邻零件的装配关系；其工艺结构取决于该零件的加工、装配要求。本节从设计和工艺要求出发，对零件不同的设计结构和工艺结构进行分析，弄清楚它们的作用和要求。

一、零件的设计结构

设计结构是按照设计要求所确定的零件的主要结构，它在机器或部件中起着支撑、容纳、传动、配合、连接、安装、定位、密封和防松等一项或几项功能。虽然零件的形状、用途多种多样，加工方法各不相同，但零件也有许多共同之处。除了标准件与常用件，一般零件根据其结构特点和功能，可分为以下几大类。

1. 轴套类零件

轴套类零件的基本形状一般是同轴回转体，主要起连接、定位等作用。在轴上通常有键槽、销孔、螺纹、退刀槽、倒角等结构，如图 6-25 所示。此类零件主要在车床或磨床上加工。

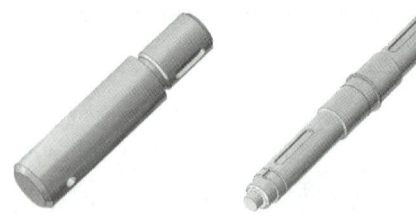

扫码看三维模型：轴套类零件

图 6-25　轴套类零件

2. 盘盖类零件

盘盖类零件（见图 6-26）包括端盖、阀盖、齿轮等，其中盘类零件通过键、销等结构与轴类零件连接，起传动作用，大多设计为回转体；盖类零件一般与箱体类零件配合使用，起定位、支持、防尘、保护等作用，此类零件有不同的外形轮廓，如圆、椭圆、方形等。盘盖类零件上通常有键槽、均布圆孔或肋板、轮辐等结构，此类零件主要在车床或铣床上加工。

扫码看三维模型：盘盖类零件

图 6-26　盘盖类零件

3. 支架类零件

支架类零件一般由工作部分、安装部分及连接工作部分和安装部分的薄板与肋板组成。常见的支架类零件有拨叉、连杆、支座等，多为铸造件，因而具有铸造圆角、凸台、凹坑等常见结构，如图6-27所示。

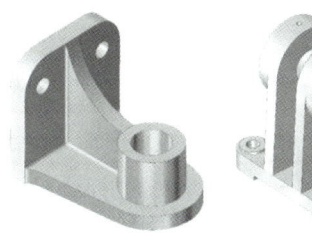

扫码看三维模型：支架类零件

图 6-27　支架类零件

4. 箱体类零件

箱体类零件主要有阀体、减速器箱体等零件，起容纳作用，其空腔形状取决于所容纳的零件形状，这类零件有复杂的内腔和外形结构，并带有轴承孔、凸台、肋板，此外还有安装孔、螺孔等结构，如图6-28所示，该类零件多为铸件，后由加工中心进行多工序加工。

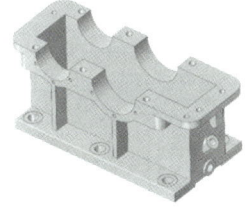

扫码看三维模型：箱体类零件

图 6-28　箱体类零件

二、零件的工艺结构及表达

工艺结构是为了制造出合格优质的零件，使零件毛坯制造、切削加工、组装调试、安全操作等工作顺利进行，所要求的零件的局部结构。零件上常见的工艺结构包含热加工工艺结构（铸造圆角、起模斜度等）和冷加工工艺结构（倒角、退刀槽等），如表6-5所示。

表 6-5　常见的零件工艺结构

类型	内容	图例	说明
热加工工艺结构	铸造圆角	其他圆角R5　R2　不合理　圆角R5　合理	为了防止浇注铁水时冲坏砂型或避免铁水冷却收缩时在转角处产生裂纹和缩孔，铸件各表面相交处均做成圆角，圆角半径一般取壁厚的0.2～0.4倍。同一工件的圆角半径尽量一致

续表

类型	内容	图例	说明
热加工工艺结构	起模斜度	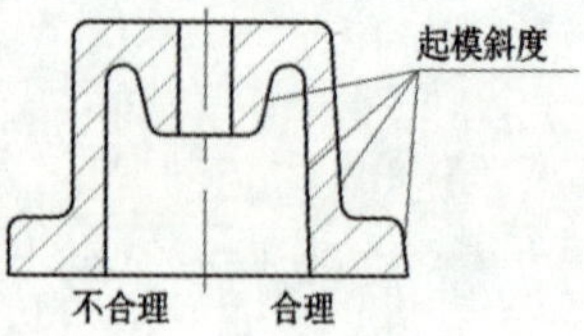	为了能从砂型中顺利取出木模，常在木模表面沿起模方向做 1°～3°的斜度，这个斜度会留在铸件上，起模斜度在制作木模时应予以考虑，但在图样上可以不画出来
	铸件壁厚	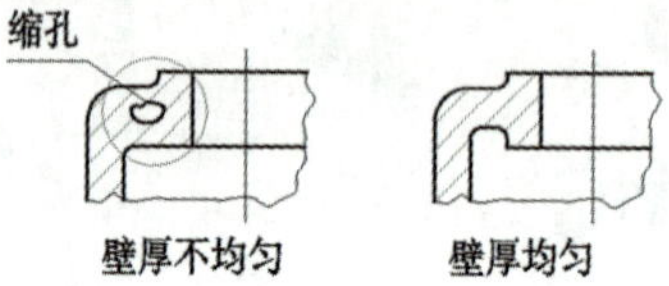	为了防止铸件上产生缩孔和裂纹，铸件壁厚要均匀，避免突然改变壁厚和出现局部厚大现象
冷加工工艺结构	倒角	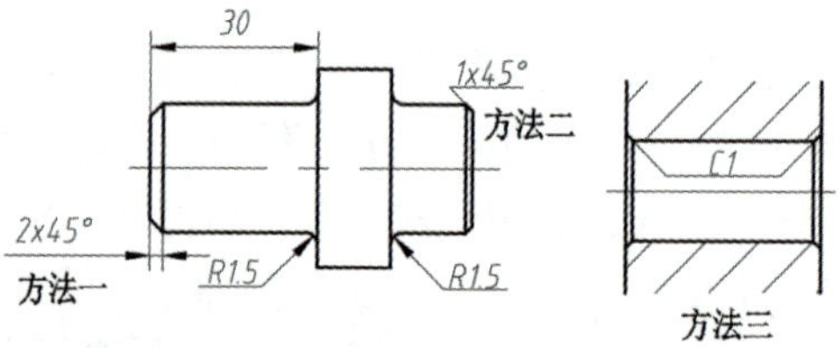	为了去除毛刺、锐边和便于装配，轴和孔的端部常加工成倒角，图中 $C1$ 表示45°的倒角，深度为1mm
	退刀槽和砂轮越程槽	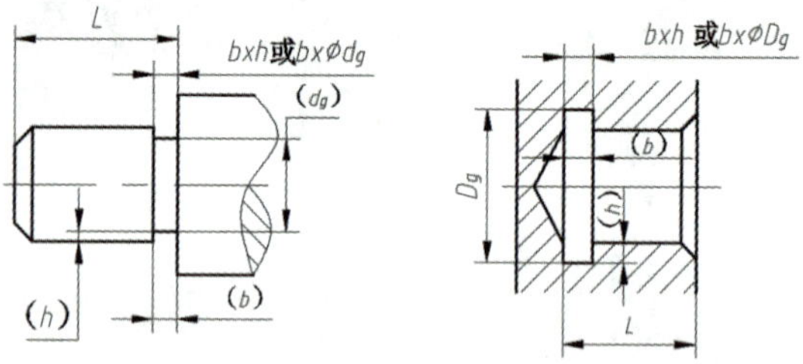	在加工内、外圆柱面和螺纹时，为了方便刀具退出或让砂轮稍微越过加工表面，常在待加工表面预先加工出退刀槽和砂轮越程槽
	钻孔	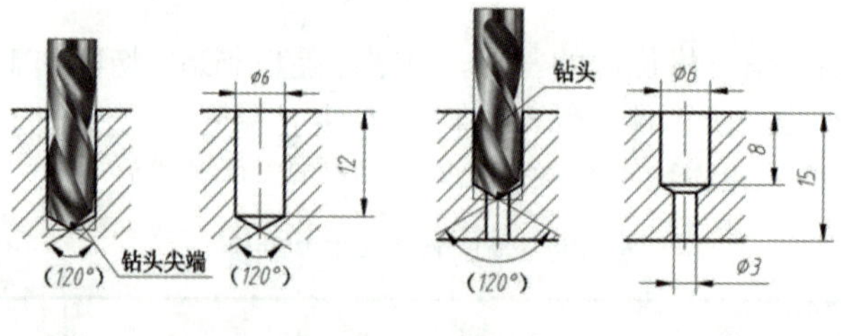	用钻头钻不通孔（也叫盲孔）或阶梯孔时，钻头顶角会在钻孔底部留下一个大约 120°的锥顶角，称为钻尖角。画图时，应按120°画出钻尖角，但不必标注尺寸。钻孔深度不包括圆锥部分
	凸台和沉孔	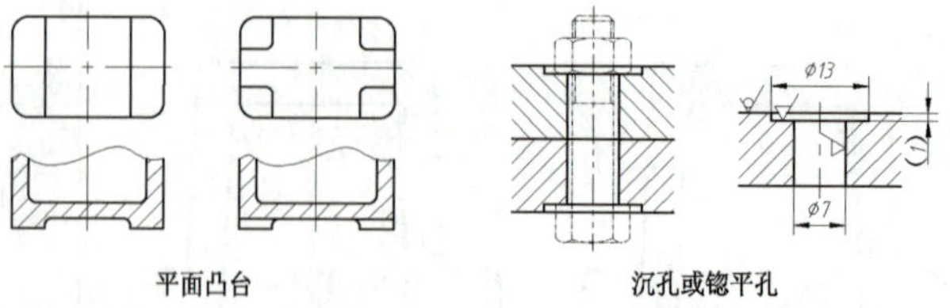	为了保证零件间接触良好和减少机械加工量，加工表面和非加工表面要分开，做成凸台或凹坑

一般需要通过对零件结构、功用及其加工工艺进行系统分析后，才能把零件的各部分结构完整、正确、清晰地设计出来，并制定经济、合理的技术要求和加工工艺。

第四节　零件图的绘制

机械零件的作用和使用要求各不相同，其结构和形状也是千变万化的。针对不同结构的零件，在工程图样的绘制过程中需要选择适当的表达方案和进行合理的尺寸标注。

一、零件图的视图选择

零件图上要正确、完整、清晰地表达零件的内、外结构形状，关键在于分析好零件的结构特点，选用合适的视图、剖视图、断面图及其他表达方法，以适当数量的视图表达零件的内、外结构形状。

1. 主视图的选择原则

主视图是二维工程图中表达零件最主要的视图，因此在确定表达方案时，应首先确定主视图，然后确定其他视图。在选择主视图时，应遵循以下三个原则。

（1）加工位置原则：主视图的选择应尽量符合零件的主要加工位置（零件在主要工序中的装夹位置）。这样便于加工时看图与操作，提高生产效率，如图6-29所示。

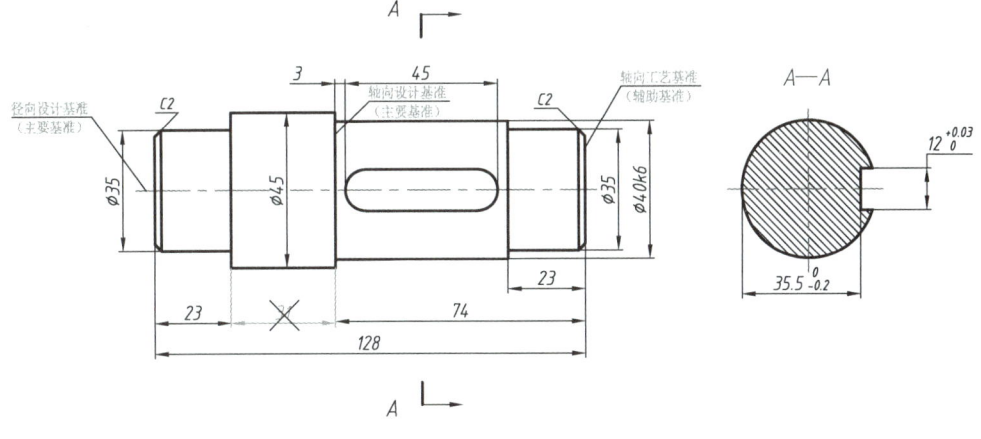

图6-29　轴的尺寸标注

（2）安装位置（工作位置）原则：有些零件的加工工序较多，需要在多种机床上加工，这时主视图的选择应尽量符合零件在机器上的安装位置。后面图6-34中的主视图是按安装位置画出的，这样读图比较形象，便于安装。

（3）结构特征原则：对于结构形状较复杂，安装和加工位置不定的零件，比如某些支架类零件，应将最能反映零件的形状和结构特征，以及各组成部分之间的相互关系的视图选为主视图。

2. 其他视图的选择原则

其他视图用于补充表达主视图尚未表达清楚的结构。其选择时可以考虑以下几点。

（1）根据零件结构的复杂程度，使所选的其他视图都有一个表达的重点。按便于画图和易于看图的原则，采用适当的视图数量，完整、清晰地表达零件的内、外结构形状。

(2) 优先考虑用基本视图及在基本视图上作剖视图，采用局部视图或斜视图时应尽可能按投影关系配置，并配置在相关视图附近。

(3) 合理地布置视图位置，使图样清晰匀称、图幅充分利用，又便于看图。

二、零件图的尺寸标注

零件图中的尺寸是加工和检验零件的重要依据，因此在零件图上的尺寸标注，除了要符合前面所述的正确、完整、清晰外，还应尽量标注合理。尺寸的合理性主要是指既符合设计要求，又便于加工、测量和检验。为了合理标注尺寸，必须了解零件的作用、在机器中的装配位置及采用的加工方法等，从而选择恰当的尺寸基准，合理地标注尺寸。

扫码看知识点视频：
零件图的尺寸标注

1. 正确选择尺寸基准

（1）选择尺寸基准的目的

一是为了确定零件在机器中的位置或零件上几何元素的位置，以符合设计要求；

二是为了在制作零件时，确定测量尺寸的起点位置，便于加工和测量，以符合工艺要求。

（2）尺寸基准的分类

根据基准作用不同，一般将基准分为设计基准和工艺基准两类。

① 设计基准。

根据零件结构特点和设计要求而选定的基准，称为设计基准。零件有长、宽、高三个方向，每个方向都要有一个设计基准，该基准又称为主要基准，如图6-29所示，轴线为径向设计基准，即高度和宽度方向的主要基准，而 $\phi 45$ 右端面为轴向设计基准，即长度方向的基准。

② 工艺基准。

加工过程中，确定零件装夹位置和刀具位置的一些基准及检测时所使用的基准，称为工艺基准，如图6-29所示。工艺基准有时可能与设计基准重合，该基准不与设计基准重合时又称为辅助基准。当零件同一方向有多个尺寸基准时，主要基准只有一个，其余均为辅助基准，辅助基准必有一个尺寸与主要基准相联系，该尺寸称为联系尺寸，如图6-29中的尺寸74。

③ 选择基准的原则。

尽可能使设计基准与工艺基准一致，以减少两个基准不重合而引起的尺寸误差。当设计基准与工艺基准不一致时，应以保证设计要求为主，将重要尺寸从设计基准注出，次要基准从工艺基准注出，以便加工和测量。

2. 正确、完整、清晰、合理地标注尺寸

（1）功能尺寸应直接注出

所谓功能尺寸是指零件上有配合要求、影响零件精度、保证机器性能、具有互换性的重要尺寸，如零件之间的配合尺寸、重要的安装定位尺寸等，一般都有公差要求，这类尺寸应从设计基准直接注出。

（2）避免注成封闭尺寸链

零件上某一方向尺寸首尾相接，形成封闭尺寸链，如图6-29中长度方向的尺寸23、31、74、128就首尾相连，绕成一个整圈，呈现 $128=23+31+74$ 的关系，这称为封闭尺寸链。由

于加工误差的存在,很难保证 128＝23＋31＋74,所以在标注时出现封闭尺寸链是不合理的,应该避免。为了保证每个尺寸的精度要求,通常对尺寸精度要求最低的一环不注尺寸(如 31),使尺寸误差都累积到这个尺寸上,从而既保证重要尺寸的精度,又可降低加工成本。若因某种原因必须将其注出时,应将此尺寸数值用圆括号括起,称之为参考尺寸,如(31)。

(3) 应考虑测量方便

标注尺寸时应考虑便于加工、测量。例如,在加工阶梯孔时,一般先加工小孔,然后依次加工出大孔。因此,在标注轴向尺寸时,应从端面注出大孔的深度以便于测量,如图 6-30 所示。

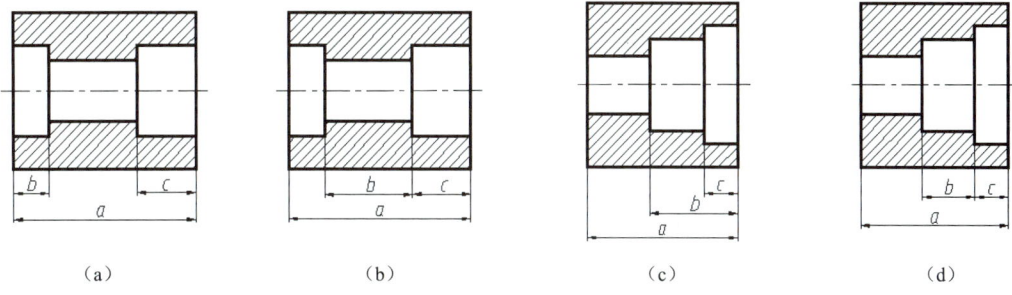

图 6-30 尺寸标注要便于测量[(a)、(c)便于测量,(b)、(d)不便于测量]

(4) 应符合加工顺序

应按照加工过程的顺序标注尺寸,以便于加工和测量,如图 6-29 中的右端长度方向的尺寸,先车 $\phi40$ 外圆,长度为 74,然后再车长度为 23 的外圆 $\phi35$,因此 74 必须标注,而不能标注成 51 和 23。

(5) 考虑加工方法

一个零件一般需要经过几种加工方法才能制造成功,在标注尺寸时,最好将不同加工方法或不同加工工序的有关结构尺寸分别进行集中标注。

3. 零件上常见孔的尺寸标注

零件上常见的典型结构,如光孔、螺纹孔、键槽、倒角等的尺寸标注,应按照国家标准进行标注,其中常见的孔的尺寸注法如表 6-6 所示。

表 6-6 常见孔的尺寸标注

类型		旁注法	普通注法	说明
光孔	通孔	4×$\phi5$	4×$\phi5$	4×$\phi5$ 表示 4 个均布孔的直径均为 $\phi5$
	不通孔	4×$\phi5$ ↓10	4×$\phi5$ 10	表示 4 个均布孔的直径均为 $\phi5$,深度为 10mm

续表

类型		旁注法	普通注法	说明
螺纹孔		3×M6↧8 ↧10	3×M6 8 10	表示3个均布螺纹孔，大径为6mm，螺纹有效深度为8mm，钻孔深度为10mm
沉孔	锪平沉孔	4×φ5 ⌴φ11	锪平 φ11 4×φ5	锪平面φ11的深度不需要标注，加工时一般锪平到不出现毛面为止
	柱形沉孔	4×φ5↧2 ⌴φ11	φ11 2 4×φ5	4个柱形沉孔的小孔直径为φ5，大孔直径为φ11，深度为2mm
	锥形沉孔	4×φ5 ⌵φ11×90°	4×φ5 ⌵φ11×90°	90° φ11 4×φ5	锥形部分大端直径为φ11，锥角为90°

三、画零件图

如上所述，根据零件的结构特点和功能，一般零件被分为四大类，即轴套类零件、盘盖类零件、支架类零件、箱体类零件，下面针对各类型零件分别讨论零件图特点。

扫码看知识点视频：
零件图的绘制

1. 轴套类零件

（1）功能、结构特点和加工特点

轴套类零件如图6-25和图6-31所示，一般有如下功能、结构特点和加工特点。

① 功能：轴的主要功能是安装、支承传动件（如齿轮、链轮和带轮等），传递运动和动力。

② 结构特点：轴的主体结构多为若干段相互衔接的直径和长度不同的圆柱体（称为"轴段"），各段长度总和明显大于或远大于圆柱体直径。轴段做成阶梯状，一是为了便于轴上零件定位，二是为了便于轴上零件的装配。轴上的安装结构有键槽、花键、螺纹、弹簧挡圈槽、销孔和装紧定螺钉用的凹坑等，有些齿轮轴上还制有齿。

③ 加工特点：轴套类零件的主要加工方法是在车床上车削和在磨床上磨削。

（2）轴套类零件的表达

根据其功能及结构特征，一般具有以下视图表达特点。

① 按照加工位置放置原则，根据车削、磨削的加工位置特点，主视图上通常将轴套类零件的轴线水平放置，并且尽量反映多的细节形状信息，如键槽、销孔等。轴类零件以外形表达为主，局部孔、槽可采用局部剖视图，套类零件可用全剖视图、半剖视图或局部剖视图来

表达。

② 对于轴上的键槽、销孔等采用移出断面图，既清晰表达结构形式，又有利于尺寸和技术要求标注。某些细部结构如退刀槽等，常用局部放大图表示。当轴较长时，可采用断开后缩短绘制的方法。

（3）尺寸标注

① 径向尺寸基准为水平位置的轴线；轴向尺寸基准选取重要的轴肩、端面或加工面，如图 6-31 中粗糙度为 $Ra3.2\mu m$ 的右轴肩，由此注出长度尺寸 104。标注轴向尺寸时，重要尺寸要直接标出，如 104、34，次要尺寸可间接形成，避免形成封闭尺寸链。

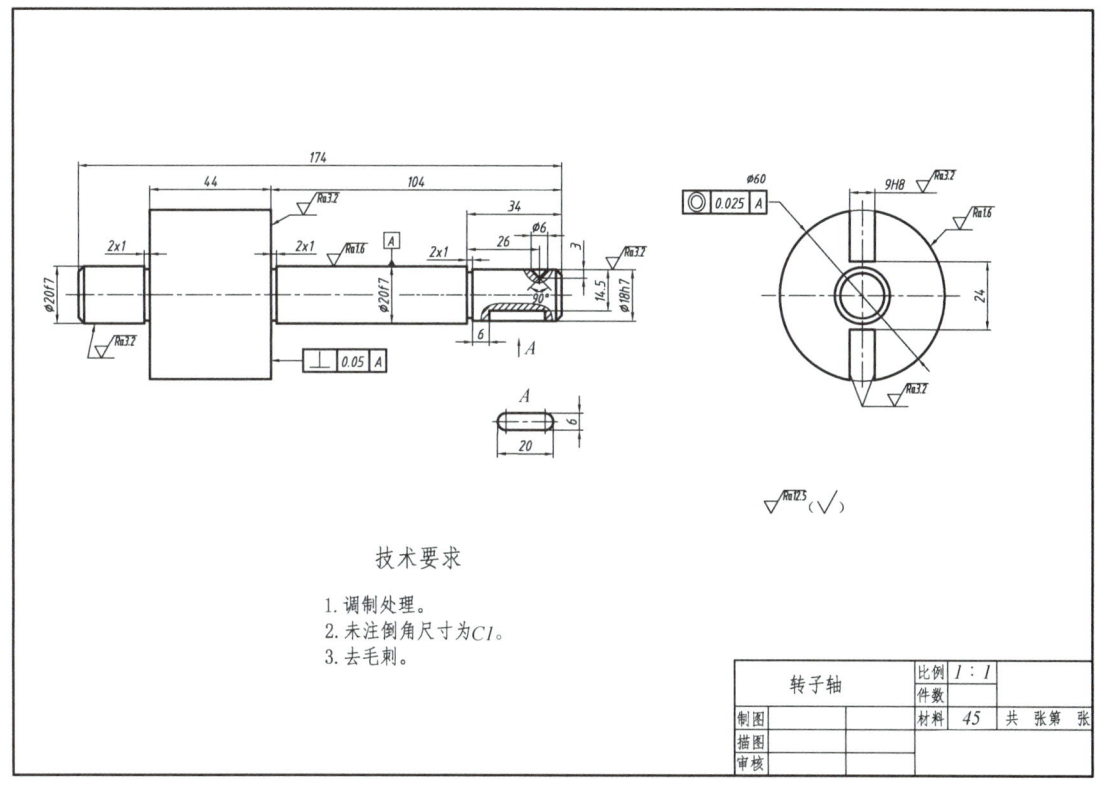

图 6-31 转子轴零件图

② 轴上的各局部结构（如键槽、花键、螺纹、倒角、退刀槽和中心孔等）的参数、规格应符合国家标准规定。

（4）技术要求

轴套类零件的表面均为切削加工表面，对于要求较高的配合表面，其粗糙度数值应直接注出，对热处理的要求在技术要求里注出。

图 6-32 所示为转子轴 MBD 图，与传统的二维工程图相比，MBD 技术可以直接在三维模型上定义尺寸、公差和其他制造信息，解决了设计到制造过程中的信息不一致问题，促进了设计制造一体化，缩短了产品开发周期，降低了生产成本。可以通过将三维建模、数字仿真、数字制造和数字管理集成到一起，使模型和数据在云端交付，帮助企业打破对图纸的依赖，进入以数据为中心的时代。

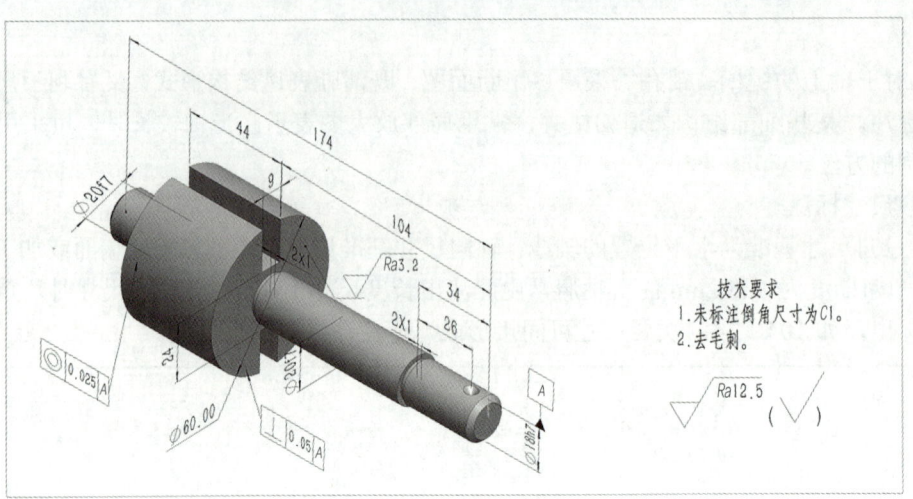

图 6-32 转子轴 MBD 图

2. 盘盖类零件

1）功能、结构特点和加工特点

盘盖类零件如图 6-26 和图 6-33 所示，一般有如下功能、结构特点和加工特点。

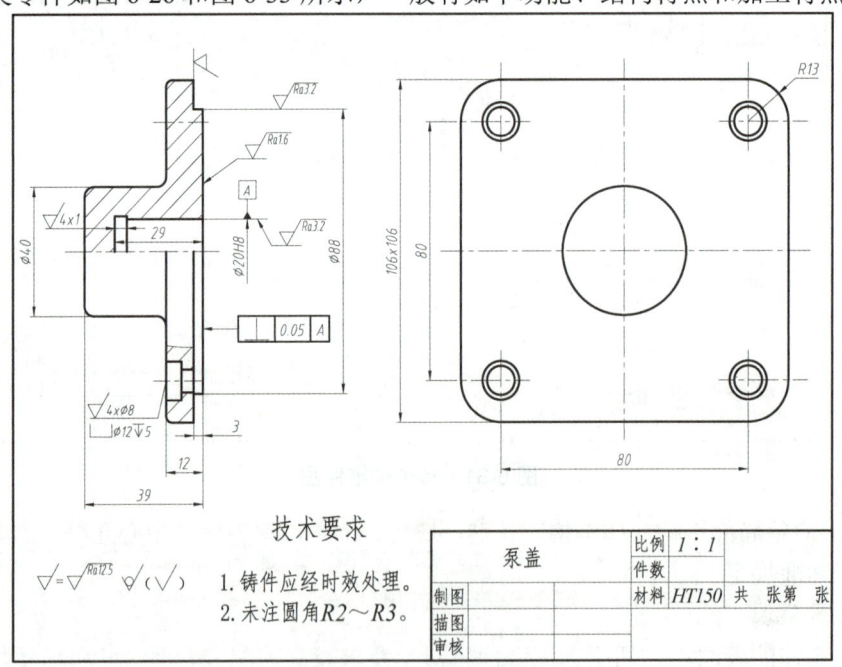

图 6-33 泵盖零件图

① 功能：盘盖类零件的主要功能是支撑、连接、轴向定位及密封。

② 结构特点：其主体结构特点是径向尺寸明显大于轴向尺寸，主要功能结构有安装螺钉的螺纹孔或穿过螺钉的光孔（常为均匀分布的多个）、定位用的销孔、键槽、弹簧挡圈槽、润滑用的加油孔和油沟等；主要工艺结构有倒角、退刀槽、越程槽等。

③ 加工特点：此类零件的主要加工工艺多为铸、锻形成毛坯后再经切削加工，切削加工

以车、铣、磨为主。如图 6-33 所示,左侧表面保留铸件毛坯面,右侧表面须进行精密切削加工,以获得 $Ra1.6\mu m$ 的粗糙度,并保证与中心轴线的 0.05mm 垂直度要求。

(2) 盘盖类零件的表达

根据其功能及结构特征,零件图一般具有以下视图表达特点。

① 按加工位置原则放置,与其在车床、铣床,以及内、外圆磨床上加工时的状态一致,以过中心线的全剖视图或取旋转剖的全剖视图作为主视图,重点表达孔、槽的结构。

② 左视图重点表达轮廓形状及零件上孔、肋板等结构的分布位置。

(3) 尺寸标注

① 通常选择轴线为径向基准,如图 6-33 所示,中心轴线既是高度方向基准也是宽度方向基准。各回转结构的直径尺寸标注在主视图,如 $\phi 20$ 、$\phi 40$,反映孔、肋板等均布特征的位置尺寸标注在左视图或右视图,如图 6-33 的左视图中均布孔的定位尺寸 80。

② 选择重要的端面或接触面作为轴向基准,如图 6-33 中零件的最右端面,标注尺寸时,注意要有利于加工和测量。

(4) 技术要求

因此类零件的主要功能为支承、定位和连接,故重要端面对轴线有垂直度要求。这些公差符号要求用规定符号注出,如图 6-33 中右端面对基准 A 的垂直度要求。

图 6-34 所示为泵盖 MBD 图。

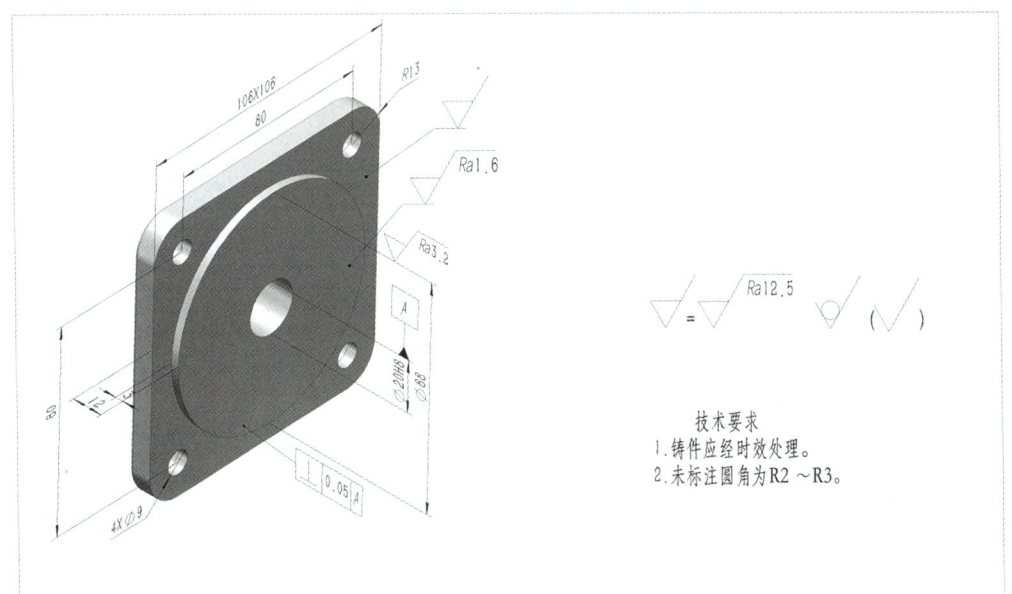

图 6-34 泵盖 MBD 图

3. 支架类零件

(1) 功能、结构特点和加工特点

支架类零件如图 6-27 和图 6-35 所示,一般有如下功能、结构特点和加工特点。

① 功能:支架类零件形状较为复杂,主要用在运动机构中,功能为操纵、连接或支撑。

② 结构特点:其主体结构一般由三部分组成,即安装底板、工作主体和支撑肋板。此类

零件大多形状不规则，结构比较复杂；主要工艺结构有铸造圆角、起模斜度和倒角等。

③ 加工特点：加工方法多为铸、锻毛坯，再经必要的切削加工，加工工序较多。支架类零件在加工过程中对精度要求较高，如图 6-35 中泵体的加工右端面与孔的垂直度要求达到 0.05mm。

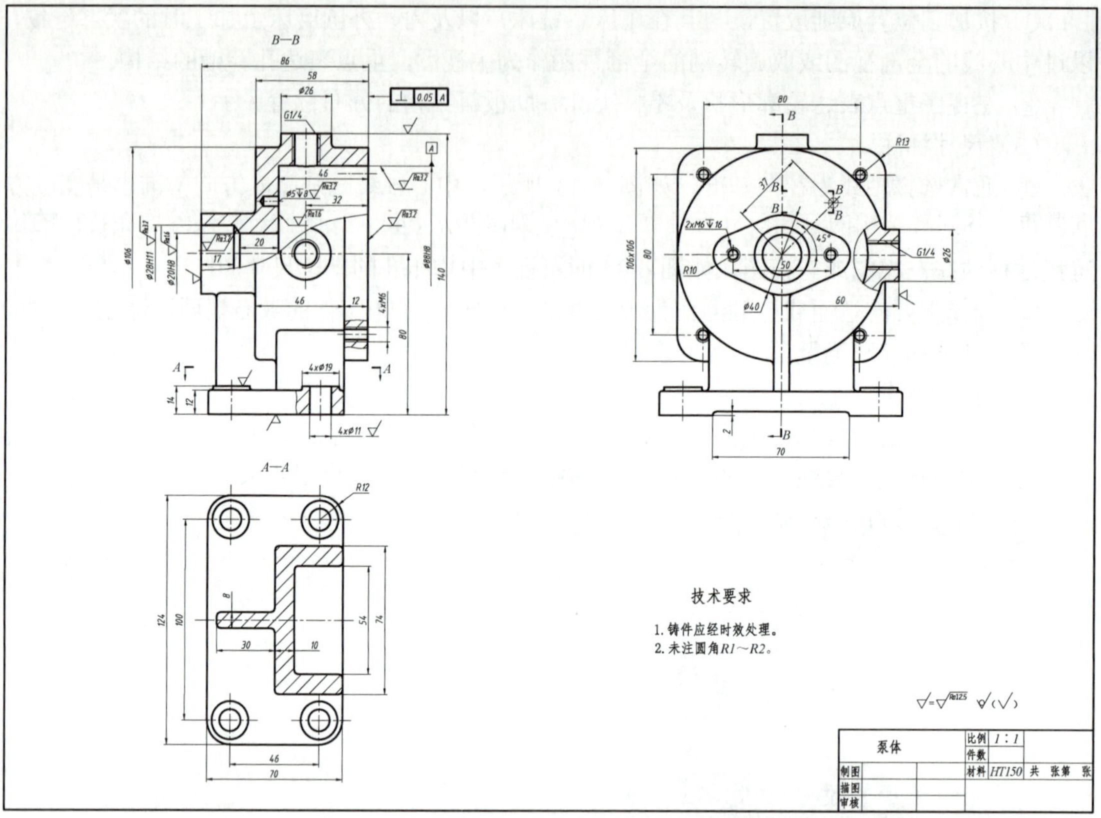

图 6-35　泵体零件图

（2）支架类零件的表达

根据其功能及结构特征，零件图一般具有以下视图表达特点。

① 加工工序较多，其加工位置多变，主视图需要表达三个组成部分的相对位置和尽可能多的结构特征。

② 常采用两个或两个以上的基本视图，还常用斜视图、局部视图和斜剖视图等，肋板结构通常采用断面图表示。

扫码看三维模型

（3）尺寸标注

① 该类零件的形状不规则，通常选用零件的安装面、对称面或重要的端面作为尺寸基准。选图 6-35 中的底板安装面为高度基准，前后对称面为宽度基准，以重要的右端面为长度基准，标注尺寸 32、58 和总长尺寸 86。

② 各组成部分的相对位置尺寸为重要尺寸，需要首先标注，如图 6-35 中的轴线高度尺寸 80、前面凸台位置尺寸 60 等。

图 6-36 所示为泵体 MBD 图。

第六章 零件图

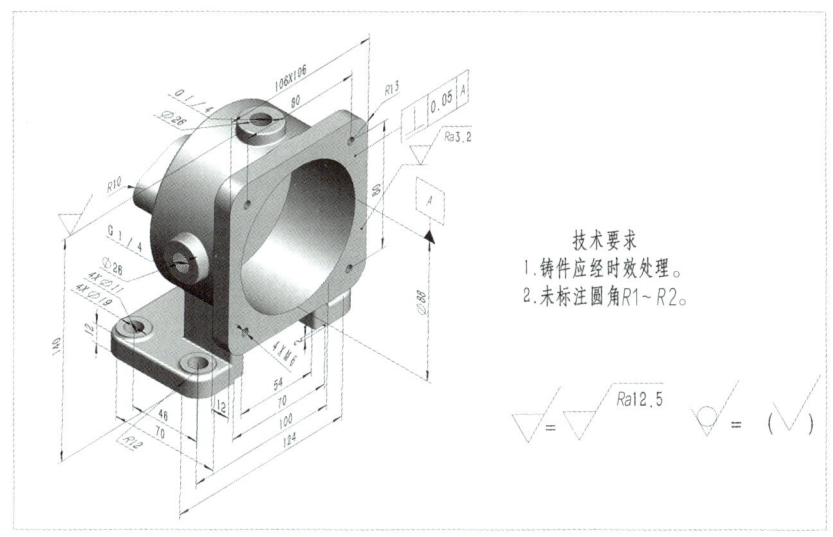

图 6-36 泵体 MBD 图

4. 箱体类零件

壳体如图 6-37 所示，壳体零件图如图 6-38 所示。

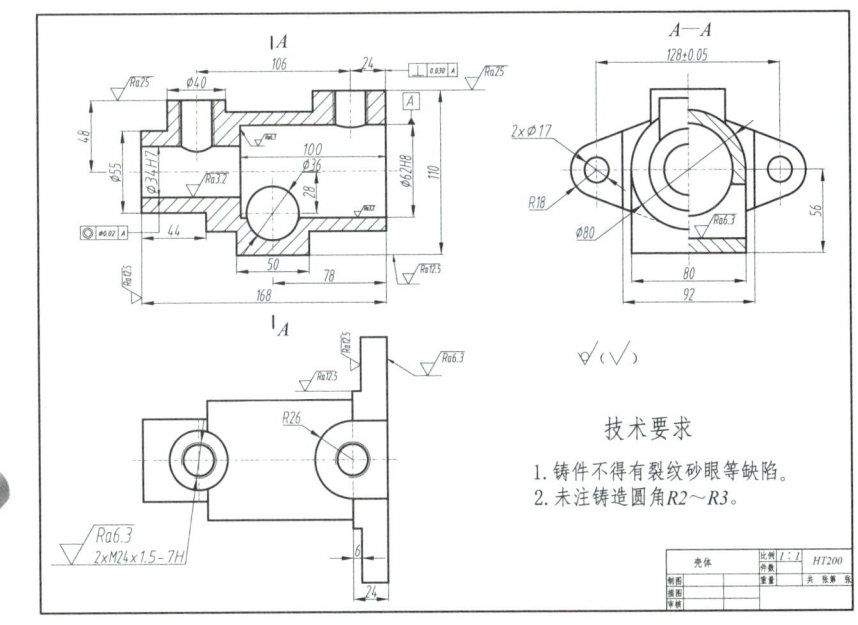

图 3-37 壳体　　　　　　　　图 6-38 壳体零件图

扫码看三维模型

（1）功能、结构特点和加工特点

箱体类零件如图 6-28 和图 6-37 所示，一般有如下功能、结构特点和加工特点。

① 功能：箱体类零件是组成部件和机器的主要零件，一般有阀体、泵体、减速器箱体等，其主要功能是将机器中的轴、套、轴承和齿轮等零件组装在一起，保持正确的相互位置关系，并按照一定的传动关系协调地运转和工作。

② 结构特点：构造复杂、壁薄且不均匀、内部呈腔形，既有许多精度较高的轴承支承孔和平面，也有许多精度较低的紧固孔和次要平面，还具有肋板、凸台、凹坑、铸造圆角、起模斜度等常见结构。

③ 加工特点：箱体类零件需要加工的部位多且加工工序复杂，加之箱体零件的关键结构技术要求严格，因此加工精度高，加工难度较大。

（2）箱体类零件的表达

根据其功能及结构特征，零件图一般具有以下视图表达特点。

① 箱体类零件一般需要多个视图来表达其结构。主视图通常遵循工作位置原则，以最能反映其形状特征。通常采用全剖视图，重点表达箱体内部的主要结构形状。

② 其他视图采用适当的剖视图、断面图、局部视图和斜视图等多种辅助视图，以清晰地表达零件的各个部分。

（3）尺寸标注

① 箱体类零件通常选用重要的安装面、接触面、箱体的对称面、重要的轴线作为尺寸基准。这些基准能够确保尺寸标注的准确性和方便性。

② 对于箱体上需要切削加工的部分，应尽可能按便于加工和检验的要求来标注尺寸。

图 6-39 所示为壳体 MBD 图。

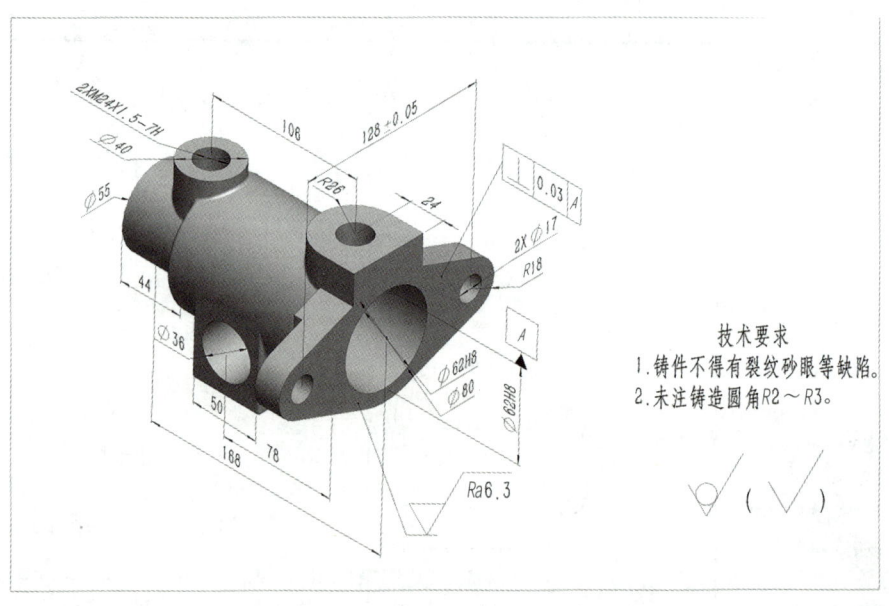

图 6-39　壳体 MBD 图

第五节　读零件图

读零件图是一个通过对图样的仔细阅读与分析，获取零件的形状、尺寸、技术要求等详细信息的图学知识综合应用过程，是后续制造与检验各环节的基础。此过程不仅要求对零件的结构进行剖析，还需要了解零件在加工及应用环节的信息，以便能够精准指导制造，确保

第六章 零件图

零件的制造与检验工作严格遵循设计要求，达到预期的质量标准。

一、读零件图的基本方法和步骤

扫码看知识点视频：读零件图的基本方法和步骤

（1）看标题栏：了解零件的名称、材料、数量、比例等，对零件的功能与用途有初步了解。

（2）分析视图：识别视图中的投影关系，明确各视图在表达零件结构中的作用及各视图之间的联系和表达目的。

（3）想象零件的结构形状：利用构型分析法，想象出零件的各部分形状及其相对位置。

（4）分析尺寸：寻找并识别图样中的主要结构尺寸，分析尺寸的定形与定位作用，确保对零件的尺寸要求有准确理解。

（5）分析技术要求：解读图样中的技术要求，包括表面粗糙度、尺寸公差、几何公差等。理解加工质量和技术指标，确保在制造过程中能满足设计要求。

（6）综合归纳：将以上信息综合起来，全面了解零件的作用、形状结构和加工要求，为后续的制造与检验工作提供详细指导。在读较为复杂的零件图时，有时还需参考有关的技术资料进行细致的研究。

二、读图举例

图 6-40 所示为减速器箱体零件图，读此零件图的基本方法和步骤如下。

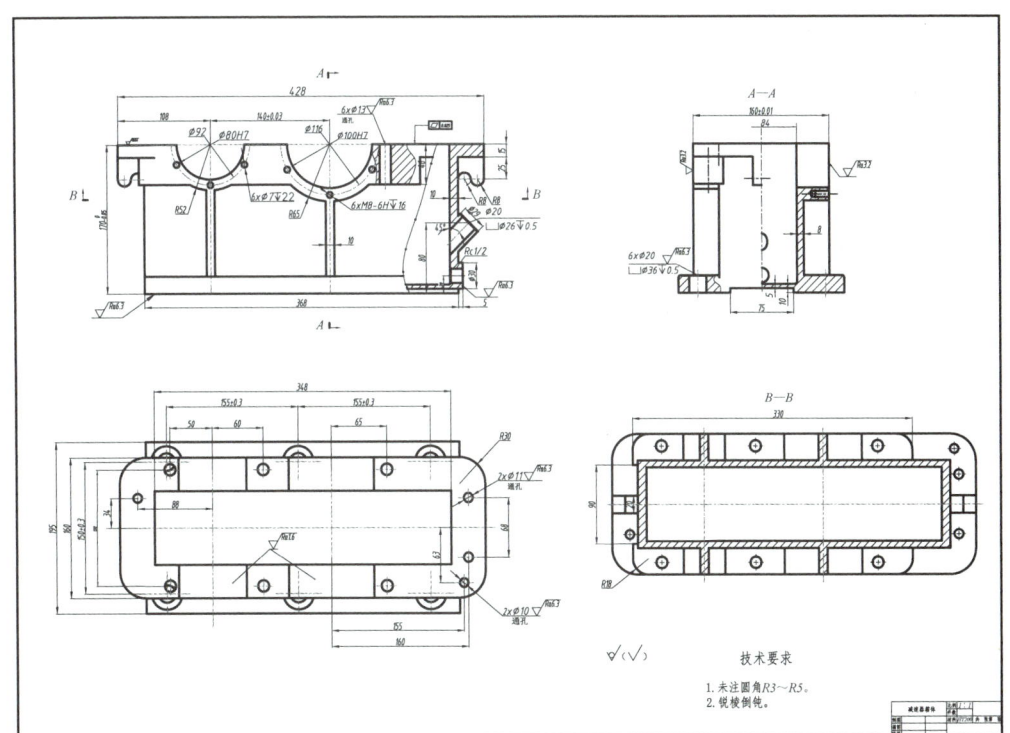

图 6-40　减速器箱体零件图

（1）看标题栏，了解概貌。

零件名称为减速器箱体，属于箱体类零件，材料为 HT200（铸铁），该零件是在铸造毛坯的基础上经机械加工而成的，零件图绘图比例为 1∶1。

扫码看三维模型

（2）分析视图，厘清视图之间的关系。

① 该零件图是由主、俯、左三个基本视图和一个全剖仰视图组成的。

② 主视图反映了减速器箱体的基本形状和各个部分的相对位置，采用了两处局部剖视图，一处表达壁厚及右下方的油标尺孔和放油塞孔；另一处则表达了用于连接的光孔。

③ 俯视图主要表达了减速器箱体的上安装板、内部空腔和安装底板的外形，同时也表达了光孔、销孔、地脚螺栓孔的位置。

④ 左视图采用半剖视图表达了内部空腔和轴承孔的连接情况，局部剖视图表达了底部螺栓孔的情况。此外，减速器箱体凸缘、肋板、吊钩等结构的外形在这也得到了部分表达。

⑤ 仰视图取全剖主要表达的是凸缘部分的详细外形特征。

（3）分析型体，想象零件的结构形状。

① 减速器箱体的整体结构可以分为上中下三部分，分别是上安装板、内腔及安装底板。

② 减速器箱体的主要功能是容纳和保护其他零件，由主、俯、左三个视图可以读出其内腔的形状和尺寸，此处主要用于容纳两个啮合的齿轮。内腔里装有润滑油，因此右侧有放油塞孔和油标尺孔。前后端面用于安装轴的轴承和端盖。

③ 减速器箱体的上安装板上有 6 个螺栓光孔和 2 对销孔，用于连接箱体盖的固定和定位。安装底板上还有 6 个地脚螺栓孔。

④ 安装底板和上安装板之间的部分，是整个箱体的支撑结构，左右两端有用于搬运的挂钩。

⑤ 根据已分析的减速器箱体上的各部分的形状和相对位置，综合想象其整体结构，如图 6-41 所示。

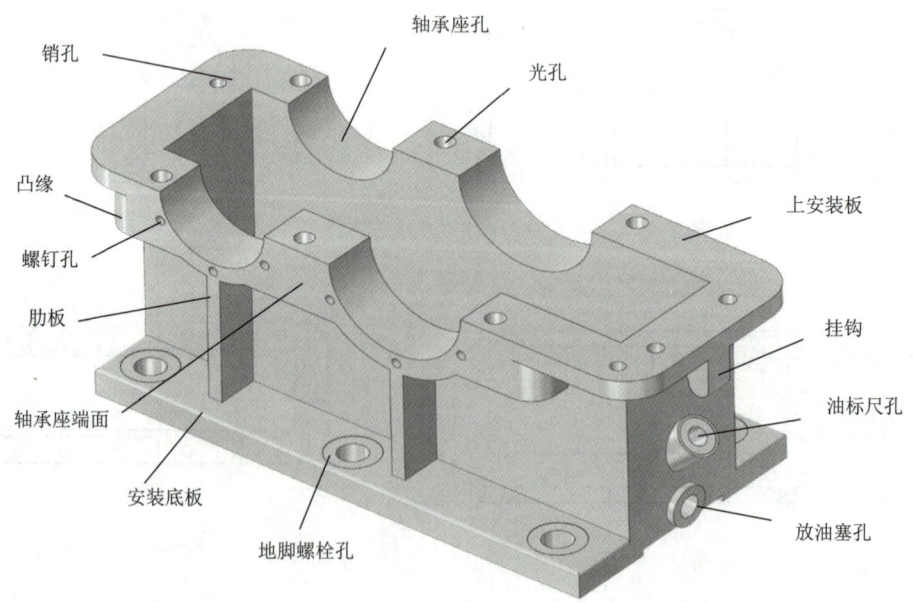

图 6-41　减速器箱体

第六章　零件图

（4）分析尺寸，检查尺寸标注是否合理。

① 通过构型分析可以看出：宽度方向的尺寸基准是通过减速器箱体上的前后对称面所在的正平面；长度方向的尺寸基准是右侧轴承座孔的轴线所在的侧平面；高度方向的尺寸基准是底面。

② 减速器器体的重要尺寸已直接注出，具体如下。

中心距：减速器箱体中的两轴承孔的孔间距 140±0.03，这个尺寸影响着齿轮之间是否能正确啮合。

配合尺寸：减速器箱体中两轴承孔 ϕ80H7 和 ϕ100H7，它们影响着轴承的配合性能。

与安装有关的尺寸：结合面到底面的距离 $170_{-0.05}^{0}$。

（5）分析技术要求，深入了解该零件。

箱体表面粗糙度要求 Ra 最高为 1.6μm，在轴承孔及上安装板面上。未注铸造圆角为 $R3\sim R5$；与轴承配合的孔 ϕ80H7 和 ϕ100H7，两者的基本偏差为 H，标准公差等级为 IT7 级；上安装面有平面度要求。

（6）综合归纳，全面看懂零件图。

以上分析步骤应作为一个整体，而不宜单独进行，通过对视图、尺寸、技术要求的综合分析和识读，并结合减速箱的功能需求等各方面的资料进行读图，才能全面看懂零件图。

本章知识图谱

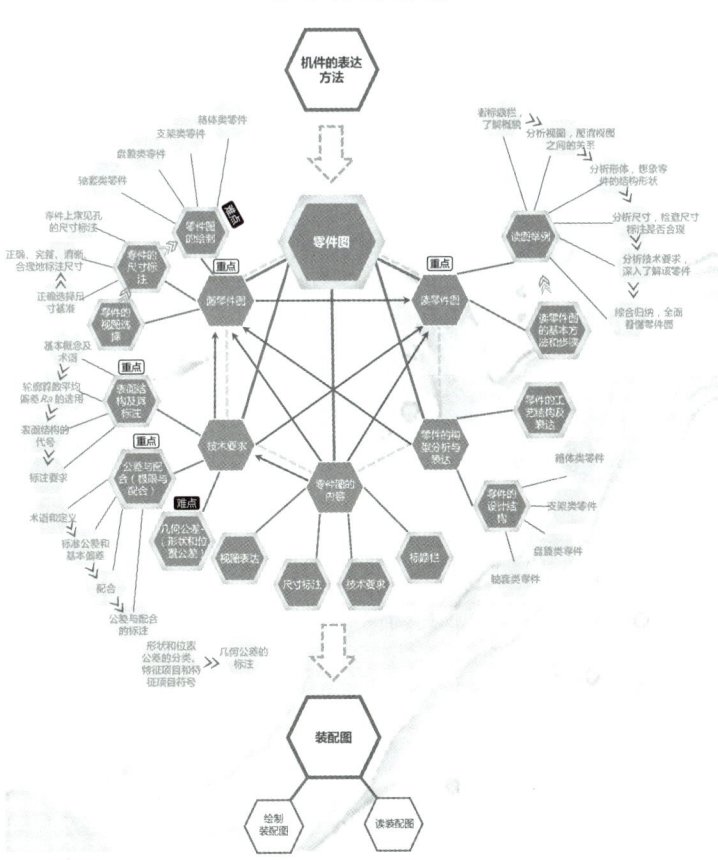

第七章　装配图

装配图是用来表达机器或部件的工作原理、运动方式、零部件装配连接关系及相关技术要求的图样，是机器或部件在设计、生产、改造和维修等过程中的重要技术文件。

第一节　装配图的内容

图 7-1 所示为滑动轴承的构造，它是机器设备中支承传动轴的部件，由轴承座、轴承盖、上轴衬、下轴衬、油杯、螺栓、螺母和垫圈等零件装配而成。轴承座与轴承盖通过两组螺栓和螺母紧固，压紧上、下轴衬，轴承盖上部的油杯用于给轴衬加润滑油，轴承座下部的底板在滑动轴承安装时起支承和固定作用。

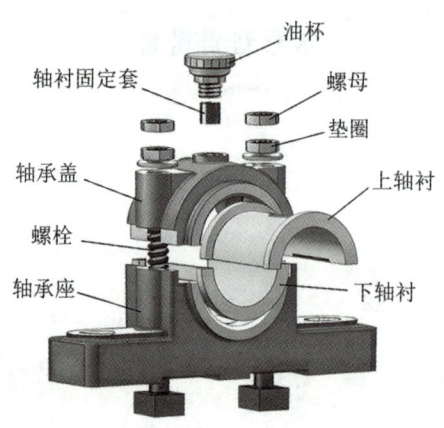

图 7-1　滑动轴承的构造

滑动轴承装配图如图 7-2 所示，一张完整的装配图应包含以下四项内容。

一、一组视图

用于表达机器或部件的工作原理、结构形状、装配关系、连接形式及主要零件的结构形状等的所有视图。

二、必要尺寸

装配图上标注的是机器或部件的规格性能、装配、安装和外形等方面的尺寸，而不是所有零件的尺寸。

第七章 装配图

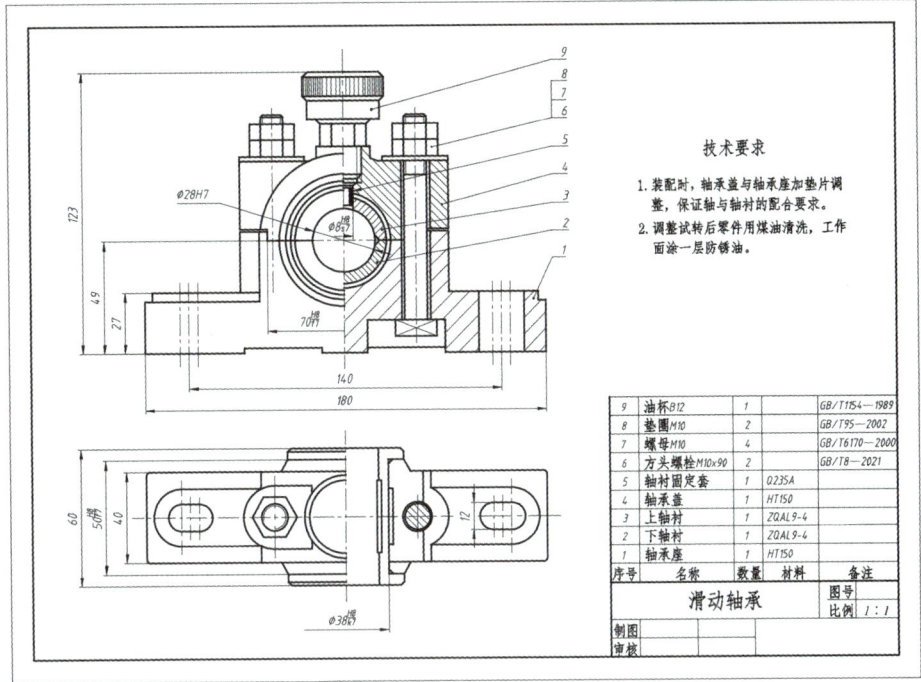

图 7-2 滑动轴承装配图

三、技术要求

用文字或符号注写出机器或部件的性能、装配、检验、调试、安装、涂饰、运输和使用等方面应满足的要求。

四、零部件序号、明细栏与标题栏

对每种不同的零件或部件编写序号，标注在视图上，并在明细栏中列出序号、名称、数量、材料等。在标题栏中说明机器或部件的图名、图号、比例、制图、审核、日期等。

第二节 装配图的表达方法

第四章中所讲的机件表达方法包括视图、剖视图、断面图、局部放大图及规定画法等，在装配图中都完全适用。但因装配图与零件图的表达内容不同，装配图还有以下几种规定画法和特殊表达方法。

一、规定画法

（1）两相邻零件的接触面或配合面必须用一条线表示，而非接触面轮廓线必须分别画出，如果间距太小，可夸大画出。

如图 7-2 中的螺母与螺母、螺母与轴承盖等的接触面只画一条线，而方头螺栓与轴承盖和轴承座的孔是非接触面，因此必须画两条线。

（2）相邻金属零件的剖面线应明显不同，方向相反或间隔不等，以便区分不同的零件。同一零件在所有视图上的剖面线的方向和间隔应保持一致，如图 7-2 所示。

剖面厚度在 2mm 以下的图形，允许以涂黑来代替剖面符号。如图 7-2 中的轴衬固定套。

（3）对于紧固件，以及轴、手柄、连杆、球、钩子、键、销等实心零件，若剖切平面通过其轴线或对称面时，则这些零件均按不剖绘制。如图 7-2 中的方头螺栓、螺母和垫圈等。

二、特殊表达方法

1．拆卸画法

假想将某一零件或几个零件拆卸后再绘制该视图，以表达其余部分的外形或内部结构。但应注意，拆卸画法是一种假想的表达方法，所以在其他视图上仍应完整地画出它们的投影。通常在视图上方加注"拆去件××等"，如后面图 7-21 中的 C 向视图。

2．沿零件结合面剖切

画剖视图时，剖切平面通过不同零件的结合面，结合面处不画剖面符号（类似拆去了部分零件），被剖切到的零件的剖面线照常绘制。

图 7-2 所示的滑动轴承俯视图中的右半部分，就是沿轴承盖和轴承座的结合面剖切，结合面上不画剖面线，螺栓则要画出剖面线。

3．假想画法

（1）当要表示零件的运动范围和极限位置时，可用细双点画线画出这些零件的极限位置。如图 7-3 中的摆臂零件。

（2）当要表示该装配图所表达部件和与其相邻的其他部件之间的相对位置及装配关系时，可用细双点画线画出相邻部件的部分轮廓线。如图 7-3 中下方用于安装固定箱体的基座。

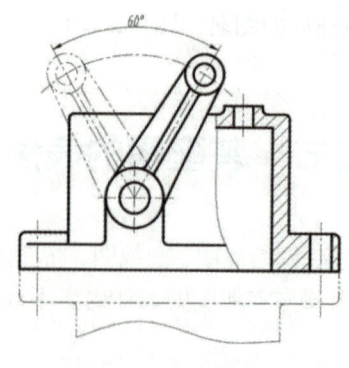

图 7-3　假想画法

4．夸大画法

在装配图中，如绘制直径或厚度小于 2mm 的孔或薄片，以及较小的斜度和锥度，允许该部分不按实际比例绘制,而将其适当夸大画出。

如图 7-4 中的垫片采用了夸大画法,其实际厚度为 1mm。

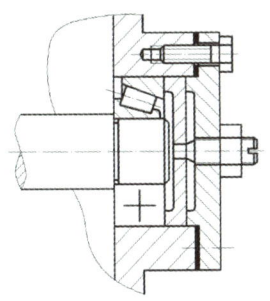

图 7-4 夸大和简化画法

5. 简化画法

(1) 零件的工艺结构如圆角、倒角、退刀槽等可省略不画,如螺栓头部、螺母的倒角及因倒角产生的曲线允许省略。如图 7-4 中已经画出的轴上的倒角和退刀槽可以省略。

(2) 若干相同的零件组,如螺钉、螺柱和螺栓连接等,可以详细地画出一组或几组,其余只需以点画线表示其装配位置即可。如图 7-4 中的六角头螺钉即采用了该简化画法。

(3) 当剖切平面所通过的某些组合件为标准产品,如油杯、电动机、离合器等,或者该组合件已有其他图形表示清楚时,则可只画出其外形,如图 7-2 中的油杯。

6. 单独表达

在装配图中可以单独画出某零件的视图,但必须在所画视图的上方注出该零件的视图名称,在相应视图的附近用箭头指明投影方向,并注上相同的字母,如后面图 7-21 中的 B 向局部视图,对泵体局部的结构形状进行了单独表达。

第三节 装配图的尺寸标注

装配图中所标注的尺寸,主要是与机器或部件的性能、装配、安装,以及包装和运输等相关的尺寸。

一、性能尺寸

性能尺寸是表示机器或部件规格和性能的尺寸,用于确定其工作范围和能力。性能尺寸在设计时要首先确定,是设计、了解和选用机器或部件的重要依据。

如图 7-2 中的轴孔尺寸 $\phi 28H7$ 为滑动轴承的规格尺寸。

二、装配尺寸

装配尺寸是表示零件间装配关系和加工精度的尺寸。

1. 配合尺寸

配合尺寸是表示零件间有配合要求的尺寸。
如图 7-2 中的尺寸 70H8/f7、ϕ8H8/s7、50H8/f7、ϕ38H8/k7 均为配合尺寸。

2. 相对位置尺寸

相对位置尺寸是表示装配时需要保证的零件间重要的距离、间隙等的尺寸。
如图 7-2 中轴承孔轴线到基准面的距离尺寸 49。

三、安装尺寸

将部件安装在机器上或将机器安装在基础上，需要确定的尺寸。
如图 7-2 中的安装孔尺寸 12 和它们的孔距尺寸 140。

四、总体尺寸

表示机器或部件的总长、总宽、总高的尺寸，它是包装、运输、存放及厂房设计等所需的重要尺寸。如图 7-2 中的总体尺寸 180、60 和 123。

五、其他重要尺寸

除上述尺寸外需要保证的重要尺寸，包括装配时要加工的尺寸、保证设计性能的尺寸、主要零件的重要结构尺寸，以及运动件的极限位置尺寸等。
如图 7-2 中的尺寸 27，其大小关系到固定螺栓长度的选择。
必须指出，并不是每张装配图都具有上述五种尺寸，且同一尺寸可能兼有几种尺寸的意义。因此，应根据实际情况合理地进行尺寸标注。

第四节　零部件序号与明细栏

为便于零件图样的管理和读装配图，必须对装配图中的每一种零部件都按一定顺序进行编号并标注，将序号、名称、数量、材料等内容填写在明细栏中。

一、零部件序号

（1）相同的零件或部件用一个序号，且一般只标注一次。
（2）如图 7-5 所示，序号应注写在指引线一端的水平线上或圆内，指引线、水平线和圆均用细实线绘制，序号字高比该装配图中的尺寸数字大一号或两号。同一装配图编注序号的形式应一致。
（3）指引线应自所指零部件的可见轮廓内引出，并在端部画一圆点。若所指部分（很薄的零件或涂黑的剖面）内不便画圆点时，指引线端部用箭头表示，并指向该部分的轮廓，如图 7-5（b）所示。

（4）指引线之间不能相交，且当通过剖面区域时，指引线不应与剖面线平行。必要时指引线可以画成折线，但只允许折一次，如图 7-5（c）所示。

（5）对于一组螺纹紧固件或装配关系清楚的零件组的多个零件，可以采用一条公共指引线，如图 7-5（d）所示。

（6）序号应按顺时针或逆时针顺序标注在视图的外面，并按水平或垂直方向排列整齐。

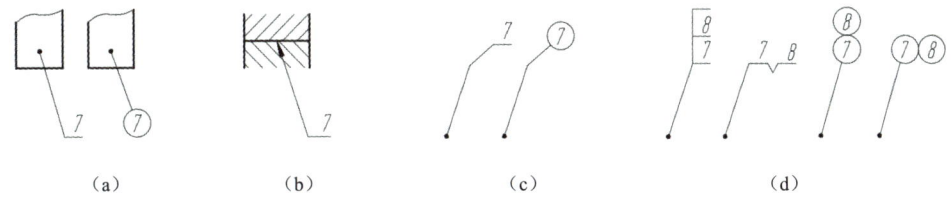

图 7-5 序号的编注形式

二、明细栏

明细栏是机器或部件中全部零件、部件的详细目录。其内容一般有序号、代号、名称、数量、材料及备注等项目。绘制和填写明细栏时应注意以下几个方面。

（1）明细栏应画在标题栏上方，当上方空间不足时可在标题栏左侧接着画明细栏。明细栏左边的外框线为粗实线，内格线和顶线为细实线。装配图的标题栏和明细栏可按图 7-6 进行绘制。

（2）明细栏中的序号按自下而上的顺序填写，且必须与视图中所标注的序号一致。

（3）对于标准件、常用件，应在其名称栏内填写规格或重要参数，标准代号等一般填写在备注栏内。

（4）材料栏内填写制造该零件所用材料的名称或牌号，热处理等填写在备注栏内。

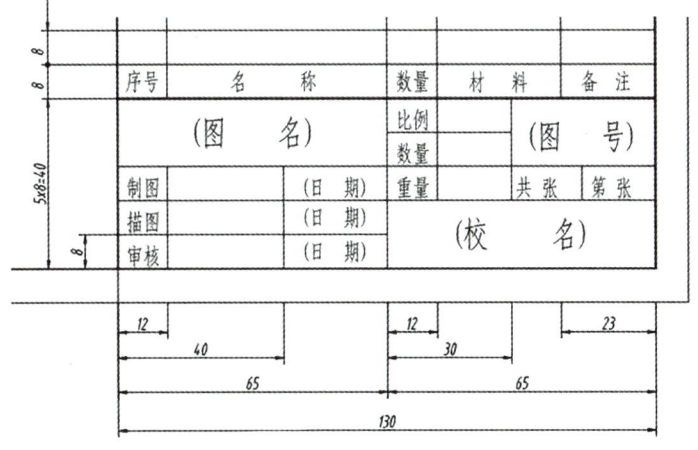

图 7-6 装配图的标题栏和明细栏

第五节 装配工艺结构

为满足机器和部件的性能要求，以及方便拆装、维修和操作，在设计时必须考虑装配工艺结构的合理性。下面介绍几种常见的装配结构。

一、两零件接触面

两零件表面接触时，在同一方向一般只有一处接触，应避免有两处以上表面同时接触，如图 7-7 所示。

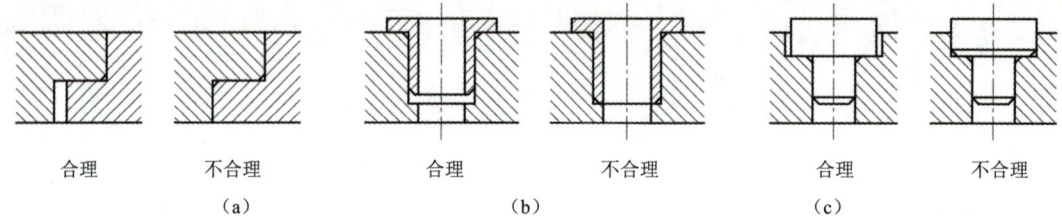

图 7-7 两零件接触面

二、孔轴配合结构

为了便于装配及保证零件端面接触良好，应在轴端、孔端进行倒角或圆角，在轴肩处加工退刀槽或圆角。如图 7-8 所示。

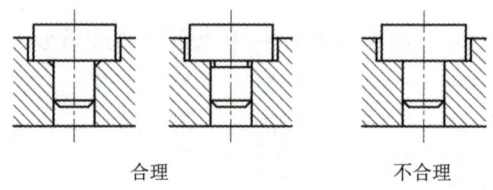

图 7-8 孔轴配合

三、便于拆装结构

应保证拆装有足够的空间，留出容纳拆装零件的空间及操作扳手的空间，如图 7-9 所示。

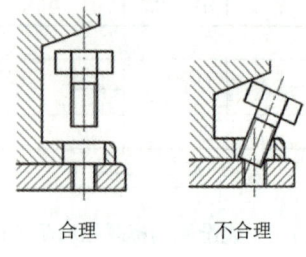

图 7-9 拆装结构

第七章　装配图

四、密封装置

为防止内部的液体或气体向外渗漏，同时也防止外面的灰尘等异物进入机器，常采用密封装置。图 7-11 所示为一种典型的防漏装置。

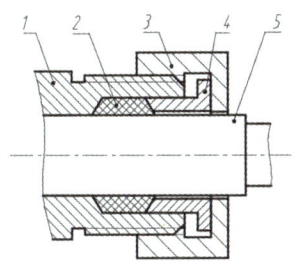

1—泵体；2—填料；3—压紧螺母；4—压盖；5—主动轴。

图 7-10　防漏装置

第六节　绘制装配图

在新机器或部件的设计、生产及对现有机器或部件的测绘改造过程中，都需要绘制装配图。在绘制装配图之前，必须明确机器或部件的工作原理、装配连接关系、性能要求、零部件组成及其作用等。下面将以叶片泵为例，介绍绘制装配图的方法与过程。

叶片泵的构造如图 7-10 所示，主要由泵体、泵盖、转子轴、偏心套、叶片、带轮、螺钉等零件组成。其工作原理为，叶片泵偏心套的内表面是圆柱形孔，转子轴和偏心套之间存在偏心，叶片在转子轴的槽内可以灵活滑动，在离心力和压力油的作用下，叶片顶部贴紧在偏心套的内表面上；当转子轴旋转时，叶片向外伸出，工作腔容积增大，产生真空，通过吸油口吸入油液；叶片往里缩进时，工作腔容积减小，油液通过压油口排出。在转子轴旋转一周的过程中，叶片泵完成吸油和排油各一次。

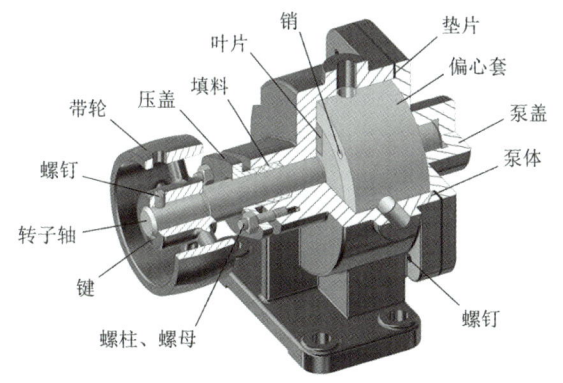

扫码看三维模型

图 7-11　叶片泵的构造

叶片泵的各零件图如图 7-12～图 7-15 所示。

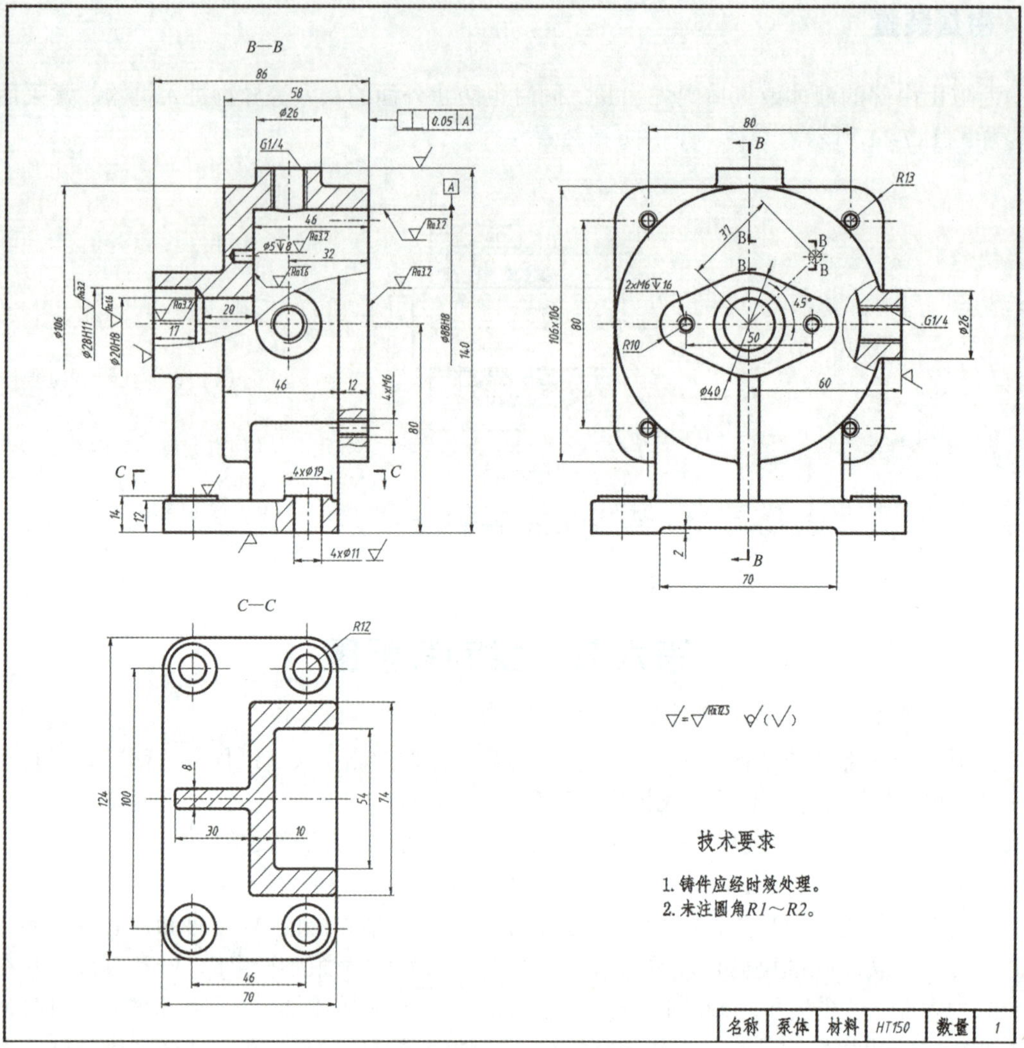

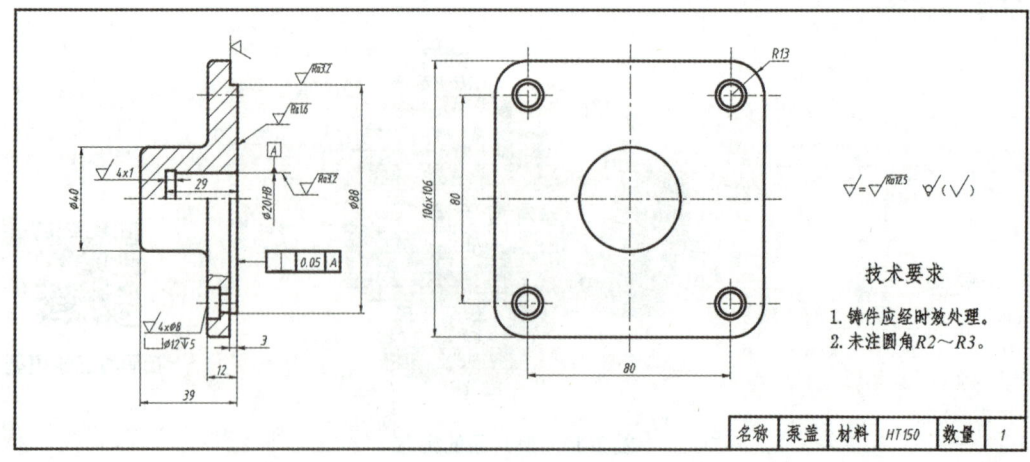

图 7-12 泵体零件图

图 7-13 泵盖零件图

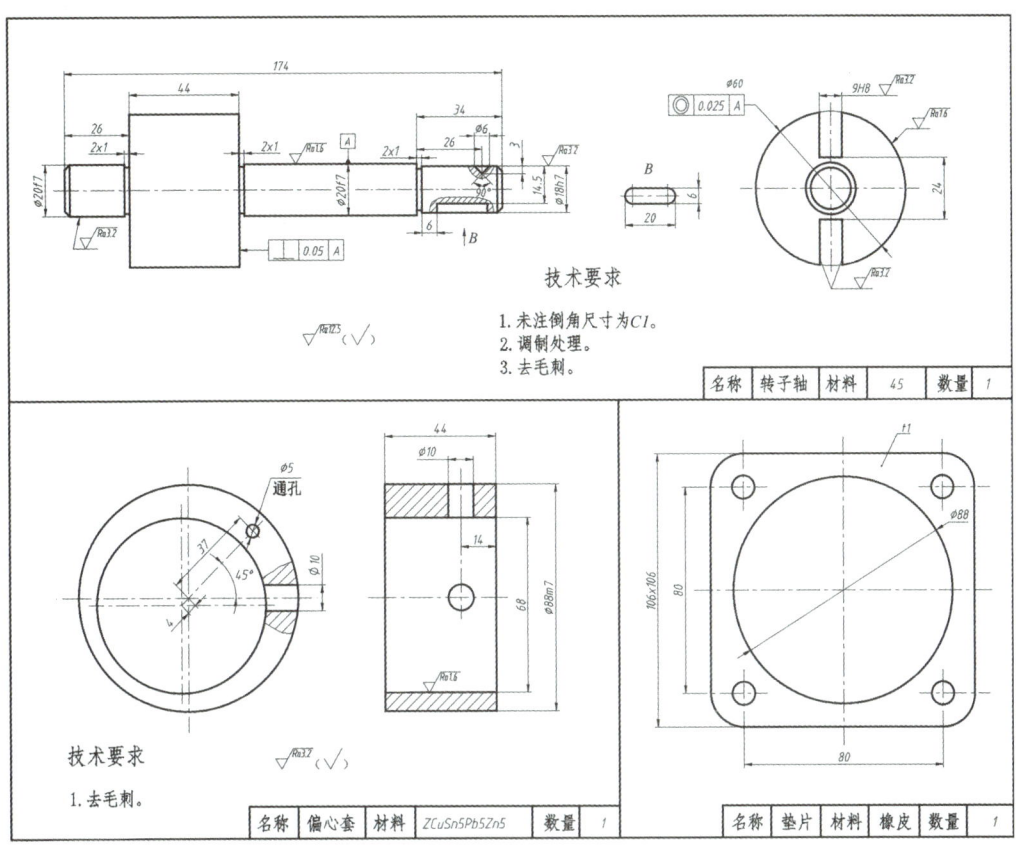

图 7-14 转子轴、偏心套和垫片零件图

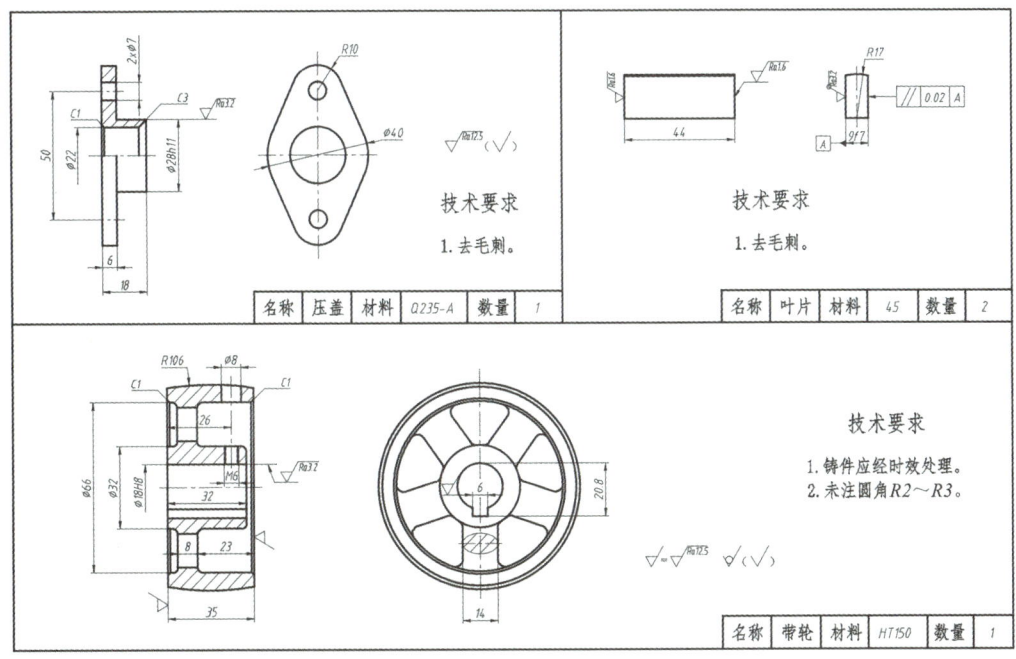

图 7-15 压盖、叶片和带轮零件图

一、确定表达方案

首先选择主视图，同时兼顾其他视图，确定合理的表达方案。

1. 主视图选择

一般将机器或部件按工作位置放置或将其放正，使装配体的主要轴线及安装面在水平或铅垂位置。选择最能反映机器或部件的结构特征、工作原理、传动路线、装配关系的视图作为主视图。主视图通常采用剖视图来表达。

如图 7-11 所示，将叶片泵的底面水平放置，转子轴的轴线保持左右水平，其装配图如后面的图 7-21 所示，主视图采用全剖视图表达叶片泵的工作原理及其主要零件的装配关系。

2. 其他视图选择

对主视图中没有表达清楚的工作原理、装配关系及机器或部件的结构形状等，应选择其他适当的视图进行表达。

如图 7-21 所示，除主视图外，通过另外三个局部剖视图和一个局部剖视图对叶片泵的外形及内部结构进行完整表达。俯视图主要用于表达外形，通过两个局部剖视图表达螺柱和螺钉的连接关系。左视图运用拆卸画法表达泵体内部各零件的装配关系和叶片泵的工作原理。$A—A$ 局部剖视图用于表达销连接，销的作用是将偏心套在圆周进行定位，使其相对泵体固定，工作时不能转动。B 向局部视图对泵体的局部结构进行单独表达。

二、画图步骤

1. 选择比例和图幅

根据机器或部件的尺寸及复杂程度、视图大小及数量、明细表等所有内容，确定合适的比例和图幅。上述叶片泵采用 A2 图幅和 1∶1 的绘图比例。

2. 布置视图

尽量将各视图均匀地布置在图面上，并合理布置各视图的相对位置，以方便画图和读图为原则。

3. 绘制视图

一般先从主视图画起，根据零件图分别绘制各视图。如果多个视图存在相同的零件，必要时可按投影关系同时绘制。绘制视图时，通常按照装配连接关系从主要零件开始逐一绘制相邻的零件，直到完成整个视图。

在画图时要注意零件的定位和遮挡问题，接触面无须重复画线，被遮住的线不应画出。叶片泵视图的绘制过程具体如下。

1）绘制主视图

（1）绘制泵体。

首先绘制泵体的全剖视图，如图 7-16（a）所示。

（2）绘制偏心套。

如图 7-16（b）所示，添加偏心套的全剖视图。

(3)绘制转子轴。

由于转子轴为实心轴,因此采用局部剖视图。如图 7-16(c)所示。

(4)绘制垫片、泵盖。

如图 7-16(d)所示,添加垫片和泵盖的全剖视图。由于垫片为非金属材料(橡皮)制造,且较薄,剖面符号为黑色填充。

(5)绘制填料、填料压盖。

如图 7-16(e)所示,添加填料和压盖的全剖视图。填料为非金属材料(麻),注意剖面符号的画法。

(6)绘制带轮、键、螺钉。

如图 7-16(f)所示,添加皮带轮的全剖视图,键和螺钉为标准件按不剖画。

注意,由于叶片泵的两个叶片在主视图中的准确位置需要通过左视图确定,因此将其放在后续步骤与左视图一同绘制。

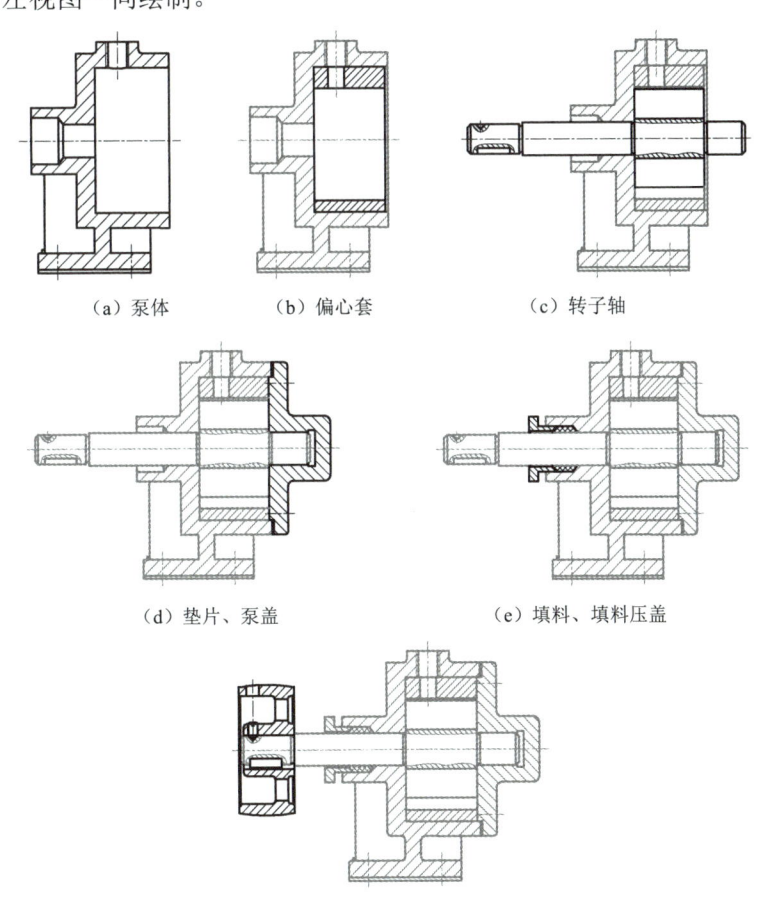

(a)泵体　　　　(b)偏心套　　　　(c)转子轴

(d)垫片、泵盖　　　　(e)填料、填料压盖

(f)带轮、键、螺钉

图 7-16　主视图的绘制

2)绘制其他视图

(1)绘制俯视图。

如图 7-17 所示,采用局部剖绘制叶片泵的俯视图。

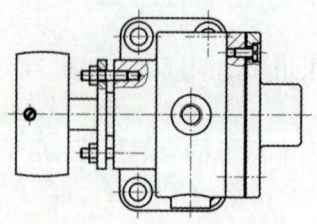

图 7-17 俯视图的绘制

（2）绘制右视图。

拆去泵盖、垫片和四个螺钉，采用拆卸画法绘制叶片泵的右视图，如图 7-18（a）所示。通过右视图中两叶片的投影位置完成主视图中叶片的绘制，如图 7-18（b）所示。

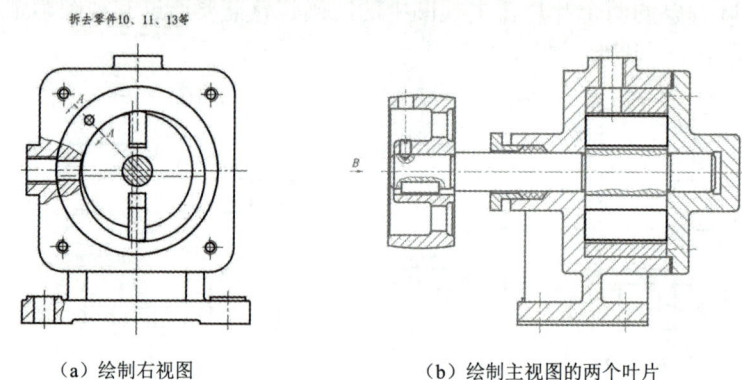

（a）绘制右视图　　　　　　　　　（b）绘制主视图的两个叶片

图 7-18 右视图及叶片主视图的绘制

（3）绘制定位销剖视图。

如图 7-19 所示，运用泵体局部的剖视图表达其装配关系，剖切面及投影方向如图 7-18（a）中的 $A-A$ 所示，销为标准件，因此按不剖绘制。

（4）绘制泵体局部视图。

如图 7-20 所示，采用单独表达的方法绘制泵体的局部视图，投影方向如图 7-18（b）中的 B 向所示。

图 7-19 定位销剖视图的绘制　　　图 7-20 泵体局部视图的绘制

4．标注尺寸，编写序号

标出装配图所要求的性能、配合、安装、总体及其他重要尺寸，并对机器或部件的每一种零件编写序号，如图 7-21 所示。

5．填写标题栏和明细栏

填写标题栏和明细栏，给出必要的技术要求与说明，如图 7-21 所示。

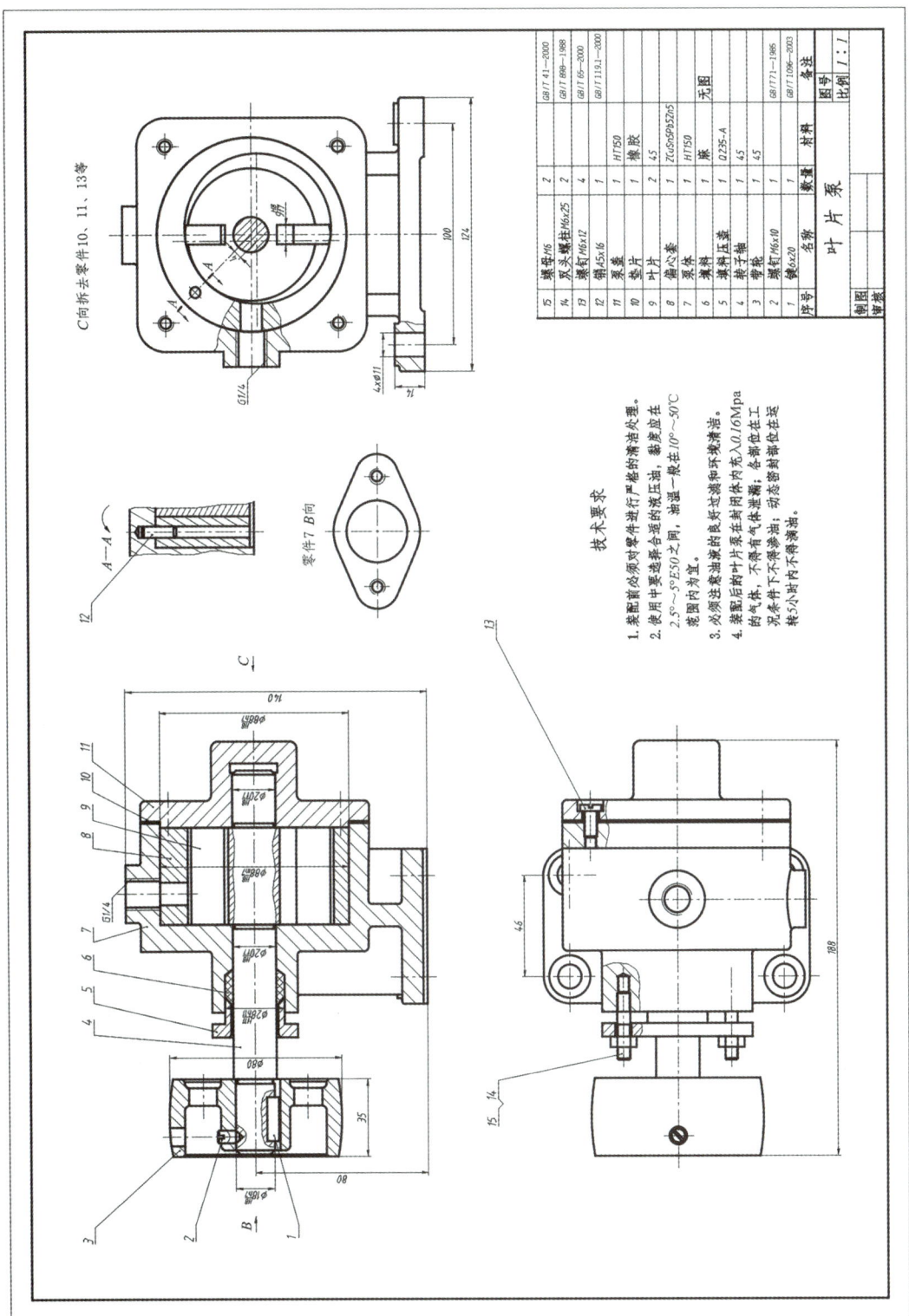

图 7-21 叶片泵装配图

第七节　读装配图

在产品的设计、装配、使用及技术交流的过程中，经常需要读装配图；在制造和维修机器时，也需要通过读装配图来了解其工作原理及构造。因此，工程技术人员必须具备读装配图的能力。下面以图 7-22 所示的微动机构的装配图为例，介绍读装配图的方法，以及如何由装配图拆画零件图。

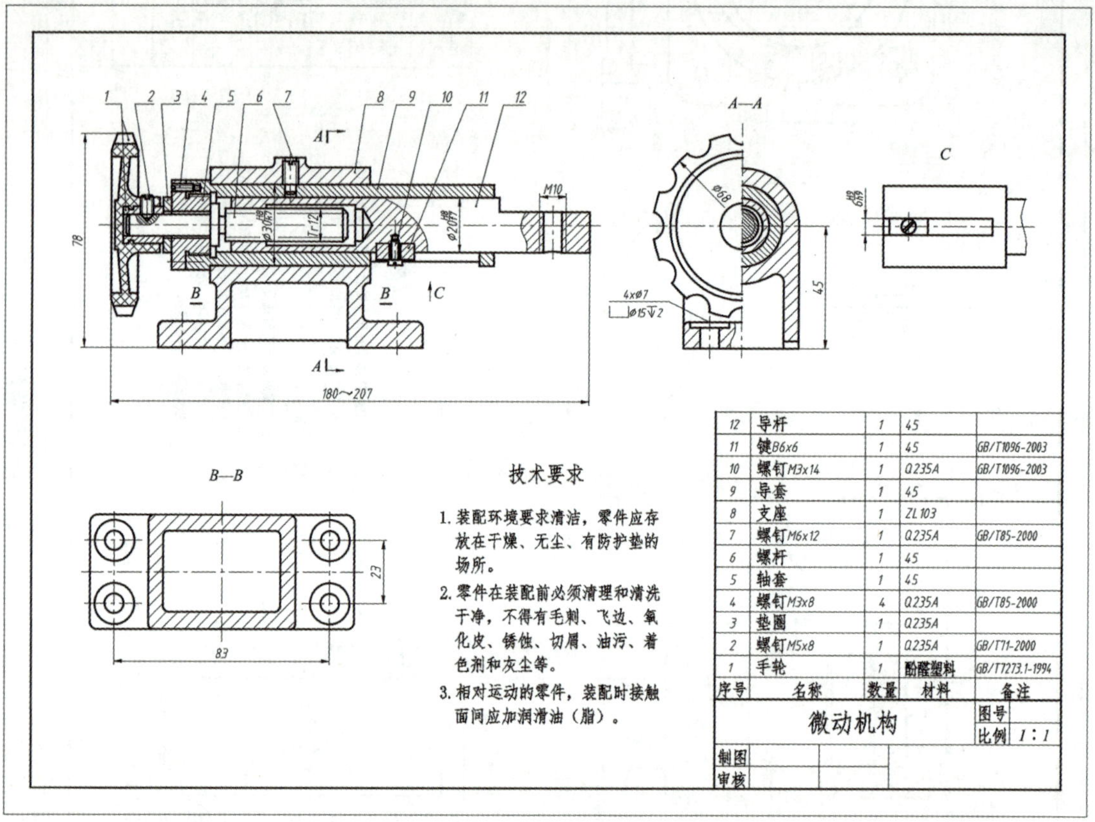

图 7-22　微动机构的装配图

一、读装配图的方法与步骤

1. 概括了解

主要了解部件的名称、性能、作用、大小，以及装配体中各零件的情况。首先从标题栏和明细栏入手，了解部件的名称及各零件的名称、数量、材料等。同时，可参阅其他有关资料，如设计说明书、使用说明书等，再结合生产实际了解其性能和作用。

对于如图 7-22 所示的微动机构，由标题栏和明细栏的内容及生产实际，可了解到它是用于氩弧焊机上的一种装置，由 12 种零部件组成，包括各零件的名称、材料和数量，以及标准件、外购件的规格等。

第七章 装配图

2. 分析视图及表达方法

首先分析装配图中各视图之间的投影关系、表达方法，明确其所表达的主要内容。

该装配图选用了主视图、俯视图、左视图和 C 向视图共四个视图进行表达。主视图采用了全剖视图，主要表达微动机构相邻零件间的装配连接关系和工作原理。其中导杆 12 采用了局部剖视图，实心部分未剖。俯视图采用了全剖视图，表达了支座中间支撑板的断面形状、底板的形状及 4 个安装孔的位置。左视图采用了半剖视图，主要表达手轮的外形、支座的外形及内部的结构形状。C 向视图表达了导套与平键的装配连接关系及导向槽的外形。

3. 明确工作原理及装配关系

根据装配图的主要装配干线，弄清相关零件间的装配连接关系，并分析其传动路线和工作原理。

从其装配图的主视图中可以看出，装配干线有两条：第一条是沿支座轴线的一串零件，包括手轮、轴套、螺杆、导套、导杆等，这是主要的装配干线，第二条是沿键上孔的轴线的零件，包括导杆、键、导套等。

沿主视图所表达的装配干线，手轮 1 通过螺钉 2 连接在螺杆 6 上，手轮 1 的轮毂部分嵌装一个铜套，热压成型后加工。轴套 5 与导套 9 通过螺钉 4 来连接，在手轮 1 和轴套 5 之间装有垫圈 3，支座 8 承受了整个微调装置的重量。导杆 12 的右端头有一个螺孔 M10，这个螺孔用于固定焊枪。当转动手轮 1 时，螺杆 6 做旋转运动，导杆 12 在导套 9 内做轴向移动进行微调。导杆 12 上装有平键 11，它在导套 9 的槽内起导向作用。由于导套 9 用螺钉 7 固定，所以导杆 12 只做轴向移动。轴套 5 对螺杆 6 起支承和轴向定位的作用。

由上述分析可知，微动机构为氩弧焊的微调装置，是一种螺纹传动机构。其工作原理为，转动手轮，可使导杆（焊枪）左右移动，进行微动调整。

4. 分析零件的结构形状

分析零件的目的是弄清每个零件的主要结构形状和作用，了解各零件间的连接形式和装配关系。从主要零件开始，区分不同零件的投影范围。根据相邻零件的功能和装配关系构思其结构，并依次逐个进行分析确定。对于标准件，可从明细栏中确定其规格、数量和标准代号，其具体结构尺寸等相关数据可从机械设计手册中查到。

支座为典型的支架类零件，在装配体中起着包容和支承整条装配干线的作用，是整个微动机构的主要零件。因此，首先根据投影关系及同一零件在各视图中的剖面线方向、间隔相同的规定，从主视图中找出支座 8 的投影，以及其他视图中对应的投影，分离出支座并想象其主要结构形状。由主视图上部 φ30 尺寸的孔及左视图的形状，可构思该部分为空心圆柱体，上部中间有一个带螺纹孔的圆柱凸台。从 B—B 俯视图中可以看出，支座底部为长方形底板，其上对称分布了 4 个安装用的沉孔，底部中间还有一个方形槽；中间支撑部分为方形空心结构，连接底座与空心圆柱体，三部分在宽度方向尺寸相同。具体结构形状如所面的图 7-24 所示。

显然，其他零件除标准件外均为轴套类和盘盖类零件，结构形状较为简单。

5. 分析尺寸和技术要求

分析装配图中所标注的尺寸，对弄清部件的规格、零件间的配合性质、安装连接关系及外形大小等有着重要的作用。分析技术要求，可了解装配、调试、安装等注意事项。

微调机构的多处配合尺寸，是保证微调装置工作性能的重要技术要求。导杆与导套的配合尺寸为 φ20H8/f7，属于基孔制间隙配合，能够满足导杆在导套中移动的需求。导套与支座之间没有相对运动，其配合尺寸为 φ30H8/k7，属于基孔制过渡配合；6H9/h9 为键与导套上导向槽的配合尺寸，属于间隙配合，工作时键可以沿着导向槽滑动。

此外，在底座的安装孔上标注的所有尺寸均为与叶片泵安装固定相关的尺寸。导杆上的螺纹孔 M10 为规格尺寸，它与所连接的焊枪型号相关。尺寸 180～207 为微动机构的总长尺寸，同时说明了其工作范围。φ68 为手轮的最大外形尺寸，也是微动机构的总宽尺寸，同时与导杆中心高度尺寸 45 共同决定了总高尺寸。

6. 归纳总结

综合归纳上述读图内容，把它们有机地联系起来，系统地理解部件的工作原理、结构特点、各零件的功能形状和装配关系；分析出装配干线的装拆顺序等。

二、由装配图拆画零件图

在机器或部件的设计过程中，根据已设计出的装配图绘制零件图简称为拆画零件图。下面以上述微动机构为例介绍拆画支座零件图的过程。

1. 构思零件的完整结构形状

由于装配图表达的重点是机器部件的工作原理和装配关系，而非各零件的具体结构，因此并非所有零件都能得到完整表达。因此，首先应按照读装配图的方法分离出所要拆画零件的投影，然后准确补画装配图中被遮挡结构的投影，补全各视图。此外，还要补充装配图上可能省略的工艺结构，如铸造圆角、斜度、退刀槽、倒角等，从而使零件的结构形状表达更为完整。

图 7-23（a）所示为从微动机构装配图中分离出的支座投影，图 7-23（b）所示为结构补充完善后支座的视图。

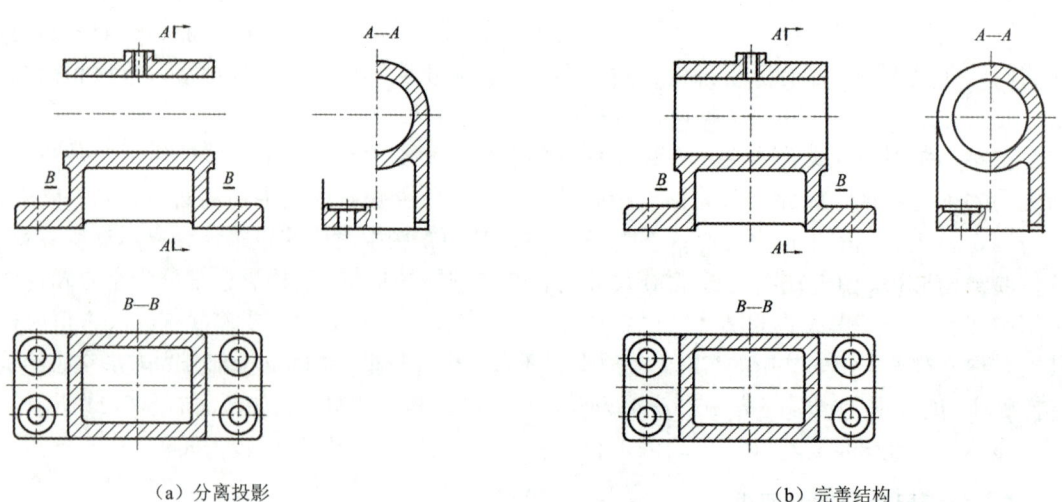

图 7-23　构思支座结构形状

需要说明的是，上述是构思分析过程，其目的是弄清零件的具体结构形状，并不需要真正画出相关视图。

2．绘制零件图

绘制零件图时应注意以下几个方面。

1) 视图表达

拆画零件的表达方案不应照搬装配图，而应针对零件的结构形状特征重新选择表达方案，可与装配图相同或完全不同。

如图 7-24 所示，支座零件的主视图不同于装配图，采用了半剖视图的表达方案，而左视图和俯视图的表达方案与装配图基本一致。

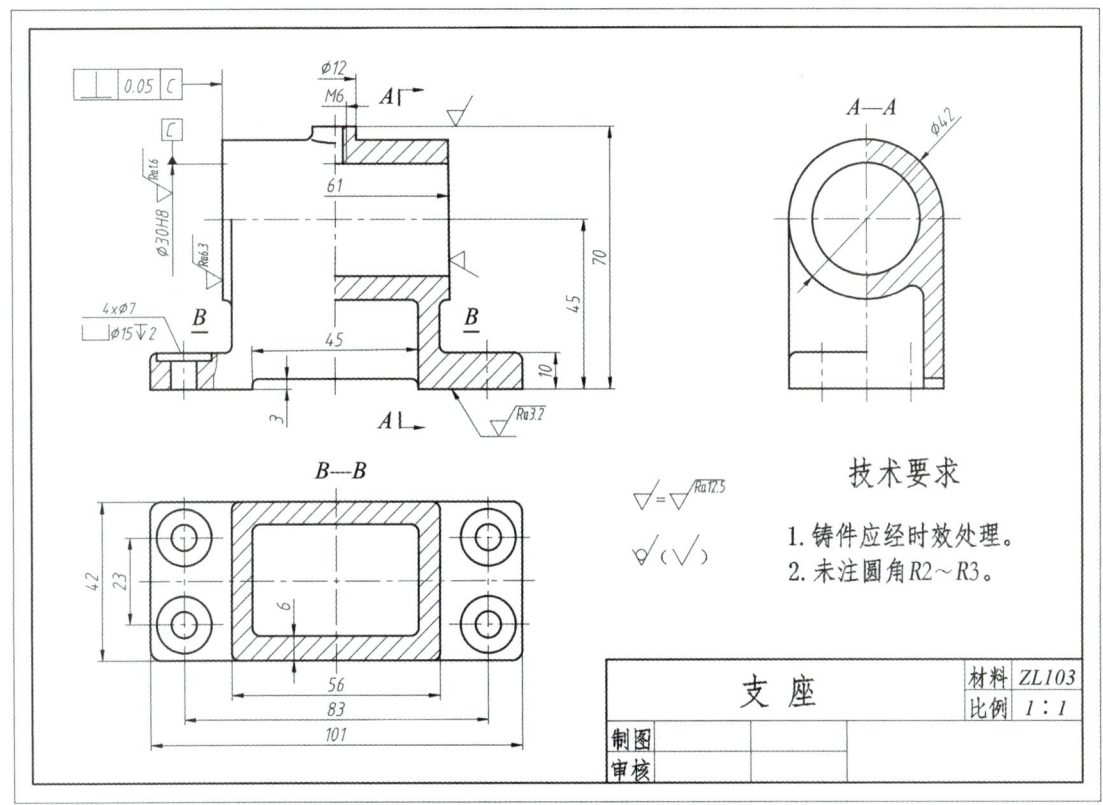

图 7-24　支座零件图

2) 尺寸标注

由于装配图上标注的尺寸并非所有零件的完整尺寸，因此对于装配图中已有的尺寸，在零件图上必须与之保持一致；装配图中未注明的尺寸可在装配图中按比例量取。对于标准结构，如螺钉沉头孔、键槽、倒角等，应通过查阅标准确定相关数值加以标注。

支座的尺寸标注如图 7-24 所示。

3) 技术要求

零件图中的尺寸公差应与装配图一致，但其标注形式可根据实际需要采用公差带代号或上、下偏差。对于零件的表面结构、几何公差及热处理等，可根据零件的作用和设计要求参照类似的图样和资料用类比法加以确定。

图 7-24 中的尺寸公差 $\phi 30H8$ 与装配图中的 $\phi 30H8/h7$ 一致,当支座大批量生产时采用公差带代号的形式进行标注,如果是单件或小批量生产,可采用上、下偏差的形式标注。图 7-24 中的粗糙度值和垂直度公差,是根据支座的功用和加工方法等通过类比法确定的。时效处理和铸造圆角等是根据铸造零件的工艺要求填写的。

4)标题栏

标题栏中零件的名称、材料、图号等要与装配图中明细栏所注的内容一致。零件图的绘图比例可以与装配图不同。

微动机构的支座属于支架类零件,根据上述要求,其零件图绘制如图 7-24 所示。

本 章 知 识 图 谱

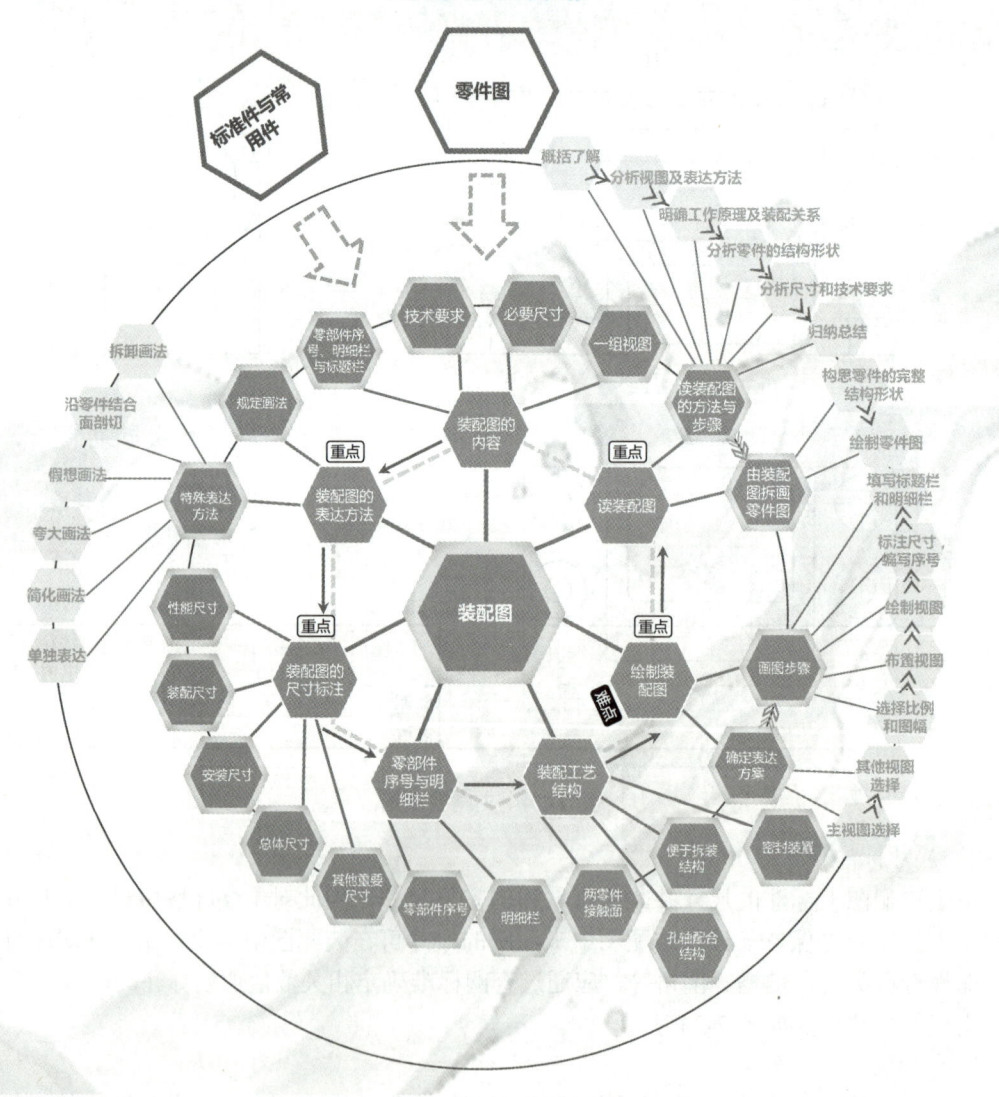

附 录

本教材附录是配合相关章节教学内容从部分现行国家标准或手册中摘录的内容,用于支撑教学需求,由于本教材篇幅有限,摘录的标准内容不全,并且标准均在不断修订,请使用者在使用附录时关注最新版本。

附录 A 制图基本规定

一、图纸幅面和格式(GB/T 14689—2008 摘录)

图纸幅面指的是图纸宽度和长度组成的图面大小,标准中规定的各种图纸幅面尺寸在绘图时应优先采用。图纸上限定绘图区域的线框称为图框,在图纸上必须用粗实线画出图框,其格式分为不留装订边和留有装订边两种(见图 A-1 和图 A-2),图框的尺寸如表 A-1 所示。注意,同一产品的图样只能采用同一种格式,绘图时图框幅面可横装也可竖装。

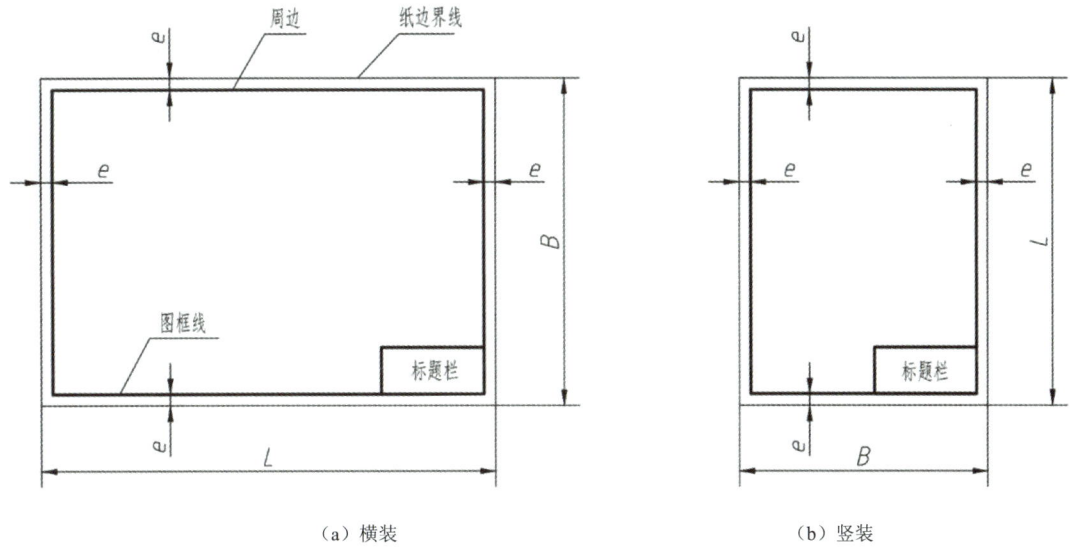

(a)横装   (b)竖装

图 A-1 不留装订边的图框格式

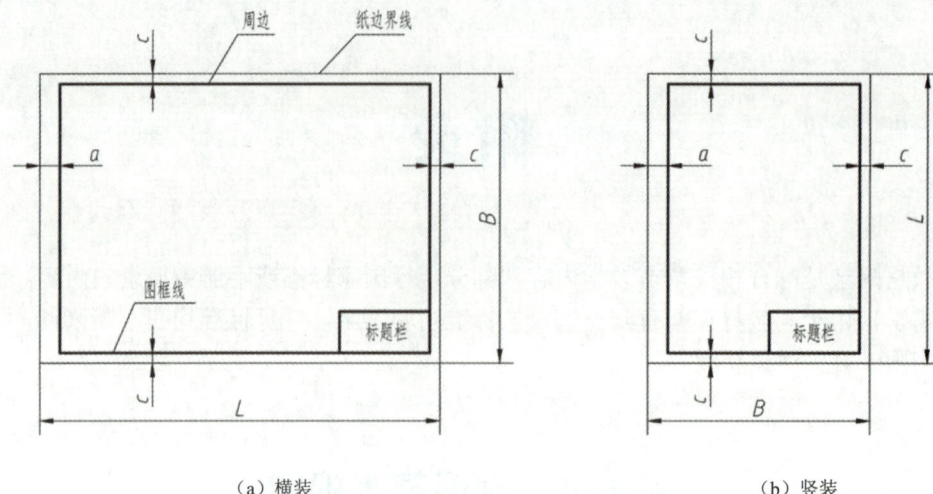

（a）横装　　　（b）竖装

图 A-2　留装订边的图框格式

表 A-1　图纸图幅及图框尺寸

幅面代号	A0	A1	A2	A3	A4
$B×L$/mm	841×1189	594×841	420×594	297×420	210×297
a	25				
c	10			5	
e	20		10		

因绘图需要允许选用加长幅面，加长时基本幅面的长边尺寸不变，沿短边延长线增加基本幅面的短边尺寸整数倍（单位 mm），图 A-3 中粗实线为基本幅面，细实线和虚线所示均为加长幅面。

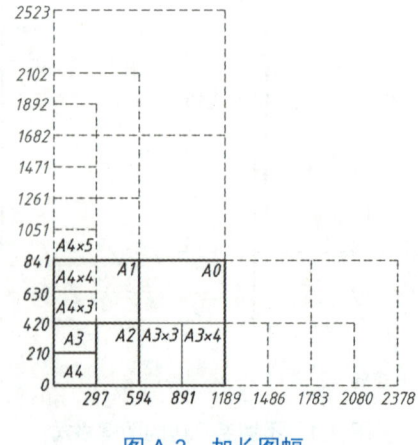

图 A-3　加长图幅

二、比例（GB/T 14690—1993 摘录）

比例是指图样中图形与实物相应要素的线性尺寸之比，绘制图样时应尽量采用原值比例，需要按比例绘制图样时，应优先选取表 A-2 中规定的比例，必要时也可选取表 A-3 中的比例。

表 A-2　图纸图幅及图框尺寸 1

种类	比例
原值比例（比值为 1 的比例）	1:1
放大比例（比值＞1 的比例）	5:1　2:1　$5\times10^n:1$　$2\times10^n:1$　$1\times10^n:1$
缩小比例（比值＜1 的比例）	1:2　1:5　1:10　$1:2\times10^n$　$1:5\times10^n$　$1:1\times10^n$

注：n 为正整数。

表 A-3　图纸图幅及图框尺寸 2

种类	比例
放大比例	4:1　2.5:1　$4\times10^n:1$　$2.5\times10^n:1$
缩小比例	1:1.5　1:2.5　1:3　1:4　1:6 $1:1.5\times10^n$　$1:2.5\times10^n$　$1:3\times10^n$　$1:4\times10^n$　$1:6\times10^n$

注：n 为正整数。

三、标题栏和明细栏

1. 标题栏（GB/T 10609.1—2008 摘录）

每张图纸都必须画出标题栏，标题栏一般由名称及零件各类相关信息等组成，如图 A-4 所示，标题栏应绘制在图纸的右下角，标题栏的底边与下图框线重合，右边与右图框线重合。

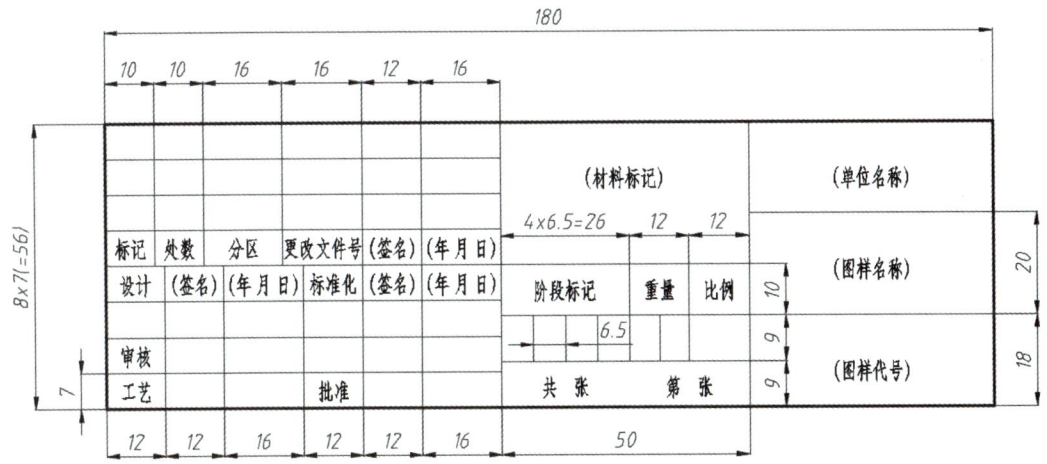

图 A-4　图纸标题栏

2. 明细栏（GB/T 10609.2—2009 摘录）

装配图中一般应有明细栏，绘制在标题栏的上方。明细栏由序号、代号、名称、数量、材料、重量、备注等内容组成，如图 A-5 所示。

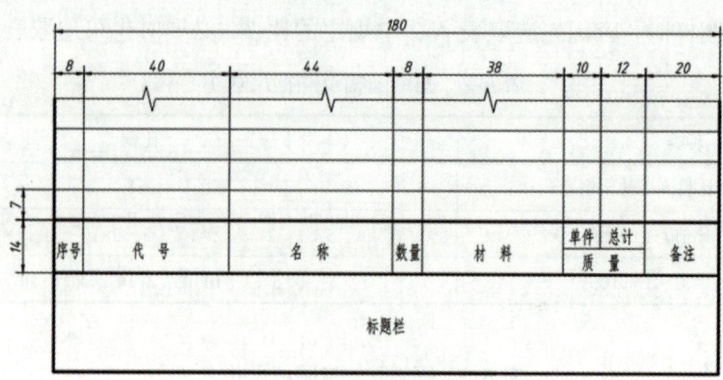

图 A-5　装配图图纸明细栏

标题栏和明细栏也可进行简化，零件图标题栏可采用如图 A-6 所示的简化格式，装配图标题栏和明细栏可采用如图 A-7 所示的简化格式。

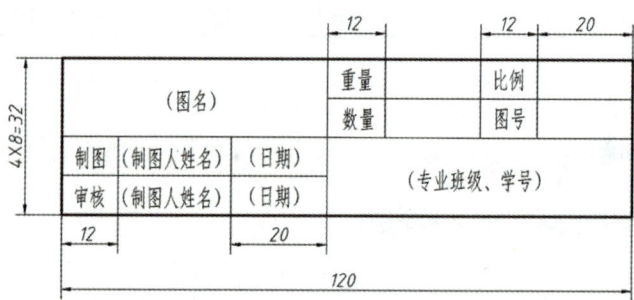

图 A-6　标题栏的简化格式

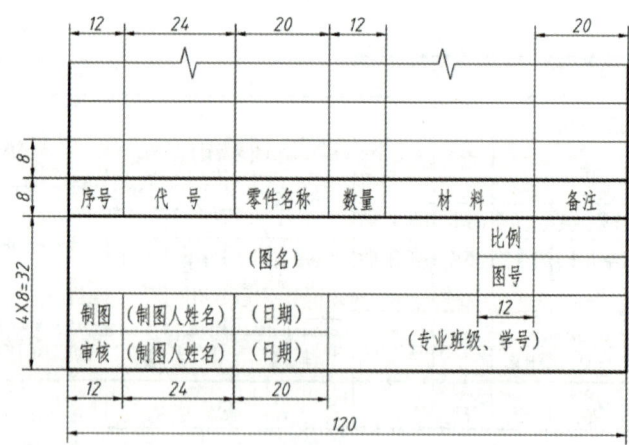

图 A-7　装配图标题栏和明细栏的简化格式

四、字体（GB/T 14691—1993 摘录）

（1）技术图样中的字体书写须做到：字体工整、笔画清楚、间隔均匀、排列整齐。

（2）字体高度（用 h 表示，单位为 mm）的公称尺寸系列为 1.8、2.5、3.5、5、7、10、14、

20，如需书写更大的字，字体高度应按 $\sqrt{2}$ 的比率递增。

图样上的汉字应写成长仿宋体，并采用国家正式公布推行的《汉字简化方案》中规定的简化字，汉字的高度 h 应不小于 3.5mm，字宽一般为 $h/\sqrt{2}$，如图 A-8 所示。

字体工整 笔画清楚 间隔均匀 排列整齐

横平竖直 注意起落 结构均匀 填满方格

技术制图机械电子汽车航空船舶土木建筑

图 A-8 长仿宋体例字

数字和字母分为 A 型（笔画宽度 d 为字高 h 的 1/14）和 B 型（笔画宽度 d 为字高 h 的 1/10）两种，字母和数字可写成斜体和直体，斜体字字头向右倾斜，与水平基准线成 75°，注意在同一张图纸上只允许选用同一种类型的字体。各种数字书写的示例如图 A-9 所示。

1 2 3 4 5 6 7 8 9 0

（a）阿拉伯数字书写的示例

A B C D E F G H I J K L M
N O P Q R S T U V W X Y Z

（b）大写拉丁字母书写的示例

a b c d e f g h i j k l m
n o p q r s t u v w x y z

（c）小写拉丁字母书写的示例

α β γ δ ε ζ η θ ι κ λ μ
ν ξ ο π ρ σ τ υ φ χ ψ ω

（d）小写希腊字母书写的示例

I II III IV V VI VII VIII IX X

（e）罗马数字书写的示例

图 A-9 各种数字书写的示例

五、图线（GB/T 17450—1998 摘录）

1. 线型及应用

国家标准规定的绘制各种技术图样的线型式及应用如表 A-4 所示，图 A-10 所示为各种线型应用示例。

表 A-4 线型及应用

名称	线型	图线宽度	应用
细实线	————————	约 $d/2$	尺寸线、尺寸界线、指引线、剖面线、螺纹的牙底线、齿轮的齿根线、作图辅助线等

续表

名称	线型	图线宽度	应用	
粗实线	———————	d	可见轮廓线、螺纹牙顶线、齿轮齿顶线、螺纹终止线、相贯线等	
细虚线	- - - - - - -	约 $d/2$	不可见轮廓线	长画长 $12d$ 短间隔长 $3d$
粗虚线	▬ ▬ ▬ ▬ ▬	d	允许表面处理的表示线	
细点画线	— · — · — · —	约 $d/2$	对称中心线、轴线等	
粗点画线	▬ · ▬ · ▬ · ▬	d	有特殊要求的线或表面的表示线	长画长 $12d$ 短间隔长 $3d$ 点长 ≤ $0.5d$
细双点画线	— ·· — ·· —	约 $d/2$	假想轮廓线、轨迹线等	
波浪线	～～～	约 $d/2$	断裂处的边界线,视图与剖面的分界线	
双折线	─/\─/\─	约 $d/2$	断裂处的边界线	

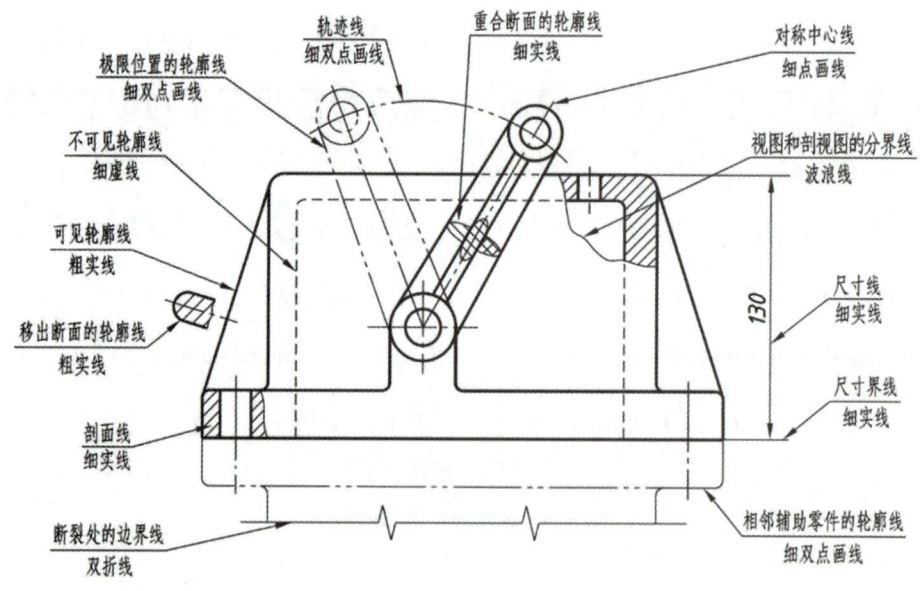

图 A-10　各种线型应用示例

2. 图线宽度

图线分粗、细两种,粗线应按图的比例大小和复杂程度选定基本线宽 d,再按表 A-5 选用适当的线宽组。绘制比较复杂的图样或比例较小时,应优先选用细的线宽组。注意,为了保证图样清晰易读、便于复制,图样上应避免出现线宽小于 0.18mm 的图线。

表 A-5　图线线宽组

线宽比	线宽组					
d	2.0	1.4	1.0	0.7	0.5	0.35
$0.5d$	1.0	0.7	0.5	0.35	0.25	0.18

附录 B　螺纹

一、普通螺纹直径与螺距（GB/T 193—2003、GB/T 196—2003 摘录）

标记示例：

（1）右旋粗牙普通螺纹，公称直径 24mm，螺距 3mm，其标记为 M24。

（2）左旋细牙普通螺纹，公称直径 24mm，螺距 1.5mm，公差带代号 7H，其标记为 M24×1.5-7H-LH

（3）内、外螺纹旋合的标记为 M16-7H／6g

普通螺纹直径与螺距如表 B-1 所示。

表 B-1　普通螺纹直径与螺距

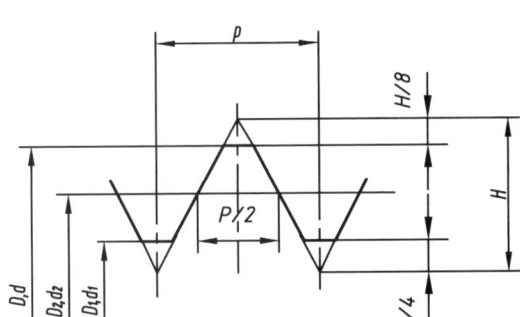

公称直径 D、d		螺距 P		粗牙小径	公称直径 D、d		螺距 P		粗牙小径
第一系列	第二系列	粗牙	细牙	D_1、d_1	第一系列	第二系列	粗牙	细牙	D_1、d_1
3		0.5	0.35	2.459	12		1.75	1.25，1	10.106
	3.5	0.6		2.850		14	2	1.5，1.25，1	11.835
4		0.7		3.242	16		2	1.5，1	13.835
	4.5	0.75	0.5	3.688		18	2.5	2，1.5，1	15.294
5		0.8		4.134	20		2.5		17.294
6		1	0.75	4.917		22	2.5		19.294
8		1.25	1，0.75	6.647	24		3	2，1.5，1	20.752
10		1.5	1.25，1，0.75	8.376	27		3		23.752
30		3.5	（3），2，1.5，1	26.211	42		4.5		37.129
	33	3.5	（3），2，1.5	29.211		45	4.5	4，3，2，1.5	40.129
36		4	3，2，1.5	31.670	48		5		42.587
	39	4		34.670	52		5		46.587
					56		5.5	4，3，2，1.5	50.046

注：① 优先选用第一系列，括号内的螺距尽可能不用，第三系列未列入。

② 中径 D_2、d_2 未列入。

二、梯形螺纹直径与螺距（GB/T 5796.2—2022、GB/T 5796.3—2022 摘录）

标记示例：

（1）左旋单线梯形螺纹，公称直径 d=40mm，导程和螺距 P=7mm，中径公差带代号 7H，其标记为 Tr40×7LH—7H。

（2）右旋双线梯形螺纹，公称直径 d=40mm，导程为 14mm，螺距 P=7mm，中径公差带代号 7e，其标记为：Tr40×14(P7)—7e。

梯形螺纹直径与螺距如表 B-2 所示。

表 B-2　梯形螺纹直径与螺距

公称直径 d（外螺纹大径）		螺距 P	外螺纹小径 d_3	外螺纹、内螺纹中径 d_2、D_2	内螺纹	
第 1 系列	第 2 系列				大径 D_4	小径 D_1
10		1.5	8.2	9.3	10.3	8.5
		2	7.5	9.0	10.5	8.0
	11	2	8.5	10.0	11.5	9.0
		3	7.5	9.5		8.0
12		2	9.5	11.0	12.5	10.0
		3	8.5	10.5		9.0
	14	2	11.5	13.0	14.5	12.0
		3	10.5	12.5		11.0
16		2	13.5	15.0	16.5	14.0
		4	11.5	14.0		12.0
	18	2	15.5	17.0	18.5	16.0
		4	13.5	16.0		14.0
20		2	17.5	19.0	20.5	18.0
		4	15.5	18.0		16.0
	22	3	18.5	20.5	22.5	19.0
		5	16.5	19.5	22.5	17.0
		8	13.0	18.0	23.0	14.0
24		3	20.5	22.5	24.5	21.0
		5	18.5	21.5	24.5	19.0
		8	15.0	20.0	25.0	16.0
	26	3	22.5	24.5	26.5	23.0
		5	20.5	23.5	26.5	21.0
		8	17.0	22.0	27.0	18.0
28		3	24.5	26.5	28.5	25.0
		5	22.5	25.5	28.5	23.0
		8	19.5	24.0	29.0	20.2
	30	3	26.5	28.5	30.5	27.0
		6	23.0	27.0	31.0	24.0
		10	19.0	25.0	31.0	20.2

三、55°非密封管螺纹尺寸代号及基本尺寸（GB/T 7307—2001 摘录）

标记示例：

（1）右旋圆柱内螺纹，尺寸代号 2，其标记为 G2。
（2）右旋圆柱外螺纹，尺寸代号 2，A 级，其标记为 G2A。
（3）左旋圆柱内螺纹，尺寸代号 2，其标记为 G2—LH。
（4）左旋圆柱外螺纹，尺寸代号 2，B 级，其标记为 G2B—LH。
（5）表示螺纹副时，仅需标注外螺纹的标记代号

55°非密封管螺纹尺寸代号及基本尺寸如表 B-3 所示。

表 B-3　55°非密封管螺纹尺寸代号及基本尺寸

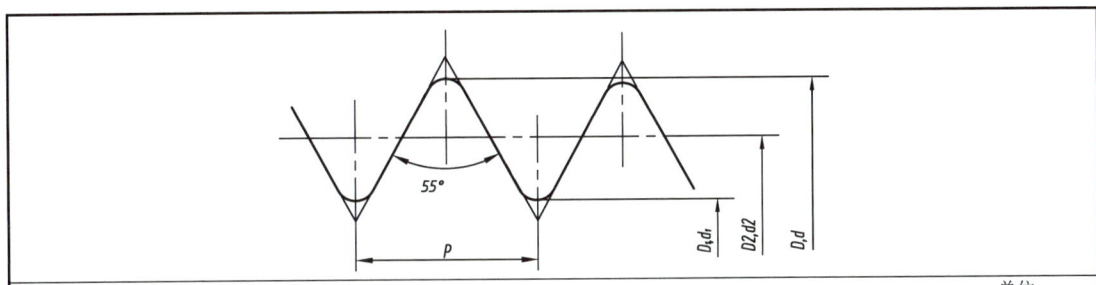

单位：mm

尺寸代号	每 25.4 mm 内所包含的牙数 n	螺距 P	基本直径	
			大径 $d = D$	小径 $d_1 = D_2$
1/16	28	0.907	7.723	6.561
1/8			9.728	8.566
1/4	19	1.337	13.157	11.445
3/8			16.662	14.950
1/2	14	1.814	20.955	18.631
5/8			22.911	20.587
3/4			26.441	24.117
7/8			30.201	27.877
1	11	2.309	33.249	30.291
1/3			37.897	34.939
1¼			41.91	38.952
1½			47.803	44.845
1¾			53.746	50.788
2			59.614	56.656
2¼			65.71	62.752
2½			75.184	72.226
2¾			81.534	78.576
3			87.884	84.926
3½			100.33	97.372
4			113.03	110.072

注：本标准适用于管子、管接头、旋塞、阀门及其他管路附件的螺纹连接。

附录 C 螺纹紧固件

一、六角头螺栓各部分尺寸（GB/T 5782—2016、GB/T 5783—2016 摘录）

标记示例：

六角头螺栓，螺纹规格 d=M12，公称长度 l=80mm，性能等级为 8.8 级，表面氧化，A 级，其标记为螺栓 GB/T 5782 M12×80。

六角头螺栓各部分尺寸如表 C-1 所示。

表 C-1 六角头螺栓各部分尺寸

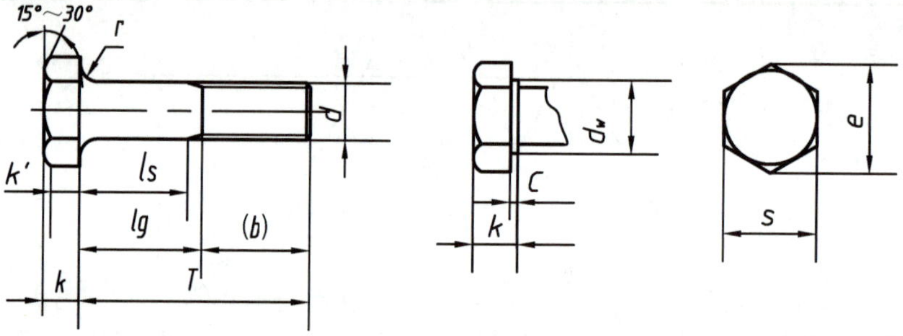

单位：mm

螺纹规格 d		M5	M6	M8	M10	M12	M16	M20	M24	M30	M36
b 参考	$l \leq 125$	16	18	22	26	30	38	46	54	66	—
	$125 < l \leq 200$	22	24	28	32	36	44	52	60	72	84
	$l > 200$	35	37	41	45	49	57	65	73	85	97
c		0.5	0.5	0.6	0.6	0.6	0.8	0.8	0.8	0.8	0.8
d_w	产品等级 A	6.88	8.88	11.63	14.63	16.63	22.49	28.19	33.61	—	—
	产品等级 B	6.74	8.74	11.47	14.47	16.47	22	27.7	33.25	42.75	51.11
e	产品等级 A	8.79	11.05	14.38	17.77	20.03	26.75	33.53	39.98	—	—
	产品等级 B	8.63	10.89	14.20	17.59	19.85	26.17	32.95	39.55	50.85	60.79
k'	公称	3.5	4	5.3	6.4	7.5	10	12.5	15	18.7	22.5
	min	3.12	3.62	4.92	5.95	7.05	9.25	11.6	14.1	17.65	21.45
	max	3.88	4.38	5.68	6.85	7.95	10.7	13.4	15.9	19.75	23.85
K	公称	3.5	4	5.3	6.4	7.5	10	12.5	15	18.7	22.5
r		0.2	0.25	0.4	0.4	0.6	0.6	0.8	0.8	1	1
S	公称	8	10	13	16	18	24	30	36	46	55
l（商品规格及范围）		25~50	30~60	40~80	45~100	50~120	65~160	80~200	90~240	110~300	140~360
l 系列		25, 30, 35, 40, 45, 50, 55, 60, 65, 70, 80, 90, 100, 110, 120, 130, 140, 150, 160, 180, 200, 220, 240, 260, 280, 300, 320, 340, 360, 380, 400, 420, 440, 460, 480, 500									

注：A 级和 B 级为产品等级，A 级用于 $d \leq 24$ mm，$l \leq 10d$ 或 ≤ 150 mm（按较小值）的螺栓；B 级用于 $d > 24$ mm，$l > 10d$ 或 >150 mm（按较小值）的螺栓。

二、双头螺柱各部分尺寸（GB 897—1988、GB 898—1988、GB 899—1988、GB 900—1988 摘录）

标记示例：

（1）双头螺柱，两端均为粗牙普通螺纹，d=10mm，l=50mm，性能等级为4.8级，不经表面处理，B 型，b_m=1.25d，其标记为螺柱 GB/T 898 M10×50。

（2）双头螺柱，旋入机体一端为粗牙普通螺纹，旋入螺母一端为螺距 p=1mm 的细牙普通螺纹，d=10mm，l=50mm，性能等级为4.8级，不经表面处理，A 型，b_m=1.25d，其标记为螺柱 GB/T 898 AM10—M10×1×50。

双头螺柱各部分尺寸如表 C-2 所示。

表 C-2　双头螺柱各部分尺寸

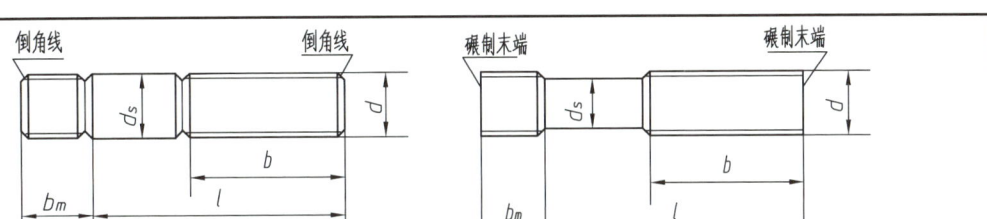

单位：mm

螺纹规格	b_m				l/d
	GB 897—1988 b_m = 1d	GB 898—1988 b_m = 1.25d	GB 899—1988 b_m = 1.5d	GB 900—1988 b_m = 1.5d	
M5	5	6	8	10	16～(22)/10，25～50/16
M6	6	8	10	12	20～(22)/10，25～30/14，(32)～75/18
M8	8	10	12	16	20～(22)/12，25～30/16，(32)～90/22
M10	10	12	15	20	25～(28)/14，30～(38)/16，40～120/26，130/32
M12	12	15	18	24	25～30/16，(32)～40/20，45～120/30，130～180/36
M16	16	20	24	32	30～(38)/20，40～(55)/30，60～120/38，130～200/44
M20	20	25	30	40	35～40/25，45～(65)/35，70～120/46，130～200/52
M24	24	30	36	48	45～50/30，(55)～(75)/45，80～120/54，130～200/60
M30	30	38	45	60	60～65/40，70～90/50，95～120/60，130～200/72
M36	36	45	54	72	65～75/45，80～110/60，130～200/84，210～300/97
l 系列	16,(18),20,(22),25,(28),30,(32),35,(38),40,45,50,(55),60,(65),70,(75),80,(85),90,(95),100,110,120,130,140,150,160,170,180,190,200,210,220,230,240,250,260,280,300				

注：① 尽可能不采用括号内的规格。
　　② 本表所列双头螺柱的力学性能等级为4.8级或8.8级（需要标注）。

三、开槽圆柱头螺钉各部分尺寸（GB/T 65—2016 摘录）

标记示例：

开槽圆柱螺钉，螺纹规格 d=M5，公称长度 l=20mm，性能等级为4.8级，不经表面处理，其标记为螺钉 GB/T 65 M5×20。

开槽圆柱头螺钉各部分尺寸如表 C-3 所示。

表 C-3　开槽圆柱头螺钉各部分尺寸

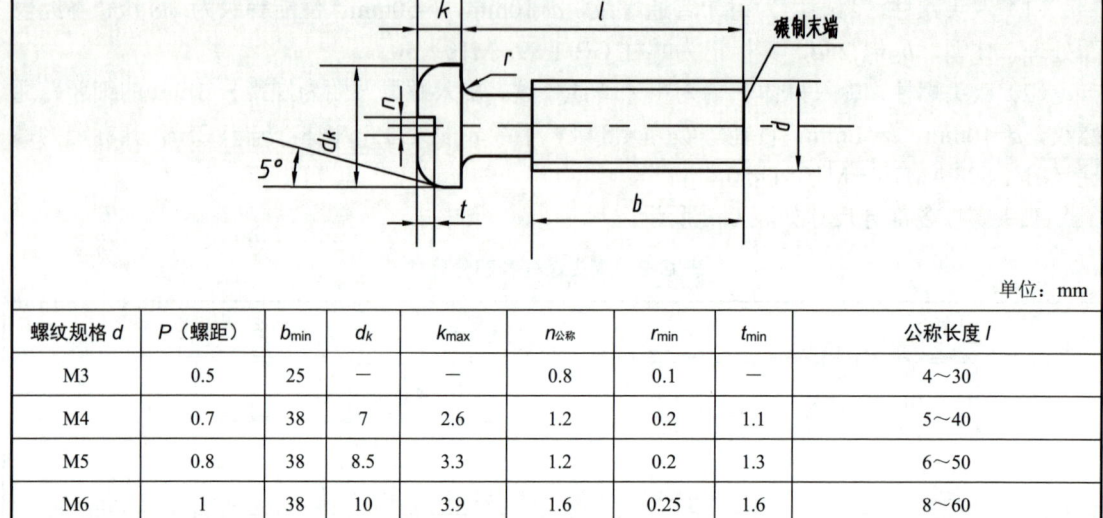

单位：mm

螺纹规格 d	P（螺距）	b_{min}	d_k	k_{max}	$n_{公称}$	r_{min}	t_{min}	公称长度 l
M3	0.5	25	—	—	0.8	0.1	—	4～30
M4	0.7	38	7	2.6	1.2	0.2	1.1	5～40
M5	0.8	38	8.5	3.3	1.2	0.2	1.3	6～50
M6	1	38	10	3.9	1.6	0.25	1.6	8～60
M8	1.25	38	13	5	2	0.4	2	10～80
M10	1.5	38	16	6	2.5	0.4	2.4	12～80
l 系列	4, 5, 6, 8, 10, 12, (14), 16, 20, 25, 30, 35, 40, 50, (55), 60, (65), 70, (75), 80							

注：① 括号内的规格尽可能不采用。

② 公称长度 $l \leqslant 40$ mm 的螺钉和 M3、$l \leqslant 30$ mm 的螺钉，制出全螺纹。

四、开槽盘头螺钉各部分尺寸（GB/T 67—2016 摘录）

标记示例：

开槽盘头螺钉，螺纹规格 d=M5，公称长度 l=20mm，性能等级为 4.8 级，不经表面处理，其标记为螺钉 GB/T 67 M5×20。

开槽盘头螺钉各部分尺寸如表 C-4 所示。

表 C-4　开槽盘头螺钉各部分尺寸

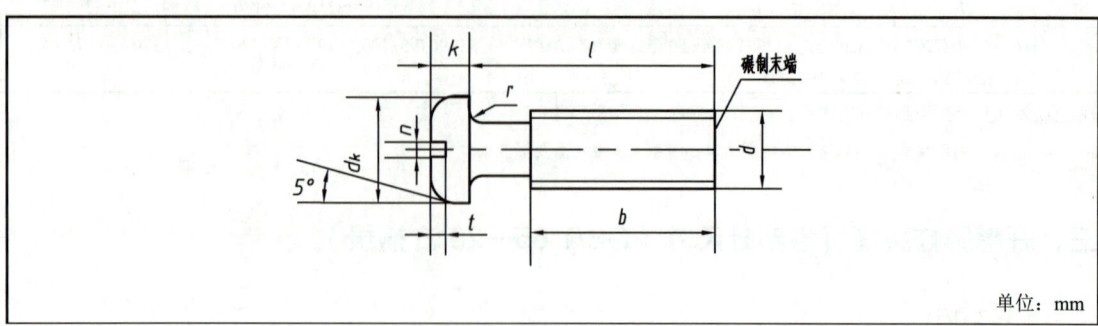

单位：mm

续表

螺纹规格 d	P（螺距）	b_{min}	d_k	k_{max}	$n_{公称}$	r_{min}	t_{min}	公称长度 l
M3	0.5	25	5.6	1.8	0.8	0.1	0.7	4～30
M4	0.7	38	8	2.4	1.2	0.2	1	5～40
M5	0.8	38	9.5	3	1.2	0.2	1.2	6～50
M6	1	38	12	3.6	1.6	0.25	1.4	8～60
M8	1.25	38	16	4.8	2	0.4	1.9	10～80
M10	1.5	38	20	6	2.5	0.4	2.4	12～80
l 系列	4, 5, 6, 8, 10, 12, (14), 16, 20, 25, 30, 35, 40, 45, 50, (55), 60, (65), 70, (75), 80							

注：① 括号内的规格尽可能不采用。

② 公称长度 l ≤ 40 mm 的螺钉和 M3、l ≤ 30 mm 的螺钉，制出全螺纹。

五、开槽沉头螺钉各部分尺寸（GB/T 68—2016 摘录）

标记示例：

开槽沉头螺钉，螺纹规格 d=M5，公称长度 l=20 mm，性能等级为 4.8 级，不经表面处理，A 级，其标记为螺钉 GB/T 68 M5×20。

开槽沉头螺钉各部分尺寸如表 C-5 所示。

表 C-5 开槽沉头螺钉各部分尺寸

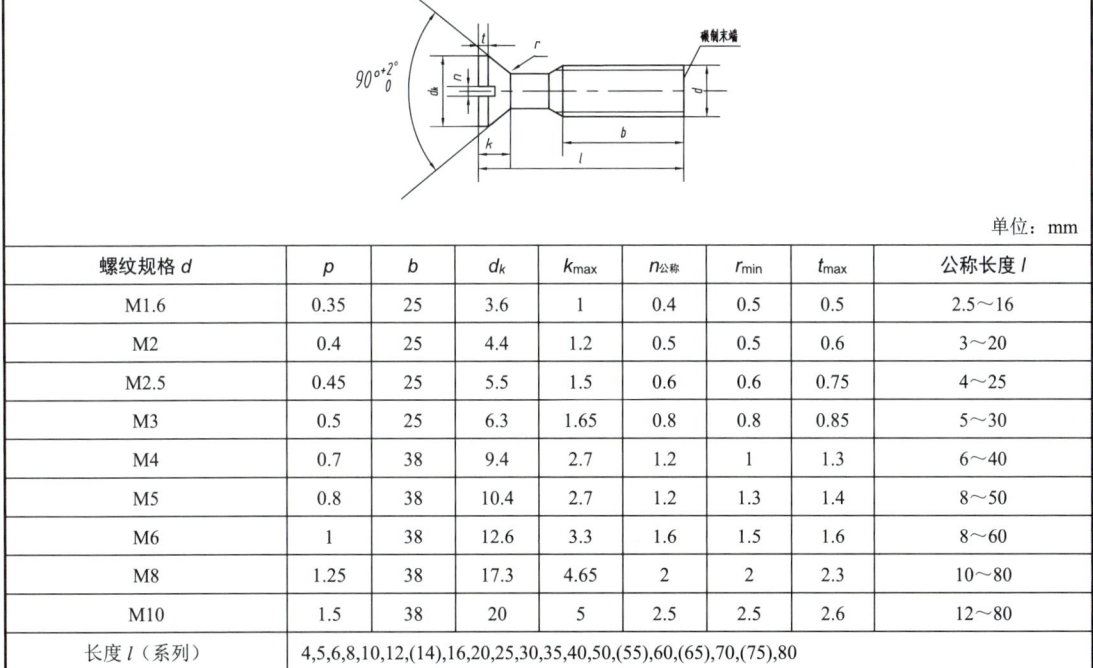

单位：mm

螺纹规格 d	p	b	d_k	k_{max}	$n_{公称}$	r_{min}	t_{max}	公称长度 l
M1.6	0.35	25	3.6	1	0.4	0.5	0.5	2.5～16
M2	0.4	25	4.4	1.2	0.5	0.5	0.6	3～20
M2.5	0.45	25	5.5	1.5	0.6	0.6	0.75	4～25
M3	0.5	25	6.3	1.65	0.8	0.8	0.85	5～30
M4	0.7	38	9.4	2.7	1.2	1	1.3	6～40
M5	0.8	38	10.4	2.7	1.2	1.3	1.4	8～50
M6	1	38	12.6	3.3	1.6	1.5	1.6	8～60
M8	1.25	38	17.3	4.65	2	2	2.3	10～80
M10	1.5	38	20	5	2.5	2.5	2.6	12～80
长度 l（系列）	4,5,6,8,10,12,(14),16,20,25,30,35,40,50,(55),60,(65),70,(75),80							

注：① 括号内的规格尽可能不采用。

② M1.6～M3 的螺钉，公称长度 l ≤ 30 mm 的，制出全螺纹。

③ M4～M10 的螺钉，公称长度 l ≤ 45 mm 的，制出全螺纹。

六、紧定螺钉各部分尺寸（GB/T 71—2018 和 GB/T 73—2017 摘录）

标记示例：

开槽锥端紧定螺钉，螺纹规格 d=M5，公称长度 l=12mm，性能等级为 14H 级，表面氧化，其标记为螺钉 GB/T 71 M5×12。

紧定螺钉各部分尺寸如表 C-6 所示。

表 C-6　紧定螺钉各部分尺寸

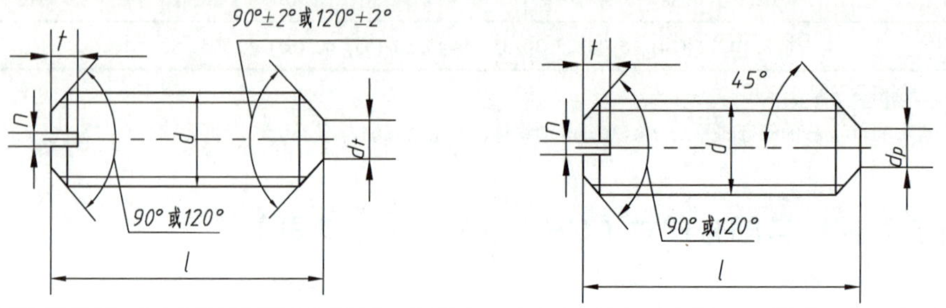

开槽锥端紧定螺钉 GB/T 71—2018　　　　开槽平端紧定螺钉 GB/T 73—2017

单位：mm

螺纹规格 d	P（螺距）	d_t	d_p	$n_{公称}$	t	l（公称长度）	
						GB/T 71	GB/T 73
M1.6	0.35	0.16	0.8	0.25	0.74	2～8	2～8
M2	0.4	0.2	1	0.25	0.84	3～10	2～10
M2.5	0.45	0.25	1.5	0.4	0.95	3～12	2.5～12
M3	0.5	0.3	2	0.4	1.05	4～16	3～16
M4	0.7	0.4	2.5	0.6	1.42	6～20	4～20
M5	0.8	0.5	3.5	0.8	1.63	8～25	5～25
M6	1	1.5	4	1	2	8～30	6～30
M8	1.25	2	5.5	1.2	2.5	10～40	8～40
M10	1.5	2.5	7	1.6	3	12～50	10～50
l 系列	2,2.5,3,4,5,6,8,10,12,(14),16,20,25,30,35,40,45,50,(55),60						

注：① 括号内的尽量不采用。

② 紧定螺钉的性能等级有 14H 和 22H 级，其中 14H 级为常用级。

七、Ⅰ型六角螺母：A 级和 B 级各部分尺寸（GB/T 6170—2015 摘录）

标记示例：

六角螺母，螺纹规格 D=M12，性能等级为 8 级，不经表面处理，A 级，Ⅰ型，其标记为螺母 GB/T 6170 M12。

Ⅰ型六角螺母：A 级和 B 级各部分尺寸如表 C-7 所示。

表 C-7 Ⅰ 型六角螺母：A 级和 B 级各部分尺寸

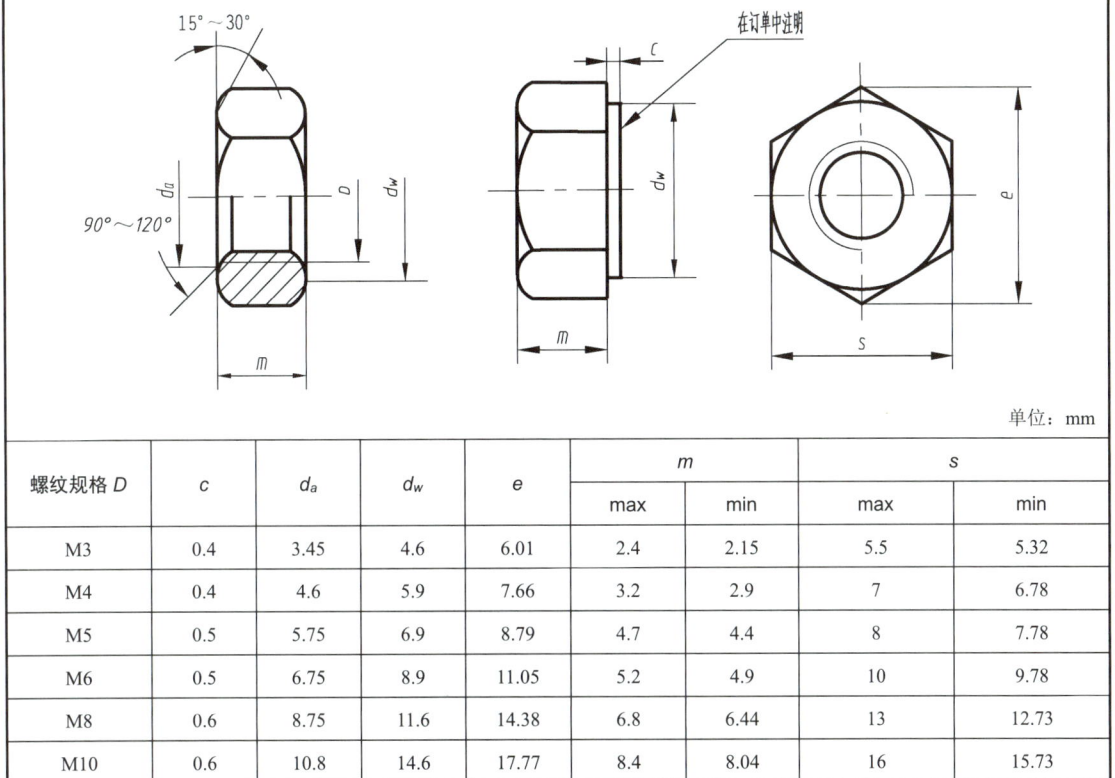

单位：mm

螺纹规格 D	c	d_a	d_w	e	m max	m min	s max	s min
M3	0.4	3.45	4.6	6.01	2.4	2.15	5.5	5.32
M4	0.4	4.6	5.9	7.66	3.2	2.9	7	6.78
M5	0.5	5.75	6.9	8.79	4.7	4.4	8	7.78
M6	0.5	6.75	8.9	11.05	5.2	4.9	10	9.78
M8	0.6	8.75	11.6	14.38	6.8	6.44	13	12.73
M10	0.6	10.8	14.6	17.77	8.4	8.04	16	15.73
M12	0.6	13	16.6	20.03	10.8	10.37	18	17.73
M16	0.8	17.3	22.5	26.75	14.8	14.1	24	23.67
M20	0.8	21.6	27.7	32.95	18	16.9	30	29.16
M24	0.8	25.9	33.2	39.55	21.5	20.2	36	35
M30	0.8	32.4	42.8	50.85	25.6	24.3	46	45
M36	0.8	38.9	51.1	60.79	31	29.4	55	53.8

注：A 级用于 $D \leqslant 16$ mm 的螺母；B 级用于 $D > 16$ mm 的螺母。本表仅按商品规格和通用规格列出。

八、平垫圈各部分尺寸（GB/T 97.1—2002、GB/T 97.2—2002 摘录）

标记示例：

（1）平垫圈，公称规格 8mm，钢制，硬度 200HV，不经表面处理，A 级，其标记为垫圈 GB/T 97.1 8。

（2）倒角型平垫圈，标准系列、公称规格 8mm，A2 组不锈钢制，硬度 200HV，不经表面处理，A 级，其标记为垫圈 GB/T 97.2 8A2。

平垫圈各部分尺寸如表 C-8 所示。

表 C-8　平垫圈各部分尺寸

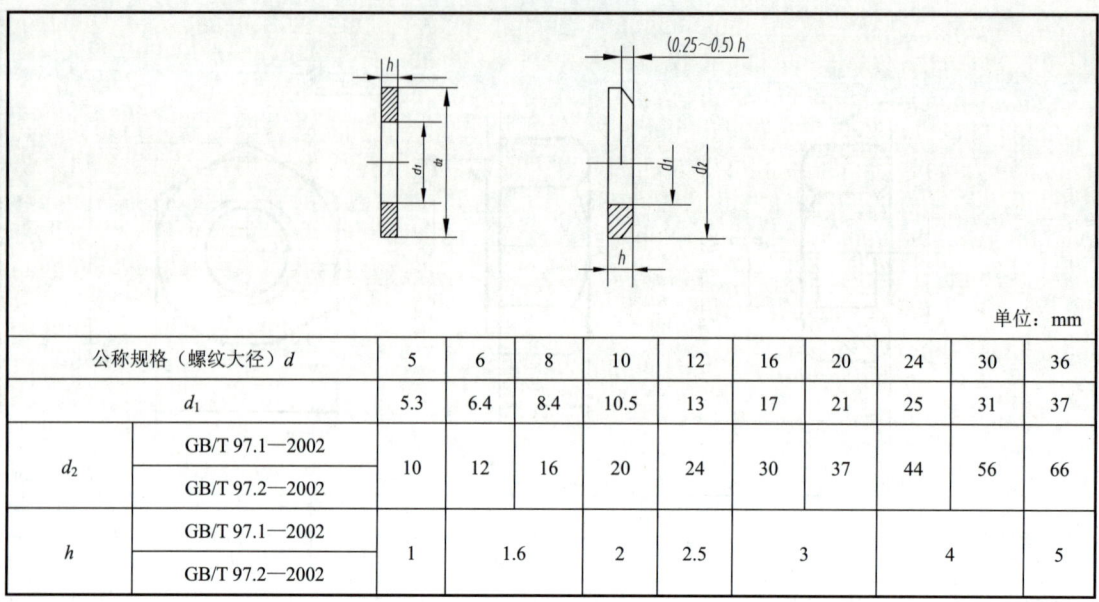

单位：mm

公称规格（螺纹大径）d		5	6	8	10	12	16	20	24	30	36
d_1		5.3	6.4	8.4	10.5	13	17	21	25	31	37
d_2	GB/T 97.1—2002	10	12	16	20	24	30	37	44	56	66
	GB/T 97.2—2002										
h	GB/T 97.1—2002	1	1.6		2	2.5	3		4		5
	GB/T 97.2—2002										

九、标准弹簧垫圈各部分尺寸（GB/T 93—1987 摘录）

标记示例：标准型弹簧垫圈，规格 16mm，材料 65Mn，表面氧化，其标记为垫圈 GB/T 93—16。

标准弹簧垫圈各部分尺寸如表 C-9 所示。

表 C-9　标准弹簧垫圈各部分尺寸

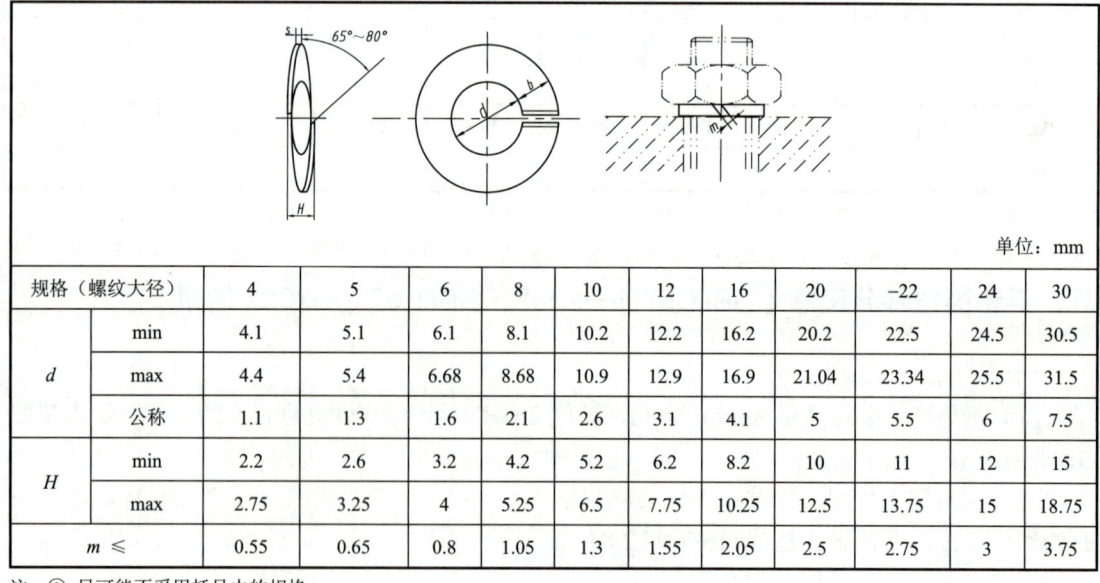

单位：mm

规格（螺纹大径）		4	5	6	8	10	12	16	20	−22	24	30
d	min	4.1	5.1	6.1	8.1	10.2	12.2	16.2	20.2	22.5	24.5	30.5
	max	4.4	5.4	6.68	8.68	10.9	12.9	16.9	21.04	23.34	25.5	31.5
	公称	1.1	1.3	1.6	2.1	2.6	3.1	4.1	5	5.5	6	7.5
H	min	2.2	2.6	3.2	4.2	5.2	6.2	8.2	10	11	12	15
	max	2.75	3.25	4	5.25	6.5	7.75	10.25	12.5	13.75	15	18.75
m ≤		0.55	0.65	0.8	1.05	1.3	1.55	2.05	2.5	2.75	3	3.75

注：① 尽可能不采用括号内的规格。

② m 应大于零。

附录 D 键和销

一、平键及键槽

标记示例：

（1）圆头普通平键（A 型），b=18mm，h=11mm，L=100mm，标记：GB/T1096—2003 键 18×11×100。

（2）方头普通平键（B 型），b=18mm，h=11mm，L=100mm，标记：GB/T1096—2003 键 B18×11×100。

（3）单圆头普通平键（C 型），b=18mm，h=11mm，L=100mm，标记：GB/T1096—2003 键 C18×11×100。

各型普通平键图如图 D-1 所示。

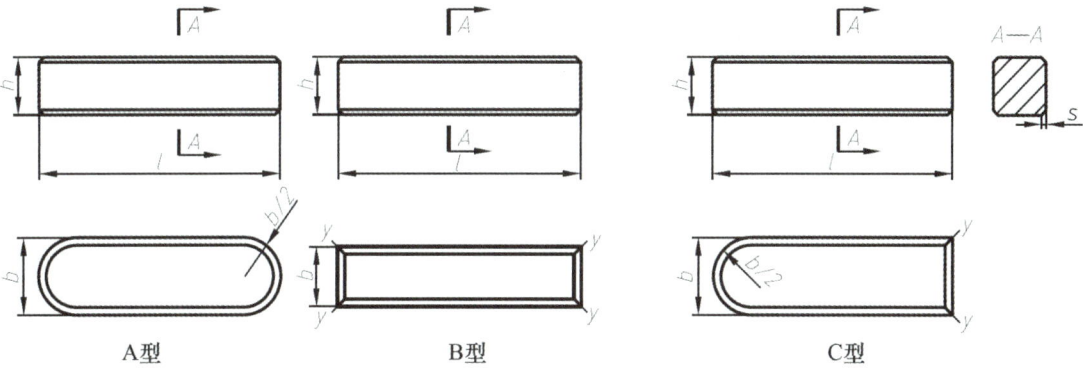

图 D-1 各型普通平键图

键和键槽尺寸如图 D-2 所示。

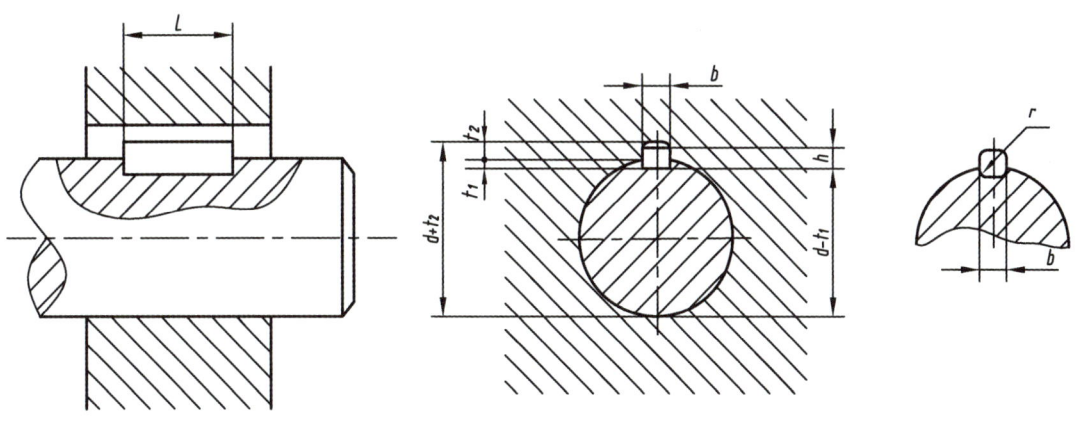

图 D-2 键和键槽尺寸

平键及键槽尺寸如表 D-1 所示。

表 D-1 平键及键槽尺寸

轴	键		键槽										
			宽度					深度				半径 r	
				极限偏差				轴 t		毂 t_1			
工称直径 d	工程尺寸 b×h	长度 L	工程长度 b	较松键连接		一般键连接		较紧键连接	工程尺寸	极限偏差	工程尺寸	极限偏差	最小	最大
				轴 H9	毂 D10	轴 N9	毂 Js9	轴和毂 P9						
自 6~8	2×2	6~20	2	+0.025 0	+0.025 +0.020	-0.004 -0.029	±0.0125	-0.006 -0.031	1.2	+0.1 0	1.0	+0.1 0	0.08	0.16
>8~10	3×3	6~36	3						1.8		1.4			
>10~12	4×4	8~45	4	+0.030 0	+0.078 +0.030	0 -0.030	±0.015	-0.012 -0.042	2.5		1.8		0.16	0.25
>12~17	5×5	10~56	5						3.0		2.3			
>17~22	6×6	14~70	6						3.5		2.8			
>22~30	8×7	18~90	8	+0.036 0	+0.098 +0.040	0 -0.036	±0.018	-0.015 -0.051	4.0	+0.2 0	3.3	+0.2 0	025	0.40
>30~38	10×8	22~110	10						5.0		3.3			
>38~44	12×8	28~140	12	+0.043 0	+0.120 +0.050	0 -0.043	±0.0215	-0.018 -0.061	5.0		3.3		025	0.40
>44~50	14×9	36~160	14						5.5		3.8			
>50~58	16×10	45~180	16						6.0		4.3			
>58~65	18×11	50~200	18						7.0		4.4			
>65~75	20×12	56~220	20	+0.052 0	+0.149 +0.065	0 -0.052	±0.026	-0.022 -0.074	7.5		4.9	+0.2 0	0.40	0.60
>75~85	22×14	63~250	22						9.0		5.4			
>85~95	25×14	70~280	25						9.0		5.4			
>95~110	28×16	80~320	28						10.0		6.4			
>110~130	32×18	90~360	32						11.0		7.4			
>130~150	36×20	100~400	36	+0.062 0	+0.180 +0.080	0 -0.062	±0.031	-0.026 -0.088	12.0	+0.3 0	8.4	+0.3 0	0.70	1.00
>150~170	40×22	100~400	40						13.0		9.4			
>170~200	45×25	110~450	45						15.0		10.4			

备注：① （d-t）和（d+t_1）两组合尺寸的极限偏差按相应的 t 和 t_1 的极限偏差选取，但（d-t）极限偏差应取负号（-）。
② L 系列：6,8,10,12,14,16,18,20,22,25,28,32,36,40,45,50,56,63,70,80,90,100,110,125,140,160…

二、圆柱销各部分尺寸（GB/T 119.1—2000、GB/T 119.2—2000 摘录）

标记示例：

圆柱销，公称直径 d=6mm，公差 m6，公称长度 l=30mm，钢制，不经淬火，不经表面处理，其标记为销 GB/T 119.1 6m 6×30。

圆柱销各部分尺寸如表 D-2 所示。

表 D-2 圆柱销各部分尺寸

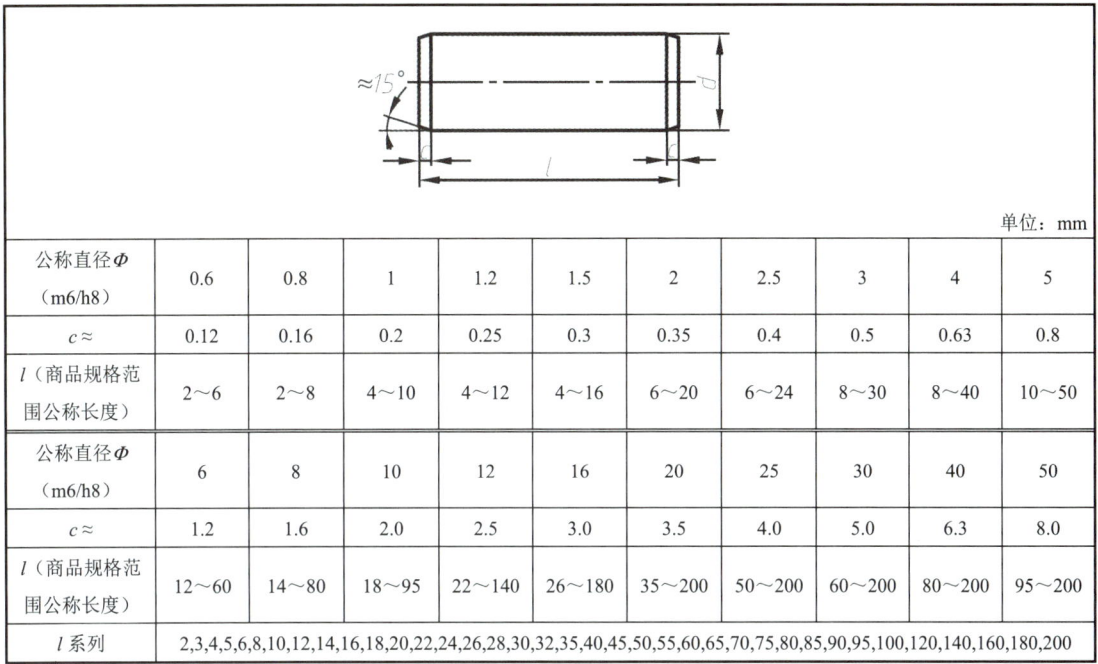

单位：mm

公称直径 d (m6/h8)	0.6	0.8	1	1.2	1.5	2	2.5	3	4	5
$c \approx$	0.12	0.16	0.2	0.25	0.3	0.35	0.4	0.5	0.63	0.8
l（商品规格范围公称长度）	2～6	2～8	4～10	4～12	4～16	6～20	6～24	8～30	8～40	10～50
公称直径 d (m6/h8)	6	8	10	12	16	20	25	30	40	50
$c \approx$	1.2	1.6	2.0	2.5	3.0	3.5	4.0	5.0	6.3	8.0
l（商品规格范围公称长度）	12～60	14～80	18～95	22～140	26～180	35～200	50～200	60～200	80～200	95～200
l 系列	2,3,4,5,6,8,10,12,14,16,18,20,22,24,26,28,30,32,35,40,45,50,55,60,65,70,75,80,85,90,95,100,120,140,160,180,200									

注：① 材料用钢的强度要求为 125～245HV30，用奥氏体不锈钢 A1（GB/T 3098.6）时，硬度要求 210～280HV30。

② 公差 m6: $Ra \leqslant 0.8\ \mu m$；

公差 h8: $Ra \leqslant 1.6\ \mu m$。

三、圆锥销各部分尺寸（GB/T 117—2000 摘录）

标记示例：

圆锥销，公称直径 d=6mm，公称长度 l=60mm，35 钢，热处理硬度为 28～38HRC，表面氧化处理，A 型，其标记为销 GB/T 117 6×60。

圆锥销各部分尺寸如表 D-3 所示。

表 D-3 圆锥销各部分尺寸

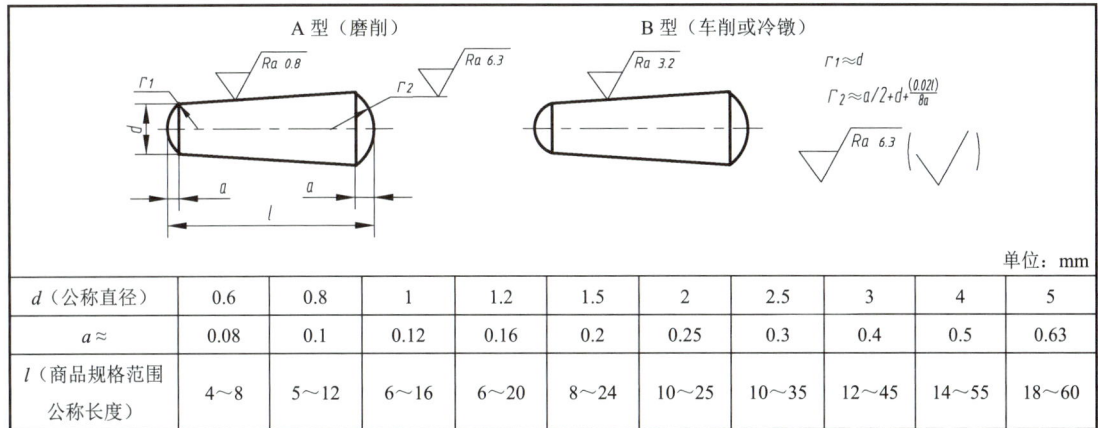

单位：mm

d（公称直径）	0.6	0.8	1	1.2	1.5	2	2.5	3	4	5
$a \approx$	0.08	0.1	0.12	0.16	0.2	0.25	0.3	0.4	0.5	0.63
l（商品规格范围公称长度）	4～8	5～12	6～16	6～20	8～24	10～25	10～35	12～45	14～55	18～60

续表

d（公称）	6	8	10	12	16	20	25	30	40	50
$a\approx$	0.8	1	1.2	1.6	2	2.5	3	4	5	6.3
l（商品规格范围公称长度）	22～90	22～120	26～160	32～180	40～200	45～200	50～200	55～200	60～200	65～200
l系列	2,3,4,5,6,8,10,12,14,16,18,20,22,24,26,28,30,32,35,40,45,50,55,60,65,70,75,80,85,90,95,100,120,140,160,180,200									

附录 E　滚动轴承

一、深沟球轴承各部分尺寸（GB/T 276—2013 摘录）

标记示例：滚动轴承 6012 GB/T 276。

深沟球轴承各部分尺寸如表 E-1 所示。

表 E-1　深沟球轴承各部分尺寸

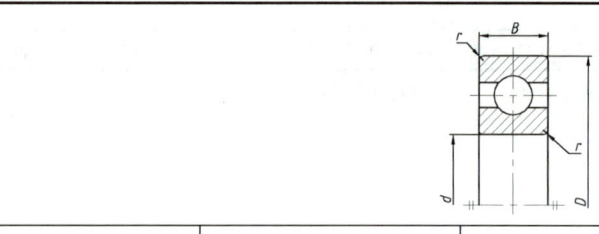

轴承型号		尺寸/mm			轴承型号		尺寸/mm		
		d	D	B			d	D	B
(0)1 尺寸系列	6004	20	42	12	(0)3 尺寸系列	6304	20	52	15
	6005	25	47	12		6305	25	62	17
	6006	30	55	13		6306	30	72	19
	6007	35	62	14		6307	35	80	21
	6008	40	68	15		6308	40	90	23
	6009	45	75	16		6309	45	100	25
	6010	50	80	16		6310	50	110	27
	6011	55	90	18		6311	55	120	29
	6012	60	95	18		6312	60	130	31
	6013	65	100	18		6313	65	140	33
	6014	70	110	20		6314	70	150	35
	6015	75	115	20		6315	75	160	37
	6016	80	125	22		6316	80	170	39
	6017	85	130	22		6317	85	180	41
	6018	90	140	24		6318	90	190	43
	6019	95	145	24		6319	95	200	45
	6020	100	150	24		6320	100	215	47

续表

轴承型号		尺寸/mm			轴承型号		尺寸/mm		
		d	D	B			d	D	B
(0)2 尺寸系列	6204	20	47	14	(0)4 尺寸系列	6404	20	72	19
	6205	25	52	15		6405	25	80	21
	6206	30	62	16		6406	30	90	23
	6207	35	72	17		6407	35	100	25
	6208	40	80	18		6408	40	110	27
	6209	45	85	19		6409	45	120	29
	6210	50	90	20		6410	50	130	31
	6211	55	100	21		6411	55	140	33
	6212	60	110	22		6412	60	150	35
	6213	65	120	23		6413	65	160	37
	6214	70	125	24		6414	70	180	42
	6215	75	130	25		6415	75	190	45
	6216	80	140	26		6416	80	200	48
	6217	85	150	28		6417	85	210	52
	6218	90	160	30		6418	90	225	54
	6219	95	170	32		6419	95	240	55
	6220	100	180	34		6420	100	250	58

二、圆锥滚子轴承各部分尺寸（GB/T 297—2015 摘录）

标记示例：滚动轴承 30205 GB/T 297。

圆锥滚子轴承各部分尺寸如表 E-2 所示。

表 E-2 圆锥滚子轴承各部分尺寸

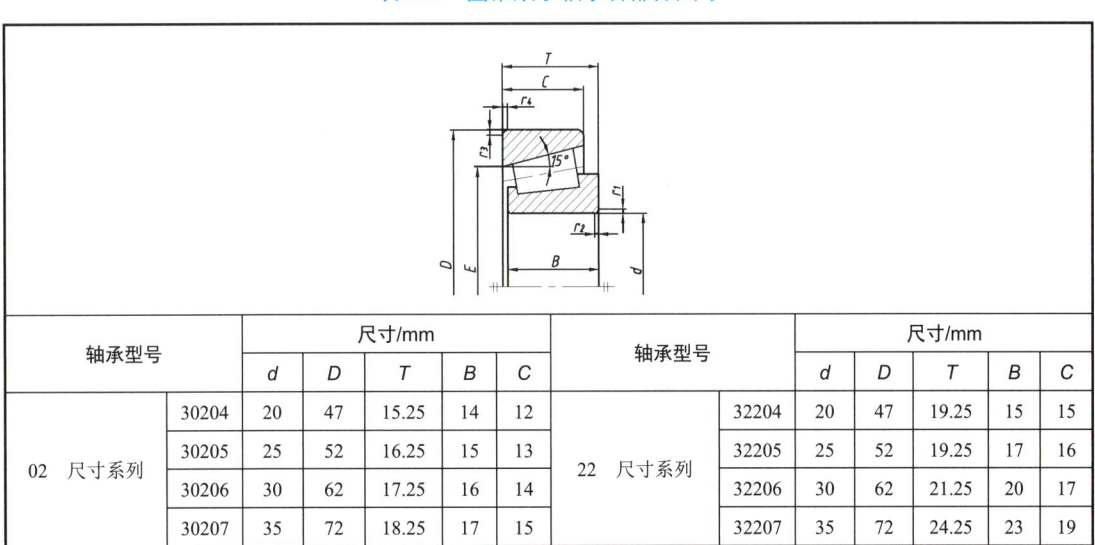

轴承型号		尺寸/mm					轴承型号		尺寸/mm				
		d	D	T	B	C			d	D	T	B	C
02 尺寸系列	30204	20	47	15.25	14	12	22 尺寸系列	32204	20	47	19.25	15	15
	30205	25	52	16.25	15	13		32205	25	52	19.25	17	16
	30206	30	62	17.25	16	14		32206	30	62	21.25	20	17
	30207	35	72	18.25	17	15		32207	35	72	24.25	23	19

续表

轴承型号		尺寸/mm				轴承型号		尺寸/mm			
		d	D	T	B	C		d	D	T	B	C
02 尺寸系列	30208	40	80	19.75	18	16	22 尺寸系列	32208	40	80	24.75	23	19
	30209	45	85	20.75	19	16		32209	45	85	24.75	23	19
	30210	50	90	21.75	20	17		32210	50	90	24.75	23	19
	30211	55	100	22.75	21	18		32211	55	100	26.75	25	21
	30212	60	110	23.75	22	19		32212	60	110	29.75	28	24
	30213	65	120	24.75	23	20		32213	65	120	32.75	31	27
	30214	70	125	26.75	24	21		32214	70	125	33.25	31	27
	30215	75	130	27.75	25	22		32215	75	130	33.25	31	27
	30216	80	140	28.75	26	22		32216	80	140	35.25	33	28
	30217	85	150	30.5	28	24		32217	85	150	38.5	36	30
	30218	90	160	32.5	30	26		32218	90	160	42.5	40	34
	30219	95	170	34.5	32	27		32219	95	170	45.5	43	37
	30220	100	180	37	34	29		32220	100	180	49	46	39
03 尺寸系列	30304	20	52	16.25	15	13	23 尺寸系列	32304	20	52	22.25	21	18
	30305	25	62	18.25	17	15		32305	25	62	25.25	24	20
	30306	30	72	20.75	19	16		32306	30	72	28.25	27	23
	30307	35	80	22.75	21	18		32307	35	80	32.75	31	25
	30308	40	90	25.25	23	20		32308	40	90	35.25	33	27
	30309	45	100	27.25	25	22		32309	45	100	38.25	36	30
	30310	50	110	29.25	27	23		32310	50	110	42.25	40	33
	30311	55	120	31.5	29	25		32311	55	120	45.5	43	35
	30312	60	130	33.5	31	26		32312	60	130	48.5	46	37
	30313	65	140	36	33	28		32313	65	140	51	48	39
	30314	70	150	38	35	30		32314	70	150	54	51	42
	30315	75	160	40	37	31		32315	75	160	58	55	45
	30316	80	170	42.5	39	33		32316	80	170	61.5	58	48
	30317	85	180	44.5	41	34		32317	85	180	63.5	60	49
	30318	90	190	46.5	43	36		32318	90	190	67.5	64	53
	30319	95	200	49.5	45	38		32319	95	200	71.5	67	55
	30320	100	215	51.5	47	39		32320	100	215	77.5	73	60

三、推力球轴承各部分尺寸（GB/T 301—2015 摘录）

标记示例：滚动轴承 51210 GB/T 301。

推力球轴承各部分尺寸如表 E-3 所示。

表 E-3 推力球轴承各部分尺寸

轴承型号		外形尺寸/mm				轴承型号		外形尺寸/mm			
		d	D	T	d_{min}	D_{max}		d	D	T	d_{min}	D_{max}
11 尺寸系列 51000 型	51104	20	35	10	21	35	13 尺寸系列 51000 型	51304	20	47	18	22	47
	51105	25	42	11	26	42		51305	25	52	18	27	52
	51106	30	47	11	32	47		51306	30	60	21	32	60
	51107	35	52	12	37	52		51307	35	68	24	37	68
	51108	40	60	13	42	60		51308	40	78	26	42	78
	51109	45	65	14	47	65		51309	45	85	28	47	85
	51110	50	70	14	52	70		51310	50	95	31	52	95
	51111	55	78	16	57	78		51311	55	105	35	57	105
	51112	60	85	17	62	85		51312	60	110	35	62	110
	51113	65	90	18	67	90		51313	65	115	36	67	115
	51114	70	95	18	72	95		51314	70	125	40	72	125
	51115	75	100	19	77	100		51315	75	135	44	77	135
	51116	80	105	19	82	105		51316	80	140	44	82	140
	51117	85	110	19	87	110		51317	85	150	49	88	150
	51118	90	120	22	92	120		51318	90	155	50	93	155
	51120	100	135	25	102	135		51320	100	170	55	103	170
12 尺寸系列 51000 型	51204	20	40	14	22	40	14 尺寸系列 51000 型	51405	25	60	24	27	60
	51205	25	47	15	27	47		51406	30	70	28	32	70
	51206	30	52	16	32	52		51407	35	80	32	37	80
	51207	35	62	18	37	62		51408	40	90	36	42	90
	51208	40	68	19	42	68		51409	45	100	39	47	100
	51209	45	73	20	47	73		51410	50	110	43	52	110
	51210	50	78	22	52	78		51411	55	120	48	57	120
	51211	55	90	25	57	90		51412	60	130	51	62	130
	51212	60	95	26	62	95		51413	65	140	56	68	140
	51213	65	100	27	67	100		51414	70	150	60	73	150
	51214	70	105	27	72	105		51415	75	160	65	78	160
	51215	75	110	27	77	110		51416	80	170	68	83	170
	51216	80	115	28	82	115		51417	85	180	72	88	177
	51217	85	125	31	88	125		51418	90	190	77	93	187
	51218	90	135	35	93	135		51420	100	210	85	103	205
	51220	100	150	38	103	150		51422	110	230	95	113	225

附录 F 极限与配合

一、公称尺寸至 500mm 的标准公差数值（GB/T 1800.1—2020 摘录）

公称尺寸至 500mm 的标准公差数值如表 F-1 所示。

表 F-1 公称尺寸至 500mm 的标准公差数值

公称尺寸/mm		标准公差等级								
		IT1	IT2	IT3	IT4	IT5	IT6	IT7	IT8	IT9
大于	至	μm								
—	3	0.8	1.2	2	3	4	6	10	14	25
3	6	1	1.5	2.5	4	5	8	12	18	30
6	10	1	1.5	2.5	4	6	9	15	22	36
10	18	1.2	2	3	5	8	11	18	27	43
18	30	1.5	2.5	4	6	9	13	21	33	52
30	50	1.5	2.5	4	7	11	16	25	39	62
50	80	2	3	5	8	13	19	30	46	74
80	120	2.5	4	6	10	15	22	35	54	87
120	180	3.5	5	8	12	18	25	40	63	100
180	250	4.5	7	10	14	20	29	46	72	115
250	315	6	8	12	16	23	32	52	81	130
315	400	7	9	13	18	25	36	57	89	140
400	500	8	10	15	20	27	40	63	97	155
公称尺寸/mm		标准公差等级								
		IT10	IT11	IT12	IT13	IT14	IT15	IT16	IT17	IT18
大于	至	μm		mm						
—	3	40	60	0.1	0.14	0.25	0.4	0.6	1	1.4
3	6	48	75	0.12	0.18	0.3	0.48	0.75	1.2	1.8
6	10	58	90	0.15	0.22	0.36	0.58	0.9	1.5	2.2
10	18	70	110	0.18	0.27	0.43	0.7	1.1	1.8	2.7
18	30	84	130	0.21	0.33	0.52	0.84	1.3	2.1	3.3
30	50	100	160	0.25	0.39	0.62	1	1.6	2.5	3.9
50	80	120	190	0.3	0.46	0.74	1.2	1.9	3	4.6
80	120	140	220	0.35	0.54	0.87	1.4	2.2	3.5	5.4
120	180	160	250	0.4	0.63	1	1.6	2.5	4	6.3
180	250	185	290	0.46	0.72	1.15	1.83	2.9	4.6	7.2
250	315	210	320	0.52	0.81	1.3	2.1	3.2	5.2	8.1
315	400	230	360	0.57	0.89	1.4	2.3	3.6	5.7	8.9
400	500	250	400	0.63	0.97	1.55	2.5	4	6.3	9.7

二、优先配合的选用及其应用范围(GB/T 1800.2—2020 摘录)

优先配合的选用及其应用范围如表 F-2 所示。

表 F-2 优先配合的选用及其应用范围

基孔制	基轴制	优先配合的选用及其应用范围
$\dfrac{H11}{c11}$	$\dfrac{C11}{h11}$	间隙非常大,用于很松或转动很慢的动配合,或要求大公差与大间隙的外露组件,或要求装配方便的很松的配合
$\dfrac{H9}{d9}$	$\dfrac{D9}{h9}$	间隙很大的自由转动配合,用于精度非主要要求,或有大的温度变动、高转速,或大的轴颈压力的配合
$\dfrac{H8}{f7}$	$\dfrac{F8}{h7}$	间隙不大的转动配合,用于中等转速与中等轴颈压力的精确转动,也用于装配难度较易的中等定位配合
$\dfrac{H7}{g6}$	$\dfrac{G7}{h6}$	间隙很小的滑动配合,用于不希望自由转动,但可自由移动或滑动并精密定位的配合,也可用于要求明确的定位配合
$\dfrac{H7}{h6}\ \dfrac{H8}{h7}\ \dfrac{H9}{h9}\ \dfrac{H11}{h11}$	$\dfrac{H7}{h6}\ \dfrac{H8}{h7}\ \dfrac{H9}{h9}\ \dfrac{H11}{h11}$	均为间隙定位配合,零件可自由拆卸,而工作时一般相对静止不动,最大实体条件下间隙为零,最小实体条件下间隙由公差等级决定
$\dfrac{H7}{k6}$	$\dfrac{K7}{h6}$	过渡配合,用于精密定位
$\dfrac{H7}{n6}$	$\dfrac{N7}{h6}$	过渡配合,允许有较大过盈的更精密定位
$\dfrac{H7^*}{p6}$	$\dfrac{P7}{h6}$	过盈定位配合,即小过盈配合,用于定位精度特别重要,能以最好的定位精度达到部件的刚性及对中性要求,而对内孔承受压力无特殊要求,不依靠配合的紧固性传递摩擦负荷
$\dfrac{H7}{s6}$	$\dfrac{S7}{h6}$	中等压入配合,适用于一般钢件,或用于薄壁件的冷缩配合,用于铸铁件可得到最紧的配合
$\dfrac{H7}{u6}$	$\dfrac{U7}{h6}$	压入配合,适用于可以承受大压入力的零件或不宜承受大压入力的冷缩配合

注:"*"表示基本尺寸≤3mm 时为过渡配合。

三、常用配合中轴的公差带及极限偏差(GB/T 1800.2—2020 摘录)

常用配合中轴的公差带及极限偏差如表 F-3 所示。

表 F-3 常用配合中轴的公差带及极限偏差

单位:μm

基本尺寸/mm	公差带代号												
	c	d	f		f	g	g	h	h	h	h	h	h	h
	11	9	6	7	8	6	7	6	7	8	9	10	11	12
>0~3	−60 −120	−20 −45	−6 −12	−6 −16	−6 −20	−2 −8	−2 −12	0 −6	0 −10	0 −14	0 −25	0 −40	0 −60	0 −100
>3~6	−70 −145	−30 −60	−10 −18	−10 −22	−10 −28	−4 −12	−4 −16	0 −8	0 −12	0 −18	0 −30	0 −48	0 −75	0 −120
>6~10	−0 −170	−40 −76	−13 −22	−13 −28	−13 −35	−5 −14	−5 −20	0 −9	0 −15	0 −22	0 −36	0 −58	0 −90	0 −150

续表

基本尺寸/mm	公差带代号													
	c	d	f			g		h						
	11	9	6	7	8	6	7	6	7	8	9	10	11	12
>10~18	−5 −205	−50 −93	−16 −27	−16 −34	−16 −43	−6 −17	−6 −24	0 −11	0 −18	0 −27	0 −43	0 −70	0 −110	0 −180
>18~30	−110 −240	−65 −117	−20 −33	−20 −41	−20 −53	−7 −20	−7 −28	0 −13	0 −21	0 −33	0 −52	0 −84	0 −130	0 −210
>30~40	−120 −280	−80 −142	−25 −41	−25 −50	−25 −64	−9 −25	−9 −32	0 −16	0 −25	0 −39	0 −62	0 −100	0 −160	0 −250
>40~50	−130 −290	−80 −142	−25 −41	−25 −50	−25 −64	−9 −25	−9 −32	0 −16	0 −25	0 −39	0 −62	0 −100	0 −160	0 −250
>50~65	−140 −330	−100 −174	−30 −49	−30 −60	−30 −76	−10 −29	−10 −40	0 −19	0 −30	0 −46	0 −74	0 −120	0 −190	0 −300
>65~80	−150 −340	−100 −174	−30 −49	−30 −60	−30 −76	−10 −29	−10 −40	0 −19	0 −30	0 −46	0 −74	0 −120	0 −190	0 −300
>80~100	−170 −390	−120 −207	−36 −58	−36 −71	−36 −90	−12 −34	−12 −47	0 −22	0 −35	0 −54	0 −87	0 −140	0 −220	0 −350
>100~120	−180 −400	−120 −207	−36 −58	−36 −71	−36 −90	−12 −34	−12 −47	0 −22	0 −35	0 −54	0 −87	0 −140	0 −220	0 −350
>120~140	−200 −450	−145 −245	−43 −68	−43 −83	−43 −106	−14 −39	−14 −54	0 −25	0 −40	0 −63	0 −100	0 −160	0 −250	0 −400
>140~160	−210 −460	−145 −245	−43 −68	−43 −83	−43 −106	−14 −39	−14 −54	0 −25	0 −40	0 −63	0 −100	0 −160	0 −250	0 −400
>160~180	−230 −480	−145 −245	−43 −68	−43 −83	−43 −106	−14 −39	−14 −54	0 −25	0 −40	0 −63	0 −100	0 −160	0 −250	0 −400
>180~200	−240 −530	−170 −285	−50 −79	−50 −96	−50 −122	−15 −44	−15 −61	0 −29	0 −46	0 −72	0 −115	0<
−185	0 −290	0 −460
>200~225	−260 −550	−170 −285	−50 −79	−50 −96	−50 −122	−15 −44	−15 −61	0 −29	0 −46	0 −72	0 −115	0 −185	0 −290	0 −460
>225~250	−280 −570	−170 −285	−50 −79	−50 −96	−50 −122	−15 −44	−15 −61	0 −29	0 −46	0 −72	0 −115	0 −185	0 −290	0 −460
>250~280	−300 −620	−190 −320	−56 −88	−56 −108	−56 −137	−17 −49	−17 −69	0 −32	0 −52	0 −81	0 −130	0 −210	0 −320	0 −520
>280~315	−330 −650	−190 −320	−56 −88	−56 −108	−56 −137	−17 −49	−17 −69	0 −32	0 −52	0 −81	0 −130	0 −210	0 −320	0 −520
>315~355	−360 −720	−210 −350	−62 −98	−62 −119	−62 −151	−18 −54	−18 −75	0 −36	0 −57	0 −89	0 −140	0 −230	0 −360	0 −570
>355~400	−400 −760	−210 −350	−62 −98	−62 −119	−62 −151	−18 −54	−18 −75	0 −36	0 −57	0 −89	0 −140	0 −230	0 −360	0 −570
>400~450	−440 −840	−230 −385	−68 −108	−68 −131	−68 −165	−20 −60	−20 −83	0 −40	0 −63	0 −97	0 −155	0 −250	0 −400	0 −630
>450~500	−480 −880	−230 −385	−68 −108	−68 −131	−68 −165	−20 −60	−20 −83	0 −40	0 −63	0 −97	0 −155	0 −250	0 −400	0 −630

基本尺寸/mm	公差带代号													
	j	js	k		m		n		p		r	s	t	u
	7	6	6	7	6	7	6	7	6	7	6	6	6	6
>0~3	+6 −4	±3	+6 0	+10 0	+8 +2	+12 +2	+10 +4	+14 +4	+12 +6	+16 +6	+16 +10	+20 +14		+24 +18
>3~6	+8 −4	±4	+9 +1	+13 +1	+12 +4	+16 +4	+16 +8	+20 +8	+20 +12	+24 +12	+23 +15	+27 +19		+31 +23
>6~10	+10 −5	±4.5	+10 +1	+16 +1	+15 +6	+21 +6	+19 +10	+25 +10	+24 +15	+30 +15	+28 +19	+32 +23		+37 +28
>10~18	+12 −6	±5.5	+12 +1	+19 +1	+18 +7	+25 +7	+23 +12	+30 +12	+29 +18	+36 +18	+34 +23	+39 +28		+44 +33
>18~24	+13 −8	±6	+15 +2	+23 +2	+21 +8	+29 +8	+28 +15	+36 +15	+35 +22	+43 +22	+41 +28	+48 +35		+54 +41
>24~30													+54 +41	+61 +48
>30~40	+15 −10	±8	+18 +2	+27 +2	+25 +9	+34 +9	+33 +17	+42 +17	+42 +26	+51 +26	+50 +34	+59 +43	+64 +48	+76 +60
>40~50													+70 +54	+86 +70
>50~65	+18 −12	±9.5	+21 +2	+32 +2	+30 +11	+41 +11	+39 +20	+50 +20	+51 +32	+62 +32	+60 +41	+72 +53	+85 +66	+106 +87
>65~80											+62 +43	+78 +59	+94 +75	+121 +102
>80~100	+20 −15	±11	+25 +3	+38 +3	+35 +13	+48 +13	+45 +23	+58 +23	+59 +37	+72<>+37	+73 +51	+93 +71	+113 +91	+146 +124
>100~120											+76 +54	+101 +79	+126 +104	+166 144
>120~140	+22 −18	±12.5	+28 +3	+43 +3	+40 +15	+55 +15	+52 +27	+67 +27	+68 +43	+83 +43	+88 +63	+117 +92	+147 +122	+195 +170
>140~160											+90 +65	+125 +100	+159 +134	+215 +190
>160~180											+93 +68	+133 +108	+171 +146	+235 +210
>180~200	+25 −21	±14.5	+33 +4	+50 +4	+46 +17	+63 +17	+60 +31	+77 +31	+79 +50	+96 +50	+106 +77	+151 +122	+195 +166	+265 +236
>200~225											+109 +80	+159 +130	+209 +180	+287 +258
>225~250											+113 +84	+169 +140	+225 +196	+313 +284
>250~280	±26	±16	+36 +4	+56 +4	+52 +20	+72 +20	+66 +34	+86 +34	+88 +56	+108 +56	+126 +94	+190 +158	+250 +218	+347 +315
>280~315											+130 +98	+202 +170	+272 +240	+382 +350

续表

基本尺寸/mm	公差带代号												
	j	js	k		m		n		p		r	s	t	u
	7	6	6	7	6	7	6	7	6	7	6	6	6	6
>315~355	+29 −28	±18	+40 +4	+61 +4	+57 +21	+78 +21	+73 +37	+94 +37	+98 +62	+119 +62	+144 +108	+226 +190	+304 +268	+426 +390
>355~400											+150 +114	+244 +208	+330 +294	+471 +435
>400~450	+31 −32	±20	+45 +5	+68 +5	+63 +23	+86 +23	+80 +40	+103 +40	+108 +68	+131 +68	+166 +126	+272 +232	+370 +330	+530 +490
>450~500											+172 +132	+292 +252	+400 +360	+580 +540

四、常用配合中孔的公差带及极限偏差（GB/T 1800.2—2020 摘录）

常用配合中孔的公差带及极限偏差如表 F-4 所示。

表 F-4　常用配合中孔的公差带及极限偏差

单位：μm

基本尺寸/mm	公差带代号											
	A	B	C	D	E	F	G	H				
	11	12	11	9	8	8	9	7	6	7	8	9	10	11
>0~3	+330 +270	+240 +140	+120 +60	+45 +20	+28 +14	+20 +6	+31 +6	+12 +2	+6 0	+10 0	+14 0	+25 0	+40 0	+60 0
>3~6	+345 +270	+260 +140	+145 +70	+60 +30	+38 +20	+28 +10	+40 +10	+16 +4	+8 0	+12 0	+18 0	+30 0	+48 0	+75 0
>6~10	+370 +280	+300 +150	+170 +80	+76 +40	+47 +25	+35 +13	+49 +13	+20 +5	+9 0	+15 0	+22 0	+36 0	+58 0	+90 0
>10~18	+400 +290	+330 +150	+205 +95	+93 +50	+59 +32	+43 +16	+59 +19	+24 +6	+11 0	+18 0	+27 0	+43 0	+70 0	+110 0
>18~24	+430 +300	+370 +160	+240 +110	+117 +65	+73 +40	+53 +20	+72 +20	+28 +7	+13 0	+21 0	+33 0	+52 0	+84 0	+130 0
>24~30														
>30~40	+470 +310	+420 +170	+280 +120	+142 +80	+89 +50	+64 +25	+87 +25	+34 +9	+16 0	+25 0	+39 0	+62 0	+100 0	+160 0
>40~50	+480 +320	+430 +180	+290 +130											
>50~65	+530 +340	+490 +190	+330 +140	+174 +100	+106 +60	+76 +30	+104 +30	+40 +10	+19 0	+30 0	+46 0	+74 0	+120 0	+190 0
>65~80	+550 +360	+500 +200	+340 +150											
>80~100	+600 +380	+570 +220	+390 +170	+207 +120	+126 +72	+90 +36	+123 +36	+47 +12	+22 0	+35 0	+54 0	+87 0	+140 0	+220 0
>100~120	+630 +410	+590 +240	+400 +180											

续表

基本尺寸/mm	公差带代号												
	A	B	C	D	E	F		G	H				
	11	12	11	9	8	8	9	7	6	7	8	9	10	11
>120~140	+710 +460	+660 +260	+450 +200										
>140~160	+770 +520	+680 +280	+460 +210	+245 +145	+148 +85	+106 +43	+143 +43	+54 +14	+25 0	+40 0	+63 0	+100 0	+160 0	+250 0
>160~180	+830 +580	+710 +310	+480 +230										
>180~200	+950 +660	+800 +340	+530 +240										
>200~225	+1030 +740	+840 +380	+550 +260	+285 +170	+172 +100	+122 +50	+165 +50	+61 +15	+29 0	+46 0	+72 0	+115 0	+185 0	+290 0
>225~250	+1110 +820	+880 +420	+570 +280										
>250~280	+1240 +920	+1000 +480	+620 +300	+320 +190	+191 +110	+137 +56	+186 +56	+69 +17	+32 0	+52 0	+81 0	+130 0	+210 0	+320 0
>280~315	+1370 +1050	+1060 +540	+650 +330										
>315~355	+1560 +1200	+1170 +600	+720 +360	+350 +210	+214 +125	+151 +62	+202 +60	+75 +18	+36 0	+57 0	+89 0	+140 0	+230 0	+360 0
>355~400	+1710 +1350	+1250 +680	+760 +400										
>400~450	+1900 +1500	+1390 +760	+840 +440	+385 +230	+232 +135	+165 +68	+223 +68	+83 +20	+40 0	+63 0	+97 0	+155 0	+250 0	+400 0
>450~500	+2050 +1650	+1470 +840	+880 +480										

基本尺寸/mm	公差带代号												
	H	JS		K		M		N		P	R	S	T	U
	12	7	8	7	8	7	8	7	8	7	7	7	7	7
>0~3	+100 0	±6	±7	0 −10	0 −14	−2 −12	−2 −16	−4 −14	−4 −18	−6 −16	−10 −20	−14 −24		−18 −28
>3~6	+120 0	±6	±9	+3 −9	+5 −13	0 −12	+2 −16	−4 −16	−2 −20	−8 −20	−11 −23	−15 −27		−19 −31
>6~10	+150 0	±7	±11	+5 −10	+6 −16	0 −15	+1 −21	−4 −19	−3 −25	−9 −24	−13 −28	−17 −32		−22 −37
>10~18	+180 0	±9	±13	+6 −12	+8 −19	0 −18	+2 −25	−5 −23	−3 −30	−11 −29	−16 −34	−21 −39		−26 −44
>18~24	+210 0	±10	±16	+6 −15	+10 −23	0 −21	+4 −29	−7 −28	−3 −36	−14 −35	−20 −31	−27 −48		−33 −54
>24~30													−38 −54	−40 −61

续表

基本尺寸/mm	H12	JS7	JS8	K7	K8	M7	M8	N7	N8	P7	R7	S7	T7	U7
>30~40	+250 / 0	±12	±19	+7 / -18	+12 / -27	0 / -25	+5 / -34	-8 / -33	-3 / -42	-17 / -42	-25 / -50	-34 / -59	-39 / -64	-51 / -76
>40~50	+250 / 0	±12	±19	+7 / -18	+12 / -27	0 / -25	+5 / -34	-8 / -33	-3 / -42	-17 / -42	-25 / -50	-34 / -59	-48 / -70	-61 / -86
>50~65	+300 / 0	±15	±23	+9 / -21	+14 / -32	0 / -30	+5 / -41	-9 / -39	-4 / -50	-21 / -51	-30 / -60	-42 / -72	-55 / -85	-76 / -106
>65~80	+300 / 0	±15	±23	+9 / -21	+14 / -32	0 / -30	+5 / -41	-9 / -39	-4 / -50	-21 / -51	-32 / -62	-48 / -78	-64 / -94	-91 / -121
>80~100	+350 / 0	±17	±27	+10 / -25	+16 / -38	0 / -35	+6 / -48	-10 / -45	-4 / -58	-24 / -59	-38 / -73	-58 / -93	-78 / -113	-111 / -146
>100~120	+350 / 0	±17	±27	+10 / -25	+16 / -38	0 / -35	+6 / -48	-10 / -45	-4 / -58	-24 / -59	-41 / -76	-66 / -101	-91 / -126	-131 / -166
>120~140	+400 / 0	±20	±31	+12 / -28	+20 / -43	0 / -40	+8 / -55	-12 / -52	-4 / -67	-28 / -68	-48 / -88	-77 / -117	-107 / -137	-155 / -195
>140~160	+400 / 0	±20	±31	+12 / -28	+20 / -43	0 / -40	+8 / -55	-12 / -52	-4 / -67	-28 / -68	-50 / -90	-85 / -125	-120 / -159	-175 / -215
>160~180	+400 / 0	±20	±31	+12 / -28	+20 / -43	0 / -40	+8 / -55	-12 / -52	-4 / -67	-28 / -68	-53 / -93	-93 / -133	-131 / -171	-195 / -235
>180~200	+460 / 0	±23	±36	+13 / -33	+22 / -50	0 / -46	+9 / -63	-14 / -60	-5 / -77	-33 / -79	-60 / -106	-105 / -151	-149 / -195	-219 / -265
>200~225	+460 / 0	±23	±36	+13 / -33	+22 / -50	0 / -46	+9 / -63	-14 / -60	-5 / -77	-33 / -79	-63 / -109	-113 / -159	-163 / -209	-241 / -287
>225~250	+460 / 0	±23	±36	+13 / -33	+22 / -50	0 / -46	+9 / -63	-14 / -60	-5 / -77	-33 / -79	-67 / -113	-123 / -169	-179 / -225	-267 / -313
>250~280	+520 / 0	±26	±40	+16 / -36	+25 / -56	0 / -52	+9 / -72	-14 / -66	-5 / -86	-36 / -88	-74 / -126	-138 / -190	-198 / -250	-295 / -347
>280~315	+520 / 0	±26	±40	+16 / -36	+25 / -56	0 / -52	+9 / -72	-14 / -66	-5 / -86	-36 / -88	-78 / -130	-150 / -202	-220 / -272	-330 / -382
>315~355	+570 / 0	±28	±44	+17 / -40	+28 / -61	0 / -57	+11 / -78	-16 / -73	-5 / -94	-41 / -98	-87 / -144	-169 / -226	-247 / -304	-369 / -426
>355~400	+570 / 0	±28	±44	+17 / -40	+28 / -61	0 / -57	+11 / -78	-16 / -73	-5 / -94	-41 / -98	-93 / -150	-187 / -244	-273 / -330	-414 / -471
>400~450	+630 / 0	±31	±48	+18 / -45	+29 / -68	0 / -63	+11 / -86	-17 / -80	-6 / -103	-45 / -108	-103 / -166	-209 / -272	-307 / -370	-467 / -530
>450~500	+630 / 0	±31	±48	+18 / -45	+29 / -68	0 / -63	+11 / -86	-17 / -80	-6 / -103	-45 / -108	-109 / -172	-229 / -292	-337 / -400	-517 / -580

参考文献

[1] 王丹虹，等．现代工程制图．2 版．北京：高等教育出版社，2017．

[2] 琳恩.盖姆韦尔．数学与艺术．天津：天津科学技术出版社，2023．

[3] 刘衍聪，等．工程图学教程．2 版．北京：高等教育出版社，2024．

[4] 孙培先，等．工程制图．4 版．北京：机械工业出版社，2017．

[5] 毛昕．工程图学教学思想与方法．北京：清华大学出版社，2016．

[6] 刘克明．中国工程图学史．武汉：华中科技大学出版社，2003．

[7] 何援军．计算机图形学．3 版．北京：机械工业出版社，2016．

[8] 全国技术产品文件标准化技术委员会．技术产品文件标准汇编：技术制图卷[M]．2 版．北京：中国标准出版社，2009．

[9] 全国技术产品文件标准化技术委员会．技术产品文件标准汇编：机械制图卷[M]．2 版．北京：中国标准出版社，2009．

[10] 中国标准出版社第三编辑室，全国紧固件标准化技术委员会．紧固件标准汇编：产品卷：上、下册[M]．北京：中国标准出版社，2008．

[11] 全国产品尺寸和几何技术规范标准化技术委员会．产品几何技术规范（GPS）极限与偏差[M]．北京：中国标准出版社，2009．

[12] 中国标准出版社第三编辑室．产品几何技术规范标准汇编：几何公差卷[M]．北京：中国标准出版社，2010．

[13] 全国螺纹标准化技术委员会．公制、美制和英制螺纹标准手册[M]．3 版．北京：中国标准出版社，2009．

反侵权盗版声明

电子工业出版社依法对本作品享有专有出版权。任何未经权利人书面许可，复制、销售或通过信息网络传播本作品的行为；歪曲、篡改、剽窃本作品的行为，均违反《中华人民共和国著作权法》，其行为人应承担相应的民事责任和行政责任，构成犯罪的，将被依法追究刑事责任。

为了维护市场秩序，保护权利人的合法权益，我社将依法查处和打击侵权盗版的单位和个人。欢迎社会各界人士积极举报侵权盗版行为，本社将奖励举报有功人员，并保证举报人的信息不被泄露。

举报电话：（010）88254396；（010）88258888

传　　真：（010）88254397

E-mail：　dbqq@phei.com.cn

通信地址：北京市海淀区万寿路 173 信箱
　　　　　电子工业出版社总编办公室

邮　　编：100036